装备科技译著出版基金

U0393067

腔体内电磁环境
——确定性及统计性理论

Electromagnetic Fields in Cavities: Deterministic and Statistical Theories

[美] David A. Hill 著
程二威 刘逸飞 贾 锐 译

国防工业出版社
·北京·

著作权合同登记 图字:军-2015-026号

图书在版编目(CIP)数据

腔体内电磁环境：确定性及统计性理论/(美)戴维A.希尔(David A. Hill)著；程二威，刘逸飞，贾锐译.—北京：国防工业出版社，2018.1

书名原文：Electromagnetic Fields in Cavities: Deterministic and Statistical Theories

ISBN 978-7-118-10919-1

Ⅰ.①腔… Ⅱ.①戴… ②程… ③刘… ④贾… Ⅲ.①电磁环境-研究 Ⅳ.①X21

中国版本图书馆CIP数据核字(2017)第298381号

Electromagnetic Fields in Cavities: Deterministic and Statistical Theories by David A. Hill.

ISBN 978-0-470-46590-5

Copyright©2009 by Institute of Electrical and Electronics Engineers. All Rights Reserved.

This translation published by John Wiley & Sons. No part of this book may be reproduced in any form without the written permission of the original copyrights holder.

本书中文版由John Wiley & Sons授权国防工业出版社独家出版发行。

版权所有,侵权必究。

※

国防工業出版社出版发行

(北京市海淀区紫竹院南路23号 邮政编码100048)

三河市众誉天成印务有限公司

新华书店经售

*

开本 710×1000 1/16 **印张** 14¼ **字数** 270千字

2018年1月第1版第1次印刷 **印数** 1—1500册 **定价** 88.00元

(本书如有印装错误,我社负责调换)

国防书店:(010)88540777 发行邮购:(010)88540776

发行传真:(010)88540755 发行业务:(010)88540717

译者序

在大型飞机、航天飞行器、电气化机车、武器装备、工业控制、移动通信等领域，绝大多数仪器设备、灵敏器件和传感器，特别是一些易燃易爆物质和油料等危险品都处于某种形式的电大尺寸腔体之中，腔体内的电磁环境及其与电子系统的相互作用是一种广泛存在的问题，对现代敏感电子系统和装备影响巨大。开展腔体内电磁环境与电子系统或网络的耦合规律研究具有很强的理论意义和重要的实践应用价值，对于各类航天器、大型装备、车辆以及易燃易爆危险物质的安全性和防护加固技术的研究都具有重要意义。

本书由美国科罗拉多大学教授、IEEE 终身会士、世界知名的混响室领域专家 David A. Hill 撰写，全书共分为两大部分：第一部分相对集中地介绍了确定性电磁场理论；第二部分反映了国际最新研究热点——腔体内电磁场的统计特性，特别是混响室相关理论和应用。本书内容有助于读者运用统计方法来分析和预测大型复杂腔体内部的电磁特性。初学者需要从第一部分开始阅读，有一定基础的学者可以根据研究兴趣直接阅读第二部分的相关章节。

衷心感谢为出版此书做出贡献的所有人，感谢刘逸飞博士协助翻译了第 9 章~第 11 章，贾锐博士协助翻译了第 7 章和第 8 章，解云虹老师对全书做了审校。

由于译者水平有限，难免存在不妥之处，敬请读者批评指正。

程二威

前　言

腔体内的电磁场(或声学场)是一门有着悠久研究历史和丰富文献资料的学科,本书致力于研究腔体内电磁场这一领域主要有两个目的:首先是介绍分散在众多图书和杂志中的确定性腔体理论,本书第一部分(确定性理论)将这些分散的知识集中到一起,以方便读者阅读;其次,近些年研究表明,需要利用统计方法来预测和解释大型、复杂腔体内的电磁特性。由于这些统计方法正处于一个快速发展的阶段,本书第二部分(电大尺寸腔体的统计理论)用来对当前的统计理论及其应用进行详细说明。我对腔体内统计场开始感兴趣,始于分析混响室(或模式搅拌腔室)时,它们是专门设计用来产生统计特性场环境的电磁兼容测试场地。

本书第一部分是确定性理论。第1章包括了麦克斯韦方程组及其在计算一般形状空腔谐振模式方面的应用。模密度(很小带宽内模式数与频率的微分)取决于腔室的体积和工作频率,该值的渐进结果(对于电大腔体)是一个很大的量,这些内容在第二部分中是非常重要的。第1章中的内容同样还包括腔体的品质因数(由墙体损耗决定)、腔体激励(激励源问题)和微扰理论(一些细小填充物或墙体微变形),这些内容对设计高品质因数的微波谐振器和对材料特性的测量来说,是非常重要的。

第2章至第4章的内容涵盖了三个不同形状的腔体(矩形、圆柱形、球形),它们的波矢量方程是可分离的,其谐振模式和谐振频率可以通过分离变量来获得。对于不同形状的腔体,分析了由墙体损耗确定的品质因数。在腔体的实际应用中,其内部需要激励起电磁波,书中通过并矢格林函数对腔体激励问题进行了最简洁的描述,并给出了由C. T. Tai(并矢格林函数领域的专家)得到的三种不同形状腔体的并矢格林函数的具体形式。对于理想导体的墙壁,并矢格林函数在谐振频率处为无穷大,但是由于墙体损耗(有限的品质因数)消除了这种无穷大的情况。

第二部分中关于统计方面的内容是本书的创新性部分。第5章介绍了采用统计方法的原因,普遍认为由于驻波的存在,大型复杂腔体在单一频率或某一点的电磁场差异是非常大的。然而某些电场的统计特性与腔体参数是紧密相关或相当敏感的。第6章介绍了概率的概念,定义了后面章节需要用到的符号。

第7章介绍了统计理论在混响室中的应用。由于每一列平面波均满足无源的麦克斯韦方程组，并且其统计特性与平面波的系数是一致的，因此可以用平面波的积分形式表示场。该理论能够用来推导电场和磁场的统计特性，包括标量分量和其平方值的概率密度函数，比较了本章和后面章节中的理论结果与实验结果，相关实验是在美国国家标准与技术研究院（NIST）的机械搅拌混响室内进行的。平面波的积分形式在推导场的空间相关函数与能量密度、天线或受试设备的响应，以及复杂腔室的品质因数（该品质因数由墙体损耗、吸收负载、孔缝泄漏和天线加载共同决定）方面是非常有帮助的。由于混响室是互易的测试设备，同样对电磁兼容辐射发射测试（总辐射功率）进行了分析，并以某一受试设备为例进行了验证。

第 8 章用第 7 章中的知识对孔缝激励电大尺寸腔体的问题进行了处理，这是电磁兼容应用中一个十分重要的问题。用功率守恒来推导腔室内场强的统计结果，并用实验结果验证了理论值。

第 9 章研究了不同于第 7 章中的空间统计均匀场环境的情况，并对代替机械搅拌方式的频率搅拌（增大常用连续波的带宽）进行了分析，频率搅拌能够产生空间统计均匀的场环境。对发射天线的直射耦合（未搅拌能量）的影响也进行了分析和测量，并且用 Rice PDF 替换了常用的瑞利概率密度函数（PDF）。

第 10 章主要介绍了如何应用混响室解决实际问题。在嵌套混响室内，通过在测试窗口加载试样来计算薄材料的屏蔽效能，并采用几种不同的方法对大、小屏蔽腔体的屏蔽效能（SE）进行了计算。通过测量腔室的品质因数来推测测试天线的效率或耗散材料的吸收横截面积。

第 11 章主要讨论了几种室内无线传播模型，这对庞大的无线通信产业来说是十分重要的，即接收器或发送器（或两者）位于建筑物内的情况。除了某些金属墙体的工厂外，建筑物和房间的品质因数都相当低，以此建立经验传播模型。对一些模型及实验数据的路径损耗、时空特征（包括均方根延迟扩展）和到达角度等相关内容进行了论述。也研究了通过加载混响室或改变搅拌能量和未搅拌能量比值的方法来仿真室内无线通信系统的可行性。

本书有 10 个附录。附录 A、B、C 涵盖了矢量分析的标准内容和特定函数，主要是为了使本书知识结构更为完整。附录 D 是关于腔体场的混沌作用，因为在该领域公开发表了大量文献，并且出现了不一致的地方。为了澄清这个问题，简要讨论了射线混沌和波混沌。附录 E、F 是关于两个简单天线的响应（短电偶极子和小环天线），这里可以很容易地证明，它们的响应能够推广到混响室内天线的一般性结果。附录 G 使用射线理论来说明模式搅拌器必须是电大且与混响室的尺寸相当，这样才能有效地搅拌场。附录 H 用一个典型的球形吸收作为混响室理论和实测吸收的一个好的例子。附录 I 利用 Bethe 孔理论推导出混响室平均入射角和极化环境下一个小的圆形孔缝（另一个典型的几何形状）的传输断面。附录 J 为缩放。因为大量关于缩比模型的文献为了和真实物体(如飞机)进行比较,需要缩放几何尺寸、频率,但在对材料进行缩放时遇到了困难。

本书的部分内容是非常前沿的,但也有一部分内容是对已有文献的总结。由于有大量研究文献与腔室内电磁场有关,并且随着统计方法的快速发展,不可避免地导致一些重要的参考文献被遗漏。对此,我深深地向作者致歉。

本书主要供研究人员、工程师和研究生使用。实际上,本书内容适用于微波谐振器、电磁兼容、室内无线通信等方面,其理论部分对其他应用来说也是足够全面的。

我衷心地感谢每一位对本书做出贡献的人,我要感谢我的 NIST 同事们和其他非 NIST 的研究人员,他们给了我许多启发性的讨论。另外,我还要感谢 Perry Wilson 博士、Robert Johnk 博士、ClaudeWeil 博士和 David Smith 博士,感谢他们对手稿的修订。最重要的是,我的 NIST 的同事们进行了长时间的实验和数据处理,特别是 Galen Koepke 和 John Ladbury 提供的实验数据,一方面可以与理论进行比较,另一方面为理解和认知腔体统计电磁场的复杂特性提供了现实意义。

David A. Hill

目　录

第一部分　确定性理论

第二部分 电大尺寸腔体的统计理论

第一部分　确定性理论

第1章 简　　介

在第一部分中讨论的腔体由一定界限的导电墙壁和内部填充的均匀电介质（通常为自由空间）构成。在简要讨论电磁场的基本理论之后，本章探索腔体内部模式及其激励的一般特性。第一部分剩下的三章给出常用的不同几何形状的腔体（第2章的矩形腔体，第3章的圆柱形腔体，第4章的球形腔体）的谐振模频率、场结构、品质因数 Q[1] 和并矢格林函数[2] 的详细表达式。本书全部采用国际单位制。

1.1　麦克斯韦方程

由于在本书中讨论的场都是时谐场，因而场和信号源都有时间系数 $\exp(-\mathrm{i}\omega t)$，其中角频率 ω 由 $\omega=2\pi f$ 得出，始终与时间相关。麦克斯韦方程的微分形式对分析腔体内场的模型是最有效的。依据文献[2]，3个独立的麦克斯韦方程式为

$$\nabla\times\boldsymbol{E}=\mathrm{i}\omega\boldsymbol{B} \tag{1.1}$$

$$\nabla\times\boldsymbol{H}=\boldsymbol{J}-\mathrm{i}\omega\boldsymbol{D} \tag{1.2}$$

$$\nabla\cdot\boldsymbol{J}=\mathrm{i}\omega\rho \tag{1.3}$$

式中：$\boldsymbol{E}$ 为电场强度（V/m）；$\boldsymbol{B}$ 为磁感应强度（T）；$\boldsymbol{H}$ 为磁场强度（A/m）；$\boldsymbol{D}$ 为电位移（$\mathrm{C/m^2}$）；$\boldsymbol{J}$ 为电流密度（$\mathrm{A/m^2}$）；ρ 为电荷密度（$\mathrm{C/m^3}$）。式（1.1）是法拉第定律的微分形式，式（1.2）是安培—麦克斯韦定律的微分形式，式（1.3）是连续性方程。

两个相关的麦克斯韦方程可以由式（1.1）~式（1.3）得到。对式（1.1）求散度，得到

$$\nabla\cdot\boldsymbol{B}=0 \tag{1.4}$$

对式（1.2）两边求散度并与式（1.3）相加得到

$$\nabla\cdot\boldsymbol{D}=\rho \tag{1.5}$$

式（1.4）是高斯磁场定律的微分形式，式（1.5）是高斯电场定律的微分形式。另一种观点认为式（1.1）、式（1.2）和式（1.5）是独立的，式（1.3）和式（1.4）是相关的，但是这也不能对公式做任何改变。为了介绍麦克斯韦方程的对偶性，有时也在式（1.1）的右侧加上磁流，在式（1.4）的右边加上磁荷[3]。但是，本书我们不这么做。

在很多课本中如文献[4]可以找到式（1.1）~式（1.5）的积分或随时间变化的

形式。矢量 $\boldsymbol{E}$ 的复数形式含有位置和角频率，但是除非需要证明这种依赖通常被忽略。真正的场量依赖于时间和空间位置，如电场 $\boldsymbol{\varepsilon}$，可以由下面的矢量式得到：

$$\boldsymbol{\varepsilon}(\boldsymbol{r},t)=\sqrt{2}\mathrm{Re}\left[\boldsymbol{E}(\boldsymbol{r},\omega)\exp(-\mathrm{i}\omega t)\right] \tag{1.6}$$

式中：Re 代表实部。式(1.6)中的系数$\sqrt{2}$引入了 Harrington 计数法[3]，并且消去平方的1/2，如功率密度和能量密度。它同时也表示矢量代表的是均方根的值而不是峰值。

为了求解麦克斯韦方程，还需要更多基本关系式的信息。对于各向同性的介质，基本关系可以写为

$$\boldsymbol{D}=\varepsilon\boldsymbol{E} \tag{1.7}$$

$$\boldsymbol{B}=\mu\boldsymbol{H} \tag{1.8}$$

$$\boldsymbol{J}=\sigma\boldsymbol{E} \tag{1.9}$$

式中：ε 为介电常数(F/m)；μ 为磁导率(H/m)；σ 为电导率(S/m)。总体来看，ε、μ 和 σ 都是与频率有关的复数。实际上，还有比式(1.7)和式(1.9)更基本的关系式[5]，这里不讨论它们。

在许多问题中，都把 $\boldsymbol{J}$ 当作源电流密度而不是感应电流密度，问题是它决定 $\boldsymbol{E}$ 和 $\boldsymbol{H}$ 服从于指定的边界条件。这时，式(1.1)和式(1.2)可以写为

$$\nabla\times\boldsymbol{E}=\mathrm{i}\omega\mu\boldsymbol{H} \tag{1.10}$$

$$\nabla\times\boldsymbol{H}=\boldsymbol{J}-\mathrm{i}\omega\varepsilon\boldsymbol{H} \tag{1.11}$$

式(1.10)和式(1.11)是两个矢量方程，其中 $\boldsymbol{E}$ 和 $\boldsymbol{H}$ 是两个未知矢量。相当于含6个标量未知量的6个标量方程。把 $\boldsymbol{H}$ 代入式(1.10)，$\boldsymbol{E}$ 代入式(1.11)中，可以得到各向异性的矢量波动方程：

$$\nabla\times\nabla\times\boldsymbol{E}-k^2\boldsymbol{E}=\mathrm{i}\omega\mu\boldsymbol{J} \tag{1.12}$$

$$\nabla\times\nabla\times\boldsymbol{H}-k^2\boldsymbol{H}=\nabla\times\boldsymbol{J} \tag{1.13}$$

式中：$k=\omega\sqrt{\mu\varepsilon}$。第2章到第4章用并矢格林函数给出式(1.12)和式(1.13)满足腔壁的边界条件的简单解。

1.2 空腔模式

假设一个任意形状的简单连通腔体，其墙壁为理想导体，如图1.1所示。腔内均匀填充了电导率为 ε、磁导率为 μ 的介质。腔的体积为 V，表面积为 S。因为墙壁是理想导体，所以墙壁表面的切向电场为0，则有

$$\boldsymbol{n}\times\boldsymbol{E}=0 \tag{1.14}$$

式中，$\boldsymbol{n}$ 为从墙壁指向腔体外的单位矢量。由于腔体是自由源并且电导率与位置无关，因而电场强度的散度为0，即

$$\nabla\cdot\boldsymbol{E}=0 \tag{1.15}$$

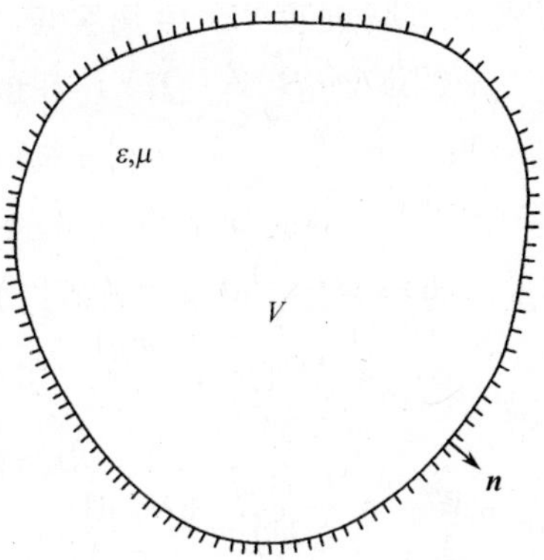

图 1.1　体积为 V、墙壁为理想导体的空腔

如果把电流 $\boldsymbol{J}=0$ 代入式(1.12)中,可以获得齐次的矢量波动方程:

$$\nabla\times\nabla\times\boldsymbol{E}-k^2\boldsymbol{E}=0 \tag{1.16}$$

在计算腔体的模式时,可以直接计算式(1.16)。但是如果用下面的矢量等式代替双旋度方程将会更简单、更通用:

$$\nabla\times\nabla\times\boldsymbol{E}=\nabla(\nabla\cdot\boldsymbol{E})-\nabla^2\boldsymbol{E} \tag{1.17}$$

由于 $\nabla\cdot\boldsymbol{E}=0$,将式(1.17)代入式(1.16)化简,得到亥姆霍兹矢量方程:

$$(\nabla^2+k^2)\boldsymbol{E}=0 \tag{1.18}$$

最简单的拉普拉斯算符 ∇^2 是在正交坐标系时,此时 $\nabla^2\boldsymbol{E}$ 可表示为

$$\nabla^2\boldsymbol{E}=\boldsymbol{x}\ \nabla^2E_x+\boldsymbol{y}\,\nabla^2E_y+\boldsymbol{z}\ \nabla^2E_z \tag{1.19}$$

式中:$\boldsymbol{x}$、$\boldsymbol{y}$ 和 $\boldsymbol{z}$ 为单位矢量。

假设腔体的介电常数 ε 和磁导率 μ 都是实数。当 k 等于无限离散数本征值 k_p 实部中的一个(其中 $p=1,2,3,\cdots$)时,式(1.14)、式(1.15)和式(1.18)存在不为0的多个解。对于每一个本征值 k_p,都存在一个电场本征矢量 $\boldsymbol{E}_p$,这种简并情况下2个或更多的本征矢量具有相同的本征值,第 p 个本征矢量满足

$$(-\nabla\times\nabla\times+k_p^2)\boldsymbol{E}_p=(\nabla^2+k_p^2)\boldsymbol{E}_p=0\quad(\text{在体积内}) \tag{1.20}$$

$$\nabla\cdot\boldsymbol{E}_p=0\quad(\text{在体积内}) \tag{1.21}$$

$$\boldsymbol{n}\times\boldsymbol{E}_p=0\quad(\text{在}\ S\ \text{面}) \tag{1.22}$$

为了方便(和具有普适性),选择实数作为每个电场强度的本征矢量($\boldsymbol{E}_p=\boldsymbol{E}_p^*$,其中 * 代表复共轭)。

相应的磁感应强度可以由式(1.1)和式(1.8)确定,即

$$\boldsymbol{H}_p=\frac{1}{\mathrm{i}\omega_p\mu}\nabla\times\boldsymbol{E}_p \tag{1.23}$$

式中:角频率 ω_p 为

$$\omega_p=\frac{k_p}{\sqrt{\mu\varepsilon}} \tag{1.24}$$

因此，谐振腔中第 p 个模式有电场强度 $\boldsymbol{E}_p$、磁场强度 $\boldsymbol{H}_p$ 和谐振频率 $f_p\,(=\omega_p/(2\pi))$。所以磁场强度是一个纯虚数（$\boldsymbol{H}_p=-\boldsymbol{H}_p^*$），在整个腔室中和电场强度 $\boldsymbol{E}_p$ 同相位。

对于第 p 个模式，电场储存能量的时间平均值 $\bar{W}_{ep}$ 和磁场储存能量的时间平均值 $\bar{W}_{mp}$ 可以由下面对腔室内的积分公式得出[3]，即

$$\bar{W}_{ep}=\frac{\varepsilon}{2}\iiint_V \boldsymbol{E}_p\cdot\boldsymbol{E}_p^*\,\mathrm{d}V \tag{1.25}$$

$$\bar{W}_{mp}=\frac{\mu}{2}\iiint_V \boldsymbol{H}_p\cdot\boldsymbol{H}_p^*\,\mathrm{d}V \tag{1.26}$$

当 $\boldsymbol{E}_p$ 是实数时，式（1.25）中的复共轭是没必要的，但当选择的 $\boldsymbol{E}_p$ 不是实数时，式（1.25）就具有普适性。一般来说，复数的坡印亭矢量为[3]

$$\boldsymbol{S}=\boldsymbol{E}\times\boldsymbol{H}^* \tag{1.27}$$

如果在第 p 个模式应用坡印亭定理，可以得到[6]

$$\oint\!\!\!\oint_S(\boldsymbol{E}_p\times\boldsymbol{H}_p^*)\cdot\boldsymbol{n}\mathrm{d}S=2\mathrm{i}\omega_p(\bar{W}_{ep}-\bar{W}_{mp}) \tag{1.28}$$

由于在 S 面上 $\boldsymbol{n}\times\boldsymbol{E}_p=0$，因而式（1.28）的左边等于零。所以对每个模式，有

$$\bar{W}_{ep}=\bar{W}_{mp}=\frac{\bar{W}_p}{2} \tag{1.29}$$

即电场储存能量的时间平均值 $\bar{W}_{ep}$ 等于磁场储存能量的时间平均值 $\bar{W}_{mp}$，并且等于谐振时总时间的平均储存能量 $\bar{W}_p$ 的一半。由于式（1.23）中电场和磁场的相位超过相位 90°，因此腔内的总能量在电场能量和磁场能量之间振荡。

到现在为止，只讨论了场的性能和腔内一个独立模式的能量。了解谐振频率的分布也是很重要的。通常来说，这依赖于腔体的形状，但是针对该问题已经从不对称的角度对电大尺寸腔体进行了研究。Weyl[8] 研究了普通腔体在这方面存在的问题，Liu 等人[9] 详细研究了矩形腔体在这方面存在的问题。赋予波数 k 一个给定的值，则本征值小于或等于 k 时模数 N_s 的近似表达式[8,9]为

$$N_s(k)\approx\frac{k^3V}{3\pi^2} \tag{1.30}$$

式（1.30）中 N 的下标 s 表示在每个模式下的光滑近似。把模数表示为关于频率的函数更有实际意义。这时，模数可以表示为

$$N_s(f)\approx\frac{8\pi f^3V}{3c^3} \tag{1.31}$$

式中：c 为介质中的光速（通常为自由空间），$c=1/\sqrt{\mu\varepsilon}$；$f^3$ 表明在高频时模数随频率变化很快。

因为模密度 D_s 是模数间隔的指示器，所以它也是一个重要的参数。对

式(1.30)求微分,可以得到

$$D_s(k)=\frac{dN_s(k)}{dk}\approx\frac{k^2V}{\pi^2} \tag{1.32}$$

对式(1.31)求微分可以得到关于频率的模密度函数:

$$D_s(f)=\frac{dN_s(f)}{df}\approx\frac{8\pi f^2V}{c^3} \tag{1.33}$$

式(1.33)中的f^2也说明在高频时,模密度随频率变化很快。模数的近似频率间隔(单位:Hz)为式(1.33)的倒数。

1.3 墙体损耗

真实腔体的金属壁电导率σ_w特别大,但是并非无限大。在这种情况下,本征值和谐振频率变得复杂起来。精确计算腔体的本征值和本征矢量非常困难,但可以对高电导率的墙壁做充分近似,这就需要得到腔体的品质因数Q_p[1]。

墙壁损耗的时间平均功率$\overline{P}_p$的准确表达式可以通过对坡印亭矢量的实部在整个墙壁上求积分得到:

$$\overline{P}_p=\oint\!\!\oint_S \mathrm{Re}(\boldsymbol{E}_p\times\boldsymbol{H}_p^*)\cdot\boldsymbol{n}\mathrm{d}S \tag{1.34}$$

为了便于与前人的工作[6]比较,这里假设腔内介质和墙壁是磁导率为μ_0的自由空间,如图1.2所示。矢量恒等式可以重新写为

$$\overline{P}_p=\oint\!\!\oint_S \mathrm{Re}\left[(\boldsymbol{n}\times\boldsymbol{E}_p)\cdot\boldsymbol{H}_p^*\right]\mathrm{d}S \tag{1.35}$$

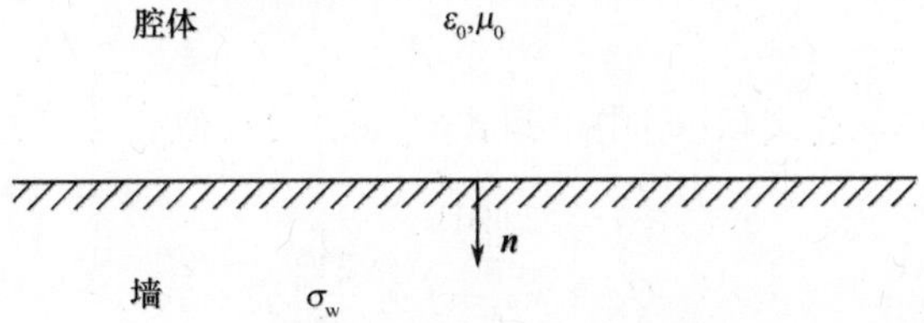

图1.2 电导率为σ_w的腔体壁

当腔体为损耗腔时,式(1.35)中可以近似计算$\boldsymbol{H}_p$的值。对$\boldsymbol{n}\times\boldsymbol{E}_p$,可以应用表面电阻边界条件[10]:

$$\boldsymbol{n}\times\boldsymbol{E}_p\approx\eta\boldsymbol{H}_p \quad (\text{在}\ S\ \text{面}) \tag{1.36}$$

式中

$$\eta\approx\sqrt{\frac{\omega_p\mu_0}{\mathrm{i}\sigma_w}} \tag{1.37}$$

把式(1.36)和式(1.37)代入式(1.35)中,可以得到

$$\overline{P}_p \approx R_s \oint\!\!\!\oint_S \boldsymbol{H}_p \cdot \boldsymbol{H}_p^* \, \mathrm{d}S \tag{1.38}$$

式中：表面电阻 R_s 为 η 的实部，且

$$R_s \approx \mathrm{Re}(\eta) \approx \sqrt{\frac{\omega_p \mu_0}{2\sigma_w}} \tag{1.39}$$

第 p 个模式的品质因数由文献[1,6]得到，即

$$Q_p = \omega_p \frac{\overline{W}_p}{\overline{P}_p} \tag{1.40}$$

式中：$\overline{W}_p$ 为储存能量的时间平均值，$\overline{W}_p = 2\overline{W}_{mp} = 2\overline{W}_{ep}$。把式(1.26)和式(1.38)代入式(1.40)中，可以得到

$$Q_p \approx \omega_p \frac{\mu_0 \iiint_V \boldsymbol{H}_p \cdot \boldsymbol{H}_p^* \, \mathrm{d}V}{R_s \oint\!\!\!\oint_S \boldsymbol{H}_p \cdot \boldsymbol{H}_p^* \, \mathrm{d}S} \tag{1.41}$$

式中：$\boldsymbol{H}_p$ 为没有损耗时腔内第 p 个模式的磁场强度。式(1.41)可以通过趋肤深度 δ[3] 转化为

$$Q_p \approx \frac{2\iiint_V \boldsymbol{H}_p \cdot \boldsymbol{H}_p^* \, \mathrm{d}V}{\delta \oint\!\!\!\oint_S \boldsymbol{H}_p \cdot \boldsymbol{H}_p^* \, \mathrm{d}S} \tag{1.42}$$

式中：$\delta = \sqrt{2/(\omega_p \mu_0 \sigma_w)}$。为了准确地计算式(1.41)或式(1.42)，我们知道第 p 个模式的磁场分布，总体上取决于腔体的形状和谐振频率(ω_p)。这将在接下来的三章继续研究。

Borgnis 和 Pappas 在文献[6]中得到式(1.42)的近似表达式：

$$Q_p \approx \frac{2\iiint_V \mathrm{d}V}{\delta \oint\!\!\!\oint_S \mathrm{d}S} = \frac{2V}{\delta S} \tag{1.43}$$

对于高电导率的金属，比如铜，δ 值与腔体维度值相比非常小，因此品质因数非常大。这也就是为什么金属腔体能产生有效的谐振。尽管式(1.43)是式(1.42)的一个非常粗略的近似，假设 $\boldsymbol{H}_p$ 的位置是独立的，它实际上是由两种无关的方法获得的另一种近似。不管是对矩形腔体关于谐振频率做模型平均，还是对任意形状的多模腔体用平面波积分模拟随机场分布(参照 8.1 节或文献[11])，都能得到以下 Q 的表达式：

$$Q \approx \frac{3V}{2\delta S} \tag{1.44}$$

因此,式(1.43)仅比式(1.44)多了一个因数4/3。通过求边界条件 S 处的 $\boldsymbol{H}_p$,把它和式(1.44)相一致,完全有可能提高式(1.43)的近似度。如果把 z 轴垂直 S 于给定的点,然后一般分量 H_{pz} 在 S 上为零。然而,x 分量是最大值,因为它是切向分量:

$$H_{px} = H_{pm} \quad (\text{在 } S \text{ 面}) \tag{1.45}$$

对 H_{py} 可以得出相似的结论。因此可以得到式(1.42)的表面近似积分如下:

$$\oiint_S \boldsymbol{H}_p \cdot \boldsymbol{H}_p^* \, \mathrm{d}S \approx 2\,|H_{pm}|^2 S \tag{1.46}$$

对体积积分时,如果腔体是电大尺寸的,可以假设 $\boldsymbol{H}_p$ 的三个分量的贡献是相同的。然而,因为每个直角分量是一个近似为正弦或余弦空间独立的驻波,在一半周期 V 内对独立的正弦平方或余弦平方积分时出现了因数1/2。因此,体积积分(式(1.42))可以写为

$$\iiint_V \boldsymbol{H}_p \cdot \boldsymbol{H}_p^* \, \mathrm{d}V \approx \frac{3}{2}\,|H_{pm}|^2 V \tag{1.47}$$

把式(1.46)和式(1.47)代入式(1.42)中可以得到

$$Q_p \approx \frac{2}{\delta}\,\frac{(3/2)\,|H_{pm}|^2 V}{2\,|H_{pm}|^2 S} = \frac{3V}{2\delta S} \tag{1.48}$$

这与式(1.44)相符。因此,单模近似,矩形腔体的模型平均[9]和平面波积分近似表示多模腔体的随机场可以得到相似的品质因数 Q。

当腔体无损耗时,谐振模式的场永远谐振且没有衰减。然而,随着墙壁的损耗,无论何种激励的场和储存的能量都随着时间衰减。例如,在时间增量 $\mathrm{d}t$ 上存储能量的平均时间增量为

$$\mathrm{d}\overline{W}_p = -\overline{P}_p \mathrm{d}t \tag{1.49}$$

把式(1.40)代入式(1.49)中,可以得到下列一阶微分方程:

$$\frac{\mathrm{d}\overline{W}_p}{\mathrm{d}t} = -\frac{\omega_p}{Q_p}\overline{W}_p \tag{1.50}$$

在初始条件 $\overline{W}_p\big|_{t=0} = \overline{W}_{p0}$ 时,式(1.50)的解为

$$\overline{W}_p = \overline{W}_{p0}\exp(-t/\tau_p) \quad (t \geqslant 0) \tag{1.51}$$

式中:$\tau_p = Q_p/\omega_p$。因此,第 p 个模式的能量衰减时间(τ_p)为能量衰减到其初始值的 $\frac{1}{\mathrm{e}}$ 的时间。方程(1.49)和方程(1.50)假定衰减时间 τ_p 比平均周期 $\frac{1}{f_p}$ 大。当 Q_p 很大时,这是一定的。

通过类似的分析当能量在 $t=0$ 时转换,发现第 p 个模式的场 $\boldsymbol{E}_p$ 和 $\boldsymbol{H}_p$ 也有一个指数衰减,但是衰减时间为 $2\tau_p$。这相当于在损耗腔体中用复合频率 $\omega_p \cdot \left(1-\frac{\mathrm{i}}{2Q_p}\right)$ 代替谐振频率 ω_p[6]。用这个结果可以决定第 p 个模式的带宽[6]。如果

E_{pm}是第 p 个模式的任意电场分量，当模在 $t=0$ 时突然激励时，它的时间函数 $\tilde{E}_{pm}(t)$可以写为

$$\tilde{E}_{pm}(t) = E_{pm0}\exp\left(-\mathrm{i}\omega_p t - \frac{\omega_p t}{2Q_p}\right)U(t) \tag{1.52}$$

式中：U 为单位阶跃函数；E_{pm0}为与时间 t 无关的量。式(1.52)的傅里叶变换可以写为

$$E_{pm}(\omega) = \frac{E_{pm0}}{2\pi}\int_0^{\infty}\exp\left(-\mathrm{i}\omega_p t - \frac{\omega_p t}{2Q_p} + \mathrm{i}\omega t\right)\mathrm{d}t \tag{1.53}$$

可以计算得到

$$E_{pm0}(\omega) = \frac{E_{pm0}}{2\pi}\frac{1}{\mathrm{i}(\omega_p - \omega) + \dfrac{\omega_p}{2Q_p}} \tag{1.54}$$

式(1.54)的绝对值为

$$|E_{pm}(\omega)| = \frac{|E_{pm0}|Q_p}{\pi\omega_p}\frac{1}{\sqrt{1+\left[\dfrac{2Q_p(\omega-\omega_p)}{\omega_p}\right]^2}} \tag{1.55}$$

当 $\omega=\omega_p$时，式(1.55)取最大值：

$$|E_{pm}(\omega_p)| = \frac{|E_{pm0}|Q_p}{\pi\omega_p} \tag{1.56}$$

可以看出最大值和 Q_p成比例。式(1.55)中的频率，降低到其最大值的$\frac{1}{\sqrt{2}}$后的频率称为“半功率频率”。它的间隔 $\Delta\omega$(或 Δf，单位为 Hz)和 Q_p的关系为

$$\frac{\Delta\omega}{\omega_p} = \frac{\Delta f}{f_p} = \frac{1}{Q_p} \tag{1.57}$$

因此 Q_p是腔体的一个重要参数，因为它决定了场的最大幅值和模带宽。

1.4 腔体激励

腔体通常由短的单极子天线、小环天线和缝隙作为激励源。Kurokawa[12]和 Collin[13]给出了腔体模式激励的完整理论。根据亥姆霍兹定理，一个闭合表面为 S、体积为 V 的腔体内部的电场可以写成一个梯度和卷积的和，如下式：[13]

$$\begin{aligned}\boldsymbol{E}(\boldsymbol{r}) = -\nabla\left[\iiint_V \frac{\nabla_0\cdot\boldsymbol{E}(\boldsymbol{r}_0)}{4\pi R}\mathrm{d}V_0 - \oint_S \frac{\boldsymbol{n}\cdot\boldsymbol{E}(\boldsymbol{r}_0)}{4\pi R}\mathrm{d}S_0\right] + \\ \nabla\times\left[\iiint_V \frac{\nabla_0\times\boldsymbol{E}(\boldsymbol{r}_0)}{4\pi R}\mathrm{d}V_0 - \oint_S \frac{\boldsymbol{n}\times\boldsymbol{E}(\boldsymbol{r}_0)}{4\pi R}\mathrm{d}S_0\right]\end{aligned} \tag{1.58}$$

式中：$R=|\boldsymbol{r}-\boldsymbol{r}_0|$；$\boldsymbol{n}$ 为表面 S 上向外的单位法线矢量。方程(1.58)给定的条件为

电场可以是纯无散场或纯无旋场。其中,纯无散场(散度为零)必须满足的条件是,在体积 V 内 $\nabla \cdot \boldsymbol{E}=0$ 且在面 S 上 $\boldsymbol{n} \cdot \boldsymbol{E}=0$。在这种情况下,没有体电荷或面电荷与场有关系。在接下来的几章内容中,会看到一些模式在体积 V 内是无散场,但不是纯无散场,因为模式有面电荷(在面 S 上 $\boldsymbol{n} \cdot \boldsymbol{E} \neq 0$)。纯无旋场(卷积为零)必须满足的条件是,在体积 V 内 $\nabla \times \boldsymbol{E}=0$ 且在面 S 上 $\boldsymbol{n} \times \boldsymbol{E}=0$。对于理想导电墙壁的腔体,在面 S 上 $\boldsymbol{n} \times \boldsymbol{E}=0$。对于时域变化场,在体积 V 内 $\nabla \times \boldsymbol{E} \neq 0$。因此,总体来说电场不是纯无散场或纯无旋场。

对于电场的扩大模型,可以参考 Collin[13]。无散场模 $\boldsymbol{E}_p$ 满足式(1.20)~式(1.22)。无旋场模式 $\boldsymbol{F}_p$ 由下式给出:

$$(\nabla^2+l_p^2)\boldsymbol{F}_p=0 \quad (\text{在 } V \text{ 内}) \tag{1.59}$$

$$\nabla \times \boldsymbol{F}_p=0 \quad (\text{在 } V \text{ 内}) \tag{1.60}$$

$$\boldsymbol{n} \times \boldsymbol{F}_p=0 \quad (\text{在 } S \text{ 上}) \tag{1.61}$$

这些由标量函数 $\boldsymbol{\Phi}_p$ 所产生的无旋场模的解为

$$(\nabla^2+l_p^2)\boldsymbol{\Phi}_p=0 \quad (\text{在 } V \text{ 内}) \tag{1.62}$$

$$\boldsymbol{\Phi}_p=0 \quad (\text{在 } S \text{ 内}) \tag{1.63}$$

$$l_p\boldsymbol{F}_p=\nabla\boldsymbol{\Phi}_p \tag{1.64}$$

当 $\boldsymbol{\Phi}_p$ 归一化时,式(1.64)的因子 l_p 产生 $\boldsymbol{F}_p$ 的归一化。因此 $\boldsymbol{E}_p$ 的归一化为

$$\iiint_V \boldsymbol{E}_p \cdot \boldsymbol{E}_p \mathrm{d}V = 1 \tag{1.65}$$

(如果在式(1.25)中假定 $\bar{W}=\varepsilon$,那么式(1.65)的归一化可以由能量关系组成。)标量函数 $\boldsymbol{\Phi}_p$ 也可以相似地归一化为

$$\iiint_V \boldsymbol{\Phi}_p^2 \mathrm{d}V = 1 \tag{1.66}$$

由式(1.64),$\boldsymbol{F}_p$ 的归一化可以写为

$$\iiint_V \boldsymbol{F}_p \cdot \boldsymbol{F}_p \mathrm{d}V = \iiint_V l_p^{-2}\ \nabla\boldsymbol{\Phi}_p \cdot \nabla\boldsymbol{\Phi}_p \mathrm{d}V \tag{1.67}$$

计算式(1.67)的右边,用一个矢量表示一个标量的散度乘以矢量:

$$\nabla \cdot (\boldsymbol{\Phi}_p \nabla\boldsymbol{\Phi}_p) = \boldsymbol{\Phi}_p \nabla^2\boldsymbol{\Phi}_p + \nabla\boldsymbol{\Phi}_p \cdot \nabla\boldsymbol{\Phi}_p \tag{1.68}$$

根据式(1.62)、式(1.63)和式(1.68)以及散度定理,可以计算式(1.67)的右边部分:

$$\iiint_V l_p^{-2}\ \nabla\boldsymbol{\Phi}_p \cdot \nabla\boldsymbol{\Phi}_p \mathrm{d}V = \iiint_V \boldsymbol{\Phi}_p^2 \mathrm{d}V + l_p^{-2}\oint_S \boldsymbol{\Phi}_p \frac{\partial\boldsymbol{\Phi}_p}{\partial n} = 1 \tag{1.69}$$

由于右边的第二个积分为零,因此 $\boldsymbol{F}_p$ 模式也可以归一化为

$$\iiint_V \boldsymbol{F}_p \cdot \boldsymbol{F}_p \mathrm{d}V = 1 \tag{1.70}$$

考虑模的正交性。为了表示 $\boldsymbol{E}_p$ 和 $\boldsymbol{F}_p$ 是正交的,有下列矢量恒等式:

$$\nabla \cdot (\boldsymbol{F}_q \times \nabla \times \boldsymbol{E}_p) = \nabla \times \boldsymbol{F}_q \cdot \nabla \times \boldsymbol{E}_p - \boldsymbol{F}_q \cdot \nabla \times \nabla \times \boldsymbol{E}_p \tag{1.71}$$

把式(1.20)和式(1.60)代入式(1.71)的右边,得到

$$\nabla \cdot (\boldsymbol{F}_q \times \nabla \times \boldsymbol{E}_p) = -k_p^2 \boldsymbol{F}_q \cdot \boldsymbol{E}_p \tag{1.72}$$

利用散度定理和矢量恒等式,$\boldsymbol{A} \cdot \boldsymbol{B} \times \boldsymbol{C} = \boldsymbol{C} \cdot \boldsymbol{A} \times \boldsymbol{B}$,代入式(1.72)得到

$$k_p^2 \iiint_V \boldsymbol{F}_q \cdot \boldsymbol{E}_p \mathrm{d}V = -\oint_S \hat{n} \times \boldsymbol{F}_q \cdot \nabla \times \boldsymbol{E}_p \mathrm{d}S \tag{1.73}$$

把式(1.61)代入式(1.73)中,得到想要的正交性结果:

$$k_p^2 \iiint_V \boldsymbol{F}_q \cdot \boldsymbol{E}_p \mathrm{d}V = 0 \tag{1.74}$$

模式 $\boldsymbol{E}_p$ 也是互相垂直的。通过将 $\boldsymbol{E}_p$ 转化为式(1.20),转换坐标,结果相减,在 V 上积分,可以得到

$$(k_q^2 - k_p^2) \iiint_V \boldsymbol{E}_p \cdot \boldsymbol{E}_q \mathrm{d}V = \iiint_V (\boldsymbol{E}_p \cdot \nabla \times \nabla \times \boldsymbol{E}_q - \boldsymbol{E}_q \cdot \nabla \times \nabla \times \boldsymbol{E}_p) \mathrm{d}V \tag{1.75}$$

利用矢量恒等式,$\nabla \cdot \boldsymbol{A} \times \boldsymbol{B} = \boldsymbol{B} \cdot \nabla \times \boldsymbol{A} - \boldsymbol{A} \cdot \nabla \times \boldsymbol{B}$,式(1.75)的右边可以写为

$$(k_q^2 - k_p^2) \iiint_V \boldsymbol{E}_p \cdot \boldsymbol{E}_q \mathrm{d}V = \iiint_V \nabla \cdot (\boldsymbol{E}_q \times \nabla \times \boldsymbol{E}_p - \boldsymbol{E}_p \times \nabla \times \boldsymbol{E}_q) \mathrm{d}V \tag{1.76}$$

通过运用散度理论和式(1.22),得到想要的结果:

$$(k_q^2 - k_p^2) \iiint_V \boldsymbol{E}_p \cdot \boldsymbol{E}_q \mathrm{d}V = -\oint_S (\boldsymbol{n} \times \boldsymbol{E}_p \cdot \nabla \times \boldsymbol{E}_q - \boldsymbol{n} \times \boldsymbol{E}_q \cdot \nabla \times \boldsymbol{E}_p) \mathrm{d}S = 0 \tag{1.77}$$

当 $k_q^2 \neq k_p^2$ 时,模式 $\boldsymbol{E}_p$ 和 $\boldsymbol{E}_q$ 是正交的。因为衰减模式有相同的特征值($k_p = k_q$),所以可以用施密特正交化步骤建立一个新的正交模式的子集[13]。

现在考虑腔体由一个电流 $\boldsymbol{J}$ 激励。电场 $\boldsymbol{E}$ 满足式(1.12)。可以从 $\boldsymbol{E}_p$ 和 $\boldsymbol{H}_p$ 的角度表示电场:

$$\boldsymbol{E} = \sum_p (A_p \boldsymbol{E}_p + B_p \boldsymbol{F}_p) \tag{1.78}$$

式中:A_p 和 B_p 是确定的常数。把式(1.78)代入式(1.12)得到

$$\sum_p [(k_p^2 - k^2) A_p \boldsymbol{E}_p - k^2 B_p \boldsymbol{F}_p] = \mathrm{i}\omega\mu \boldsymbol{J} \tag{1.79}$$

如果把式(1.79)按标量乘法乘以 $\boldsymbol{E}_p$ 和 $\boldsymbol{H}_p$,在体积 V 上积分可以得到

$$(k_p^2 - k^2) A_p = \mathrm{i}\omega\mu \iiint_V \boldsymbol{E}_p(\boldsymbol{r}') \cdot \boldsymbol{J}(\boldsymbol{r}') \mathrm{d}V' \tag{1.80}$$

$$-k^2 B_p = \mathrm{i}\omega\mu \iiint_V \boldsymbol{F}_p(\boldsymbol{r}') \cdot \boldsymbol{J}(\boldsymbol{r}') \mathrm{d}V' \tag{1.81}$$

把式(1.80)和式(1.81)代入式(1.78)可求得电场为

$$\boldsymbol{E}(\boldsymbol{r}) = \mathrm{i}\omega\mu \iiint_V \sum_p \left[\frac{\boldsymbol{E}_p(\boldsymbol{r}) \boldsymbol{E}_p(\boldsymbol{r}')}{k_p^2 - k^2} - \frac{\boldsymbol{F}_p(\boldsymbol{r}) \boldsymbol{F}_p(\boldsymbol{r}')}{k^2} \right] \cdot \boldsymbol{J}(\boldsymbol{r}') \mathrm{d}V' \tag{1.82}$$

求和量是腔体中电场的并矢格林函数[2,13]:

$$\boldsymbol{G}_{\mathrm{e}}(\boldsymbol{r},\boldsymbol{r}') = \sum_{p}\left[\frac{\boldsymbol{E}_p(\boldsymbol{r})\boldsymbol{E}_p(\boldsymbol{r}')}{k_p^2 - k^2} - \frac{\boldsymbol{F}_p(\boldsymbol{r})\boldsymbol{F}_p(\boldsymbol{r}')}{k^2}\right] \tag{1.83}$$

整数 p 的和实际上代表了三组整数的三重和。具体细节将在接下来的三章中介绍。

式(1.82)和式(1.83)在 $k^2 = k_p^2$ 处有奇异点。然而,如果像1.3节中考虑墙壁的损耗,可以用 $k_p\left(1 - \frac{\mathrm{i}}{2Q_p}\right)$ 代替 k_p。对实数 k 就不存在奇异点(除非在信号源处,$r = r'$,稍后会考虑)。

1.5 微扰理论

当腔体的形状可变形或介质不均匀时,分析通常比较困难,须采用数值方法。然而,若形状变形或者电介质的不均匀性小,则微扰理论[14]是适用的。

1.5.1 腔体的小样本微扰

如果一个小样本的介电或磁性材料的体积 V 被引入腔体(见图1.3),腔体的谐振频率 ω_p 会变化一个小量 $\delta\omega$。如果样本损耗,$\delta\omega$ 就会变得复杂并产生阻尼因子(腔体的 Q 发生改变)。如果样本放置在合适位置,复杂频率变量 $\delta\omega$ 的测量可以用来推断复介电常数和磁导率[15]。

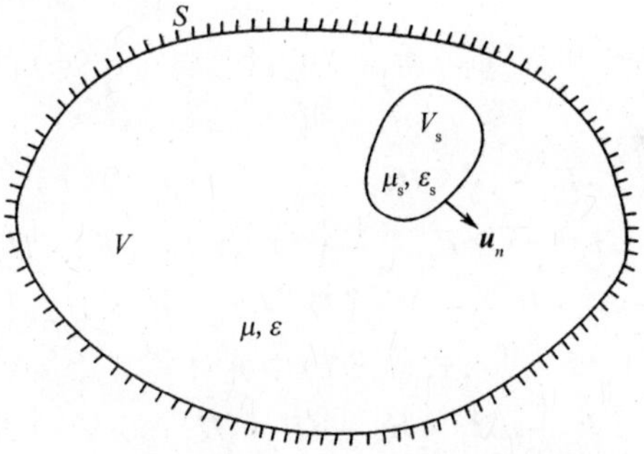

图1.3 腔体和小尺寸材料样本

如果 $\boldsymbol{E}_p$ 和 $\boldsymbol{H}_p$ 是腔内第 p 个模式的未微扰的场,那么 $\boldsymbol{E}_1$ 和 $\boldsymbol{H}_1$ 取决于引入样本的微扰场,整个扰动场 $\boldsymbol{E}'$ 和 $\boldsymbol{H}'$ 可以表示为

$$\boldsymbol{E}' = \boldsymbol{E}_p + \boldsymbol{E}_1 \tag{1.84}$$

$$\boldsymbol{H}' = \boldsymbol{H}_p + \boldsymbol{H}_1 \tag{1.85}$$

振荡的复杂频率为 $\omega_p + \delta\omega$。在样本之外,电流密度 $\boldsymbol{B}'$ 和磁流密度 $\boldsymbol{D}'$ 表示为

$$\boldsymbol{B}' = \boldsymbol{B}_p + \boldsymbol{B}_1 = \mu(\boldsymbol{H}_p + \boldsymbol{H}_1) \tag{1.86}$$

$$\boldsymbol{D}' = \boldsymbol{D}_p + \boldsymbol{D}_1 = \varepsilon(\boldsymbol{E}_p + \boldsymbol{E}_1) \tag{1.87}$$

在样本内部，可以得到

$$B' = \mu_s H' = B_p + B_1 = \mu[\kappa_{sm}(H_p + H_1) - H_p] \tag{1.88}$$

$$D' = \varepsilon_s E' = D_p + D_1 = \varepsilon E_p + \varepsilon[\kappa_{se}(E_p + E_1) - E_p] \tag{1.89}$$

式中：μ_s 和 ε_s 分别为样本的磁导率和介电常数；κ_{sm} 和 κ_{se} 分别为样本的相对磁导率和相对介电常数。这里，假设样本是各向同性的，对各向异性的材料，这些参数变为张量。

整个腔体内，总电场满足麦克斯韦旋度方程：

$$\nabla \times (E_p + E_1) = \mathrm{i}(\omega_p + \delta\omega)(B_p + B_1) \tag{1.90}$$

$$\nabla \times (H_p + H_1) = -\mathrm{i}(\omega_p + \delta\omega)(D_p + D_1) \tag{1.91}$$

未扰场满足

$$\nabla \times E_p = \mathrm{i}\omega_p B_p \tag{1.92}$$

$$\nabla \times H_p = -\mathrm{i}\omega_p D_p \tag{1.93}$$

式(1.90)减去式(1.92)，式(1.91)减去式(1.93)，得到

$$\nabla \times E_1 = \mathrm{i}[\omega_p + \delta\omega(B_p + B_1)] \tag{1.94}$$

$$\nabla \times H_1 = -\mathrm{i}[\omega_p D_1 + \delta\omega(D_p + D_1)] \tag{1.95}$$

按标量乘法式(1.94)乘以 H_p，式(1.95)乘以 E_p，将两者相加得到

$$\begin{aligned} & H_p \cdot \nabla \times E_1 + E_p \cdot \nabla \times H_1 \\ & = -\mathrm{i}\omega_p(E_p \cdot D_1 - B_1 \cdot H_p) - \mathrm{i}\delta\omega(E_p \cdot D_p + E_p \cdot D_1 - H_p \cdot B_p - H_p \cdot B_1) \end{aligned} \tag{1.96}$$

应用式(1.92)式(1.95)和矢量恒等式，可以把式(1.96)的右边写成下列两种形式：

$$\begin{aligned} & H_p \cdot \nabla \times E_1 + E_p \cdot \nabla \times H_1 \\ & = E_1 \cdot \nabla \times H_p + H_1 \cdot \nabla \times E_p - \nabla \cdot (H_p \times E_1 + E_p \times H_1) \\ & = \mathrm{i}\omega_p(D_p \cdot E_1 - B_p \cdot H_1) - \nabla \cdot (H_p \times E_1 + E_p \times H_1) \end{aligned} \tag{1.97}$$

如果把式(1.94)和式(1.95)代入式(1.97)中并计算样本外的结果，得到

$$\mathrm{i}\delta\omega(\varepsilon E_p \cdot E_p + \varepsilon E_p \cdot E_1 - \mu H_p \cdot H_p - \mu H_p \cdot H_1) = \nabla \cdot (H_p \times E_1 + E_0 \times H_1) \tag{1.98}$$

微扰场 E_1 和 H_1 在腔中任意处不是必须小的。然而，如果式(1.98)在体积 $V - V_s$ 积分，当样本体积足够小时，可以忽略 E_1 和 H_1 的影响。考虑 E_p 和 E_1 对 S 是一样的，应用散度方程和矢量恒等式，得到

$$-\mathrm{i}\delta\omega \int_{V-V_s} (B_p \cdot H_p - D_p \cdot E_p)\mathrm{d}V = \int_{\Sigma} [(u_n \times E_1) \cdot H_p + (u_n \times H_1) \cdot E_p]\mathrm{d}\Sigma \tag{1.99}$$

式中：u_n 为从样本到外边的单位法线矢量；Σ 为样本的表面。

比较式(1.96)和式(1.97)的右边，得到

$$\mathrm{i}\omega_p(\boldsymbol{E}_1\cdot\boldsymbol{D}_p-\boldsymbol{B}_p\cdot\boldsymbol{H}_1)+\mathrm{i}(\omega_p+\delta\omega)(\boldsymbol{B}_1\cdot\boldsymbol{H}_p-\boldsymbol{E}_p\cdot\boldsymbol{D}_1)+$$
$$\mathrm{i}\delta\omega(\boldsymbol{H}_p\cdot\boldsymbol{B}_p-\boldsymbol{E}_p\cdot\boldsymbol{D}_p)=\nabla\cdot(\boldsymbol{E}_1\times\boldsymbol{H}_p+\boldsymbol{H}_1\times\boldsymbol{E}_p) \tag{1.100}$$

如果忽略因子 $\omega_p+\delta\omega$ 中的 $\delta\omega$，式(1.100)在样本体积的积分为

$$\mathrm{i}\delta\omega\int_{V_\mathrm{s}}(\boldsymbol{B}_p\cdot\boldsymbol{H}_p-\boldsymbol{D}_p\cdot\boldsymbol{E}_p)\mathrm{d}V_\mathrm{s}+\mathrm{i}\omega_p\int_{V_\mathrm{s}}(\boldsymbol{E}_1\cdot\boldsymbol{D}_p-\boldsymbol{E}_p\cdot\boldsymbol{D}_1-\boldsymbol{B}_p\cdot\boldsymbol{H}_1+\boldsymbol{B}_1\cdot\boldsymbol{H}_p)\mathrm{d}V_\mathrm{s}$$
$$=\int_{\Sigma}[(\boldsymbol{u}_n\times\boldsymbol{E}_1)\cdot\boldsymbol{H}_p+(\boldsymbol{u}_n\times\boldsymbol{H}_1)\cdot\boldsymbol{E}_p]\mathrm{d}\Sigma \tag{1.101}$$

式(1.99)和式(1.101)的表面积分是相等的。因此可以令式(1.99)和式(1.101)的左边相等，得到

$$\frac{\delta\omega}{\omega_p}=\frac{\int_{V_\mathrm{s}}[(\boldsymbol{E}_1\cdot\boldsymbol{D}_p-\boldsymbol{E}_p\cdot\boldsymbol{D}_1)-(\boldsymbol{H}_1\cdot\boldsymbol{B}_p-\boldsymbol{H}_p\cdot\boldsymbol{B}_1)]\mathrm{d}V_\mathrm{s}}{\int_V(\boldsymbol{E}_p\cdot\boldsymbol{D}_p-\boldsymbol{H}_p\cdot\boldsymbol{B}_p)\mathrm{d}V} \tag{1.102}$$

在样本之内，可以把基本关系式(1.7)和式(1.8)写成更简单的形式：

$$\boldsymbol{D}_1=\varepsilon_0\boldsymbol{E}+\boldsymbol{P}\quad 和 \quad \boldsymbol{B}_1=\mu_0\boldsymbol{H}_1+\mu_0\boldsymbol{M} \tag{1.103}$$

式中：ε_0和μ_0分别为自由空间的介电常数和磁导率；$\boldsymbol{P}$ 为电极化；$\boldsymbol{M}$ 为磁极化。为了方便，这里假设其余部分的腔体介电常数 $\varepsilon=\varepsilon_0$，腔体磁导率 $\mu=\mu_0$。把式(1.103)代入式(1.102)中可得

$$\frac{\delta\omega}{\omega_p}=\frac{\mu_0\int_{V_\mathrm{s}}\boldsymbol{H}_p\cdot\boldsymbol{M}\mathrm{d}V_\mathrm{s}-\int_{V_\mathrm{s}}\boldsymbol{E}_p\cdot\boldsymbol{P}\mathrm{d}V_\mathrm{s}}{\int_V(\boldsymbol{E}_p\cdot\boldsymbol{D}_p-\boldsymbol{H}_p\cdot\boldsymbol{B}_p)\mathrm{d}V} \tag{1.104}$$

如果样本体积 V_s 非常小，$\boldsymbol{E}_p$和 $\boldsymbol{H}_p$在整个腔体内近似是常数，那么式(1.104)可近似为

$$\frac{\delta\omega}{\omega_p}=\frac{\mu_0\boldsymbol{H}_p\cdot\boldsymbol{P}_\mathrm{m}-\boldsymbol{E}_p\cdot\boldsymbol{P}_\mathrm{e}}{\int_V(\boldsymbol{E}_p\cdot\boldsymbol{D}_p-\boldsymbol{H}_p\cdot\boldsymbol{B}_p)\mathrm{d}V} \tag{1.105}$$

式中：$\boldsymbol{P}_\mathrm{e}$和 $\boldsymbol{P}_\mathrm{m}$分别为由腔模式场($\boldsymbol{E}_p,\boldsymbol{H}_p$)感应的样本的准静态电场和磁偶极矩分量。

对于一个半径为 a 的球形样本，感应偶极矩为[15,16]

$$\boldsymbol{P}_\mathrm{e}=4\pi a^3\varepsilon_0\frac{\kappa_\mathrm{se}-1}{\kappa_\mathrm{se}+2}\boldsymbol{E}_p(P) \tag{1.106}$$

$$\boldsymbol{P}_\mathrm{m}=4\pi a^3\frac{\kappa_\mathrm{sm}-1}{\kappa_\mathrm{sm}+2}\boldsymbol{H}_p(P) \tag{1.107}$$

式中：P 为球的中心位置。如果把式(1.25)、式(1.26)、式(1.29)、式(1.106)和式(1.107)代入式(1.105)中，可得到下面的谐振频率转换：

$$\frac{\delta\omega}{\omega_p}=-\frac{2\pi a^3}{\overline{W}}\left[\mu_0\frac{\kappa_{sm}-1}{\kappa_{sm}+2}|\boldsymbol{H}_p(P)|^2+\varepsilon_0\frac{\kappa_{se}-1}{\kappa_{se}+2}|\boldsymbol{E}_p(P)|^2\right] \tag{1.108}$$

方程(1.108)是想要的数学结果,它可应用于许多测量。首先考虑球形样本位于电场 $\boldsymbol{E}_p(P)$ 为零的点处。如果样本的相对磁导率 κ_{sm} 是未知的,式(1.108)可用于计算 P 点磁场的平方,即

$$|\boldsymbol{H}_p(P)|^2=-\frac{\delta\omega}{\omega_p}\frac{\overline{W}}{2\pi a^3\mu_0}\frac{\kappa_{sm}+2}{\kappa_{sm}-1} \tag{1.109}$$

如果 P 点磁场的平方已知(测得),式(1.108)就可以确定 κ_{sm}。

$$\kappa_{sm}=2\frac{\dfrac{\pi a^3}{\overline{W}}\mu_0|\boldsymbol{H}_p(P)|^2-\dfrac{\delta\omega}{\omega_p}}{\dfrac{2\pi a^3}{\overline{W}}\mu_0|\boldsymbol{H}_p(P)|^2+\dfrac{\delta\omega}{\omega_p}} \tag{1.110}$$

如果 $\delta\omega$ 是实数,κ_{sm} 就是实数并且没有磁场损耗。然而,如果 $\delta\omega$ 是复数,κ_{sm} 就是复数并且存在磁场损耗。谐振频率的虚数部分与腔体的品质因数 Q 有关,表达式含复合谐振频率 $\omega_p(1-i/Q)$。因此谐振频率虚部的变化取决于 Q 的变化,这通常通过测量半功率带宽得到,如式(1.57)中所示。

类似地,球形样本位于磁场 $\boldsymbol{H}_p(P)$ 等于零的点。如果样本的相对介电常数 κ_{se} 是已知的,式(1.108)可以确定 P 点处电场的平方:

$$|\boldsymbol{E}_p(P)|^2=-\frac{\delta\omega}{\omega_p}\frac{\overline{W}}{2\pi a^3\varepsilon_0}\frac{\kappa_{se}+2}{\kappa_{se}-1} \tag{1.111}$$

这种方法被用于沿着一个线性加速轴描绘电场[15]。如果 P 点处电场幅值的平方是已知的(测得),那么式(1.108)可用于确定 κ_{se}:

$$\kappa_{se}=2\frac{\dfrac{\pi a^3}{\overline{W}}\varepsilon_0|\boldsymbol{E}_p(P)|^2-\dfrac{\delta\omega}{\omega_p}}{\dfrac{2\pi a^3}{\overline{W}}\varepsilon_0|\boldsymbol{E}_p(P)|^2+\dfrac{\delta\omega}{\omega_p}} \tag{1.112}$$

与式(1.110)类似,$\delta\omega$ 可以是实数(无损介质时),也可以是复数(有损介质时)。

1.5.2 腔壁有微小变形

这里研究由于腔壁的微小变化导致腔模式谐振频率的变化。在确定小的外形变化的影响或谐振频率的模式有目的的变化时是有用的。在确定腔体微小意外变形或有意改变柱塞或隔膜对谐振频率的影响时是有用的。

我们的推导与 Argence 和 Kahan[7] 类似,但是某些符号不太一样。这里首先求未扰腔体的第 p 个模式,麦克斯韦方程 $\boldsymbol{E}_p$ 的卷积和 $\boldsymbol{H}_p$ 的共轭的卷积分别为

$$\nabla\times\boldsymbol{E}_p=i\omega_p\mu\boldsymbol{H}_p \tag{1.113}$$

$$\nabla\times\boldsymbol{H}_p^*=-i\omega_p\varepsilon\boldsymbol{E}_p^* \tag{1.114}$$

在自由空间时，式(1.114)中的电流可以忽略。按标量乘法，$\boldsymbol{H}_p^*$ 乘以式(1.113)，减去 $\boldsymbol{E}_p$，乘以式(1.114)，可以得到

$$\boldsymbol{H}_p^* \cdot \nabla\times\boldsymbol{E}_p - \boldsymbol{E}_p \cdot \nabla\times\boldsymbol{H}_p^* = -\mathrm{i}\omega_p(\mu\boldsymbol{H}_p\cdot\boldsymbol{H}_p^* - \varepsilon\boldsymbol{E}_p\cdot\boldsymbol{E}_p^*) \tag{1.115}$$

如果在体积 V 上对式(1.115)积分，右边的二次项可以写成式(1.25)和式(1.26)中电场和磁场的时间均值。式(1.115)的左边可以通过矢量等式转化为卷积的形式，应用卷积定理转化为在 S 面上的积分。结果为

$$-\oint_S(\boldsymbol{E}_p\times\boldsymbol{H}_p^*)\cdot\boldsymbol{n}\mathrm{d}S = 2\mathrm{i}\omega(\bar{W}_{\mathrm{m}p} - \bar{W}_{\mathrm{e}p}) \tag{1.116}$$

式(1.116)可以写成下列形式：

$$\boldsymbol{\Phi}_p = -\oint_S(\boldsymbol{E}_p\times\boldsymbol{H}_p^*)\cdot\boldsymbol{n}\mathrm{d}S = 2\mathrm{i}\omega\iiint_V\tau_p\mathrm{d}V \tag{1.117}$$

式中

$$\tau_p = \frac{\mu}{2}\boldsymbol{H}_p\cdot\boldsymbol{H}_p^* - \frac{\varepsilon}{2}\boldsymbol{E}_p\cdot\boldsymbol{E}_p^* \tag{1.118}$$

这正是电场和磁场的时间平均能量密度的差别。

现在考虑腔壁有一个微小变形，如图1.4所示。式(1.84)和式(1.85)分别表示扰动电场 $\boldsymbol{E}'$ 和扰动磁场 $\boldsymbol{H}'$。变形腔体的谐振频率为 $\omega_p+\delta\omega$。式(1.117)对扰动腔体的类比为

$$\boldsymbol{\Phi}' = \boldsymbol{\Phi}_p + \delta\boldsymbol{\Phi} = 2\mathrm{i}(\omega_p+\delta\omega)\iiint_{V+\delta V}(\tau_p+\delta\tau)\mathrm{d}V \tag{1.119}$$

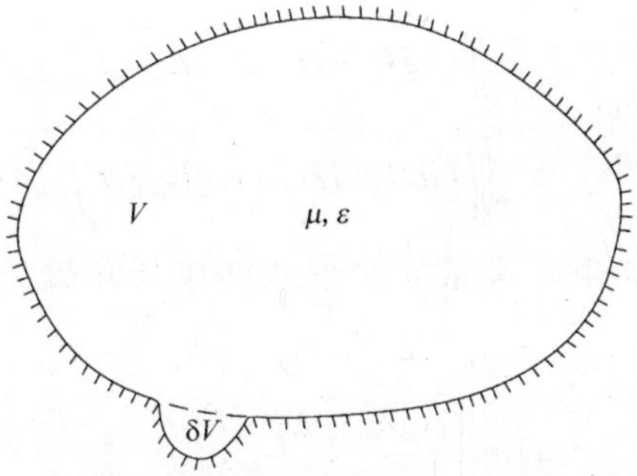

图1.4 腔壁有微小变形 δV 的腔体

式(1.119)减去式(1.117)并忽略二次项可得

$$\delta\boldsymbol{\Phi} = 2\mathrm{i}\omega_p\iiint_V\delta\tau\mathrm{d}V + 2\mathrm{i}\delta\omega\iiint_V\tau\mathrm{d}V + 2\mathrm{i}\omega_p\iiint_{\delta V}\tau\mathrm{d}V \tag{1.120}$$

扰动场满足麦克斯韦卷积方程，它和式(1.90)、式(1.91)相等：

$$\nabla\times(\boldsymbol{H}_p+\boldsymbol{H}_1) = \mathrm{i}\varepsilon(\omega_p+\delta\omega)(\boldsymbol{E}_p+\boldsymbol{E}_1) \tag{1.121}$$

$$\nabla\times(\boldsymbol{E}_p+\boldsymbol{E}_1) = -\mathrm{i}\mu(\omega_p+\delta\omega)(\boldsymbol{H}_p+\boldsymbol{H}_1) \tag{1.122}$$

式(1.121)减去式(1.114)的复共轭，式(1.122)减去式(1.13)的复共轭得到

$$\nabla \times \boldsymbol{H}_1 = \mathrm{i}\varepsilon(\omega_p \boldsymbol{E}_1 + \boldsymbol{E}_p \delta\omega) \tag{1.123}$$

$$\nabla \times \boldsymbol{E}_1 = -\mathrm{i}\mu(\omega_p \boldsymbol{H}_1 + \boldsymbol{H}_p \delta\omega) \tag{1.124}$$

将 τ'写作与式(1.181)类似：

$$\tau' = \frac{\mu}{2}(\boldsymbol{H}_p + \boldsymbol{H}_1)\cdot(\boldsymbol{H}_p^* + \boldsymbol{H}_1^*) - \frac{\mu}{2}(\boldsymbol{E}_p + \boldsymbol{E}_1)\cdot(\boldsymbol{E}_p^* + \boldsymbol{E}_1^*) \tag{1.125}$$

如果式(1.125)减去式(1.118)，忽略二次项(如 $\boldsymbol{H}_1 \cdot \boldsymbol{H}_1^*$)，可得

$$\delta\tau = \tau' - \tau_p = \frac{\mu}{2}(\boldsymbol{H}_p \cdot \boldsymbol{H}_1^* + \boldsymbol{H}_p^* \cdot \boldsymbol{H}_1) - \frac{\varepsilon}{2}(\boldsymbol{E}_p \cdot \boldsymbol{E}_1^* + \boldsymbol{E}_p^* \cdot \boldsymbol{E}_1) \tag{1.126}$$

式(1.126)加上卷积部分并应用矢量恒等式，将结果乘以 $2\mathrm{i}\omega_p$得到

$$2\mathrm{i}\omega_p\delta\tau = \mathrm{i}\ \nabla\cdot \mathrm{Im}(\boldsymbol{E}_p \times \boldsymbol{H}_1) + \mathrm{i}\varepsilon\delta\omega\boldsymbol{E}_p\cdot\boldsymbol{E}_p^* \tag{1.127}$$

把式(1.127)代入式(1.120)可得

$$\delta\Phi = 2\mathrm{i}\oint_S[\mathrm{Im}(\boldsymbol{E}_p^* \times \delta\boldsymbol{H}_1)]\cdot\boldsymbol{n}\mathrm{d}S + \mathrm{i}\delta\omega\iiint_V(\mu\boldsymbol{H}_p\cdot\boldsymbol{H}_p^* + \varepsilon\boldsymbol{E}_p\cdot\boldsymbol{E}_p^*)\mathrm{d}V +$$
$$\mathrm{i}\omega_p\iiint_{\delta V}(\mu\boldsymbol{H}_p\cdot\boldsymbol{H}_p^* - \varepsilon\boldsymbol{E}_p\cdot\boldsymbol{E}_p^*)\mathrm{d}V \tag{1.128}$$

因为假设腔壁是理想导体，所以电场的垂直分量为零，并且 $\delta\omega=0$，类似地，有

$$\oint_S[\mathrm{Im}(\boldsymbol{E}_p^* \times \boldsymbol{H}_1)]\cdot\boldsymbol{n}\mathrm{d}S = 0 \tag{1.129}$$

将 $\delta\omega=0$ 和式(1.129)代入式(1.128)，可得到想要的变形腔体谐振频率的转换结果：

$$\frac{\delta\omega}{\omega_p} = -\frac{\iiint_{\delta V}(\mu\boldsymbol{H}_p\cdot\boldsymbol{H}_p^* - \varepsilon\boldsymbol{E}_p\cdot\boldsymbol{E}_p^*)\mathrm{d}V}{\iiint_V(\mu\boldsymbol{H}_p\cdot\boldsymbol{H}_p^* + \varepsilon\boldsymbol{E}_p\cdot\boldsymbol{E}_p^*)\mathrm{d}V} \tag{1.130}$$

可以简化式(1.130)，如果定义第 p 个模式的电场和磁场能量密度的时间平均值为

$$\begin{cases}\bar{\omega}_{pe} = \dfrac{\varepsilon}{2}\boldsymbol{E}_p\cdot\boldsymbol{E}_p^* \\ \bar{\omega}_{pm} = \dfrac{\mu}{2}\boldsymbol{H}_p\cdot\boldsymbol{H}_p^*\end{cases} \tag{1.131}$$

将式(1.131)代入式(1.130)，可化简为

$$\frac{\delta\omega}{\omega_p} = \frac{-1}{\bar{W}_p}\iiint_{\delta V}(\bar{\omega}_{pm} - \bar{\omega}_{pe})\mathrm{d}V \approx \frac{(\bar{\omega}_{pe} - \bar{\omega}_{pm})\delta V}{\bar{W}_p} \tag{1.132}$$

在式(1.132)的第二个结果中，$\bar{\omega}_{pe}$和 $\bar{\omega}_{pm}$是变形腔体的电场和磁场时间平均能量。方程(1.132)说明如果腔体在范围 $\bar{\omega}_{pm} > \bar{\omega}_{pe}$内被压缩($\delta V<0$)，此时 $\delta\omega>0$ 且谐振频率是增加的。然而，如果 $\delta V<0$ 且 $\bar{\omega}_{pm} < \bar{\omega}_{pe}$，此时 $\delta\omega<0$ 且谐振频率是减小的。

$\delta V>0$时，情况是相反的。Borgnis 和 Pappas[6]证明了式(1.132)的结果。

问　题

1-1　用式(1.2)和式(1.5)推导出式(1.3)。这说明连续性方程可以由两个麦克斯韦方程推导出。

1-2　证明式(1.17)满足笛卡儿坐标系 $\boldsymbol{E}=\boldsymbol{x}E_x+\boldsymbol{y}E_y+\boldsymbol{z}E_z$，结合此结果和式(1.15)与式(1.16)证明式(1.18)中的矢量亥姆霍兹方程。

1-3　应用边界条件，在 S 面上，$\boldsymbol{n}\times\boldsymbol{E}_p=0$ 代入式(1.28)证明式(1.29)中 $\bar{W}_{ep}=\bar{W}_{mp}$。
提示：用矢量恒等式。边界条件在 S 面上，$\boldsymbol{n}\cdot\boldsymbol{H}=0$，能够证明同样的结果吗？

1-4　用式(1.31)和式(1.33)近似求解体积为 $1\mathrm{m}^3$ 的空腔在频率为 1GHz 时的模数和模密度。什么是模分布？

1-5　证明第 p 个模式的场的 $1/e$ 衰减时间为 $2Q_p/\omega_p$。

1-6　在式(1.82)中，如果 $\nabla\cdot\boldsymbol{J}=0$，说明电流源 $\boldsymbol{J}$ 对 $\boldsymbol{F}_p$ 的耦合为零，并且在源的边界上 $\boldsymbol{J}$ 的法向分量为零。提示：应用散度定理。

1-7　小的环电流，$\boldsymbol{J}=\boldsymbol{\phi}\dfrac{I_0}{\rho_0}\delta(\rho-\rho_0)$，满足问题 1-6 中的电流条件吗？

1-8　小的单极子电流，$\boldsymbol{J}=I_0\delta(x)\delta(y)U\left(\dfrac{l}{2}-|z|\right)$，满足问题 1-6 中的电流条件吗？

1-9　考虑一个小的损耗球体，$\mathrm{Re}(\kappa_{se})>1$，$\mathrm{Im}(\kappa_{se})=0$ 和 $\kappa_{sm}=0$，插入到一个损耗腔中。由式(1.108)，什么是谐振频移 $\delta\omega$ 的标记？标记的物理意义是什么？

1-10　考虑一个小的损耗球体，$\mathrm{Re}(\kappa_{se})>1$，$\mathrm{Im}(\kappa_{se})=0$ 和 $\kappa_{sm}=0$，插入到一个损耗腔中。由式(1.108)，什么是谐振频移的虚部 $\mathrm{Im}(\delta\omega)$ 的标记？标记的物理意义是什么？

第2章 矩形腔体

我们首先考虑三种独立结构中的矩形腔体(见第3章圆柱形腔体和第4章球形腔体)。图2.1所示的是一个棱长分别为 a、b、c 的普通矩形腔体。矩形腔体常用作单模谐振器[13],用来进行电介质或者磁导率的测量[17],或者在其中安装一个搅拌器形成一个多模态腔室,构成混响室(模式搅拌)[9,18]。

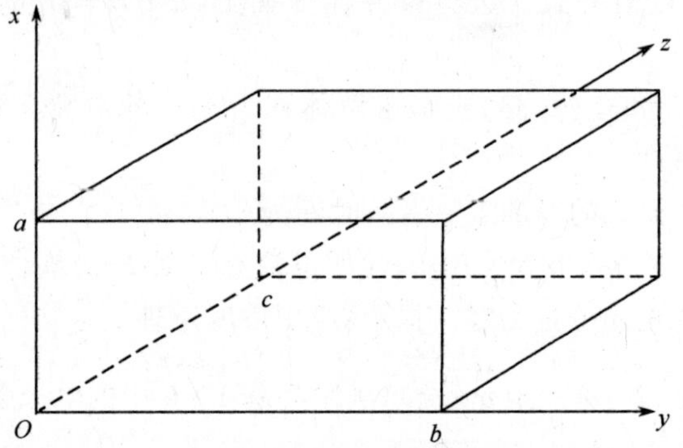

图2.1 矩形腔体

2.1 谐振模式

对于一个矩形腔体,构建谐振模式最简单的方法是沿着三个坐标轴的一个,产生TE模或TM模。为了与标准的波导标注法一致[13],这里选择 z 轴。横电波模式也可以被称为"磁模式",因为 E_z 分量为0。类似地,横磁波模式也可以被称为"电模式",因为 H_z 分量为0。

从式(1.18)和式(1.19),我们可以看到一个TM模的电场 E_{zmnp}^{TM} 的 z 分量服从标量亥姆霍兹方程:

$$(\nabla^2 + k_{mnp}^2) E_{zmnp}^{\mathrm{TM}} = 0 \tag{2.1}$$

式中:k_{mnp} 是待定的特征值(三维的下标 mnp 代替第1章中参量 p)。由电场边界条件式((1.22)),可以得到式(2.1)的解为

$$E_{zmnp}^{\mathrm{TM}} = E_0 \sin \frac{m\pi x}{a} \sin \frac{n\pi y}{b} \cos \frac{p\pi z}{c} \tag{2.2}$$

式中:E_0 为一个任意常量,单位为V/m;m、n 和 p 是整数。特征值 k_{mnp} 满足

$$k_{mnp}^2=\left(\frac{m\pi}{a}\right)^2+\left(\frac{n\pi}{b}\right)^2+\left(\frac{p\pi}{c}\right)^2 \tag{2.3}$$

为了方便,也可以将式(2.3)写为

$$k_{mnp}^2=k_x^2+k_y^2+k_z^2$$

式中

$$k_x=\frac{m\pi}{a},\ k_y=\frac{n\pi}{b},\ k_z=\frac{p\pi}{c} \tag{2.4}$$

电场和磁场可以从一个电场赫兹矢量[13]得到,该矢量只有一个 z 分量 Π_e:

$$\boldsymbol{\Pi}_e=\hat{z}\Pi_e \tag{2.5}$$

对 $\boldsymbol{\Pi}_e$ 求旋度得到[13]

$$\begin{cases}\boldsymbol{E}=\nabla\times\nabla\times\boldsymbol{\Pi}_e\\ \boldsymbol{H}=-\mathrm{i}\omega\varepsilon\nabla\times\boldsymbol{\Pi}_e\end{cases} \tag{2.6}$$

根据式(2.2)和式(2.6),可以将 mnp 模式下的电场赫兹矢量的 z 分量写成

$$\boldsymbol{\Pi}_{emnp}=\frac{E_{zmnp}^{\mathrm{TM}}}{k_{mnp}^2-k_z^2}=\frac{E_0}{k_{mnp}^2-k_z^2}\sin\frac{m\pi x}{a}\sin\frac{n\pi y}{b}\cos\frac{p\pi z}{c} \tag{2.7}$$

式(2.2)给出了电场的 z 分量,可以由式(2.6)和式(2.7)推导出电场的横向分量:

$$\begin{cases}E_{xmnp}^{\mathrm{TM}}=-\dfrac{k_xk_zE_0}{k_{mnp}^2-k_z^2}\cos\dfrac{m\pi x}{a}\sin\dfrac{n\pi y}{b}\sin\dfrac{p\pi z}{c}\\ E_{ymnp}^{\mathrm{TM}}=\dfrac{k_yk_zE_0}{k_{mnp}^2-k_z^2}\sin\dfrac{m\pi x}{a}\cos\dfrac{n\pi y}{b}\sin\dfrac{p\pi z}{c}\end{cases} \tag{2.8}$$

磁场的 z 分量为0(根据 TM 模的定义),横向分量由式(2.6)和式(2.7)导出:

$$\begin{cases}H_{xmnp}^{\mathrm{TM}}=-\dfrac{\mathrm{i}\omega_{mnp}\varepsilon k_yE_0}{k_{mnp}^2-k_z^2}\sin\dfrac{m\pi x}{a}\cos\dfrac{n\pi y}{b}\cos\dfrac{p\pi z}{c}\\ H_{ymnp}^{\mathrm{TM}}=\dfrac{\mathrm{i}\omega_{mnp}\varepsilon k_xE_0}{k_{mnp}^2-k_z^2}\cos\dfrac{m\pi x}{a}\sin\dfrac{n\pi y}{b}\cos\dfrac{p\pi z}{c}\end{cases} \tag{2.9}$$

由于 E_{zmnp}^{TM} 不为0,模式数可取的值为:$m=1,2,3,\cdots;n=1,2,3,\cdots;p=0,1,2,\cdots$。

TE(或者磁)模式是由类似的方式产生的。磁场的 z 分量满足标量亥姆霍兹方程,边界条件要求它满足以下形式:

$$H_{zmnp}^{\mathrm{TE}}=H_0\cos\frac{m\pi x}{a}\cos\frac{n\pi y}{b}\sin\frac{p\pi z}{c} \tag{2.10}$$

式中:H_0 是一个单位为 A/m 的任意常量。特征值和轴向波数与式(2.3)和式(2.4)所表述的 TM 模式相同。

电场和磁场可以从一个磁场赫兹矢量[13]得到,它只有一个 z 分量 Π_h:

$$\boldsymbol{\Pi}_h=\hat{z}\Pi_h \tag{2.11}$$

对 $\boldsymbol{\Pi}_h$ 求旋度计算得到[13]

$$\begin{cases}\boldsymbol{H} = \nabla\times\nabla\times\boldsymbol{\Pi}_{\mathrm{h}} \\ \boldsymbol{E} = \mathrm{i}\omega\mu\nabla\times\boldsymbol{\Pi}_{\mathrm{h}}\end{cases} \tag{2.12}$$

从式(2.10)和式(2.12),可以确定 mnp 模式下的磁场赫兹矢量的 z 分量必须满足如下形式:

$$\Pi_{\mathrm{h}mnp} = \frac{E_{zmnp}^{\mathrm{TE}}}{k_{mnp}^2 - k_z^2} = \frac{H_0}{k_{mnp}^2 - k_z^2}\cos\frac{m\pi z}{a}\cos\frac{n\pi y}{b}\sin\frac{p\pi z}{c} \tag{2.13}$$

磁场的 z 分量在式(2.10)给出,切向分量由式(2.13)和式(2.17)推得

$$\begin{cases}H_{xmnp}^{\mathrm{TE}} = -\dfrac{H_0 k_x k_y}{k_{mnp}^2 - k_z^2}\sin\dfrac{m\pi x}{a}\cos\dfrac{n\pi y}{b}\cos\dfrac{p\pi z}{c} \\ E_{ymnp}^{\mathrm{TE}} = \dfrac{H_0 k_y k_z}{k_{mnp}^2 - k_z^2}\cos\dfrac{m\pi x}{a}\sin\dfrac{n\pi y}{b}\sin\dfrac{p\pi z}{c}\end{cases} \tag{2.14}$$

电场的 z 分量为0(根据 TE 模的定义),切向分量由式(2.12)和式(2.13)推得

$$\begin{cases}E_{xmnp}^{\mathrm{TE}} = -\dfrac{\mathrm{i}\omega_{mnp}\mu k_y H_0}{k_{mnp}^2 - k_z^2}\cos\dfrac{m\pi x}{a}\sin\dfrac{n\pi y}{b}\sin\dfrac{p\pi z}{c} \\ E_{ymnp}^{\mathrm{TE}} = \dfrac{\mathrm{i}\omega_{mnp}\mu k_x H_0}{k_{mnp}^2 - k_z^2}\sin\dfrac{m\pi x}{a}\cos\dfrac{n\pi y}{b}\sin\dfrac{p\pi z}{c}\end{cases} \tag{2.15}$$

模式数目可取的值为:$m=0,1,2,\cdots$;$n=0,1,2,\cdots$;$p=1,2,3,\cdots$。并且 m 和 n 不能同时为0。

谐振频率 f_{mnp} 可以由式(2.3)得到

$$f_{mnp} = \frac{1}{2\sqrt{\mu\varepsilon}}\sqrt{\left(\frac{m}{a}\right)^2 + \left(\frac{n}{b}\right)^2 + \left(\frac{p}{c}\right)^2} \tag{2.16}$$

如果 m、n、p 都不为0,那么两个模式会退化(TE_{mnp} 模和 TM_{mnp} 模具有相同的谐振频率)。当 $a<b<c$ 时,最低谐振频率出现在 TE_{011} 模。图2.2给出了 TE_{011} 模的暂态电磁场形态的一个例子[3]。表2.1给出了当 $a\leqslant b\leqslant c$ 时,f_{mnp}/f_{011} 的比值[3]。

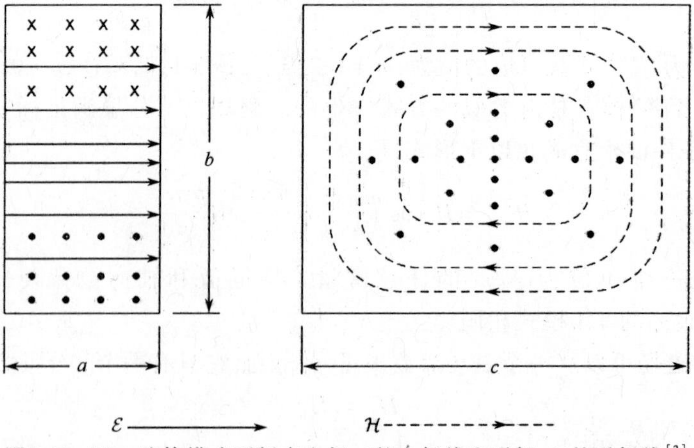

图2.2 TE_{011} 腔体模式下暂态电场 $\mathcal{E}$ 的电场线和磁场 $\mathcal{H}$ 的磁场线[3]

表 2.1 矩形腔的$\frac{f_{mnp}}{f_{011}}$比值,$(a \leqslant b \leqslant c)$[3]

$\frac{b}{a}$	$\frac{a}{c}$	TE_{011}	TE_{101}	TM_{110}	TM_{111} TE_{111}	TE_{012}	TE_{021}	TE_{201}	TE_{102}	TM_{120}	TM_{210}	TM_{112} TE_{112}
1	1	1	1	1	1.22	1.58	1.58	1.58	1.58	1.58	1.58	1.73
1	2	1	1	1.26	1.34	1.26	1.84	1.84	1.26	2.00	2.00	1.55
2	2	1	1.58	1.58	1.73	1.58	1.58	2.91	2.00	2.00	2.91	2.12
2	4	1	1.84	2.00	2.05	1.26	1.84	3.60	2.00	2.53	3.68	2.19
4	4	1	2.91	2.91	3.00	1.58	1.58	5.71	3.16	3.16	5.71	3.24
4	8	1	3.62	3.65	3.66	1.26	1.84	7.20	3.65	4.03	7.25	3.82
4	16	1	3.88	4.00	4.01	1.08	1.96	7.76	3.91	4.35	7.83	4.13

类似单模谐振器(滤波器或电磁材料特性测量)的使用,在测试材料时其目标是在谐振频率或扰动谐振频率处只激发一个模式[17]。然而,对于使用矩形腔体制作的混响室(模式搅拌腔室)[18,19],使用大型机械搅拌器改变谐振频率和激发的多个模式。这种情况下,在一个大的带宽内知道具体的谐振频率是有用的。Liu 、Chang 和 Ma[9]深入地研究过用作混响室的矩形腔体的谐振频率。他们得到的关于特征值 k_{mnp} 的模式总数 N 小于或等于计算机利用式(2.3)计算得到的结果 k。N 是一个关于 k 或 f 的函数,是不连续的,他们也推导出一个平滑的近似 N_s,由文献[9]给出:

$$N_s(k) = \frac{abc}{3\pi^2}k^3 - \frac{a+b+c}{2\pi}k + \frac{1}{2} \tag{2.17}$$

式(2.17)右边的第一项是 Weyl 的经典近似 N_W[9],适用于一般形状的腔体,并且可以写作关于腔体体积 V 的形式:

$$N_W(k) = \frac{Vk^3}{3\pi^2} \tag{2.18}$$

式(2.17)中其他的项只与矩形的形状有关。式(2.17)和式(2.18)的模式数目也可以写作频率 f 的函数:

$$N_s(f) = \frac{8\pi}{3}abc\frac{f^3}{v^3} - (a+b+c)\frac{f}{v} + \frac{1}{2} \tag{2.19}$$

以及

$$N_W(f) = \frac{8\pi V}{3}\frac{f^3}{v^3} \tag{2.20}$$

式中:$v = \frac{1}{\sqrt{u\varepsilon}}$是介质中的光速(通常为自由空间)。式(2.17)和式(2.20)是渐进的高频近似,当腔体的尺寸稍大于半波长的时候有效。

美国国家标准与技术研究院(NIST)混响室($a = 2.74\text{m}, b = 3.05\text{m}, c = 4.57\text{m}$)

的数值结果 N(计算机算得)、N_s、N_W 都在图 2.3 中给了出来。N_s 另外的项改善了由 Weyl 的公式得到的结果的一致性。平滑的模密度 $D_s(f)$ 也在图 2.3 中给出。它是通过式(2.19)求微分得到的：

$$D_s(f) = \frac{dN_s(f)}{df} = 8\pi abc\frac{f^2}{v^3} - \frac{a+b+c}{v} \tag{2.21}$$

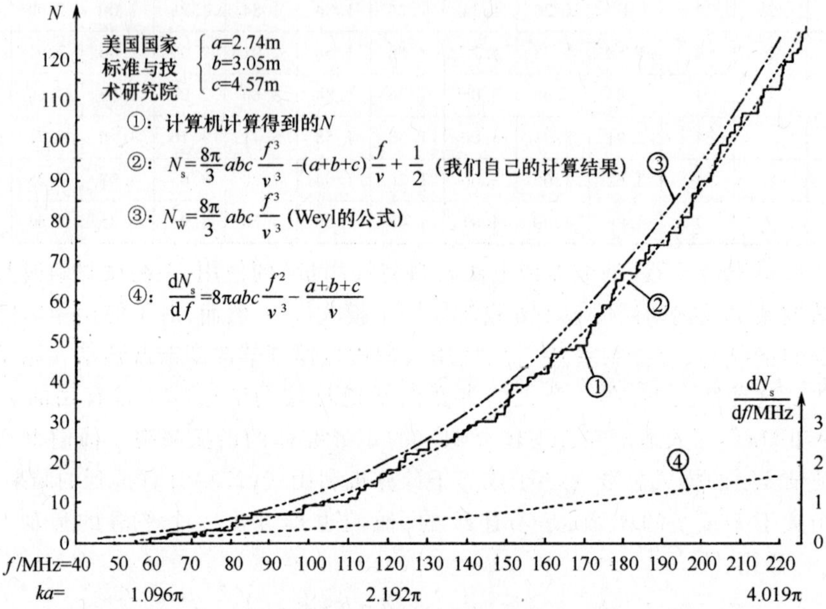

图 2.3 美国国家标准与技术研究院混响室模式数目和模密度[9]

Weyl 再次近似等于第一项：

$$D_W(f) = \frac{dN_W(f)}{df} = 8\pi V\frac{f^2}{v^3} \tag{2.22}$$

模密度是混响室的一个重要的设计参数，因为它决定了在一个给定频率的一个小带宽内有多少个模式存在。例如，图 2.3 显示了 NIST 混响室[19]在 200MHz 有着一个稍大于一个模式每兆赫的模密度。经验告诉我们，NIST 混响室在 200MHz 以上有着足够的性能，但是 200MHz 以下却不行，因为模密度太低无法形成均匀的空间场分布[19]。

2.2 墙面损耗和腔体 Q 值

一个任意形状的腔体 Q 值取决于墙面损耗，其表达式由式(1.41)给出。对于矩形腔体，磁场的表达式是已知的，因此可以通过积分来确定各种模式形态和数目下的 Q 值。Harrington[3]190已经给出了 TE 和 TM 模式下 Q 值表达式的运行命令。

为了阐明估算 Q 值的具体过程，这里推导一个 TM 模式的 Q 值，在这个模式中没有任何一个指数为 0。将式(1.41)写成如下形式：

$$Q_{mnp}^{\mathrm{TM}} = \omega_{mnp}\frac{\mu\iiint\limits_V \boldsymbol{H}_{mnp}^{\mathrm{TM}}\cdot\boldsymbol{H}_{mnp}^{\mathrm{TM}*}\,\mathrm{d}V}{R_{\mathrm{s}}\oiint\limits_S \boldsymbol{H}_{mnp}^{\mathrm{TM}}\cdot\boldsymbol{H}_{mnp}^{\mathrm{TM}*}\,\mathrm{d}S} \tag{2.23}$$

我们已经将自由空间的 μ_0 替换成了 μ，以便更具一般性，磁场的表达式由式(2.9)给出。式(2.23)中的点积可以写作

$$\boldsymbol{H}_{mnp}^{\mathrm{TM}}\cdot\boldsymbol{H}_{mnp}^{\mathrm{TM}*} = \frac{\omega_{mnp}^2\varepsilon^2|E_0|^2}{(k_{mnp}^2-k_z^2)^2}\left(k_y^2\sin^2\frac{m\pi x}{a}\cos^2\frac{n\pi y}{b}+k_x^2\cos^2\frac{m\pi x}{a}\sin^2\frac{n\pi y}{b}\right)\cos^2\frac{p\pi z}{c} \tag{2.24}$$

式(2.23)分子中的体积分包括三角函数在 x,y,z 上的积分，采用式(2.24)得到的结果为

$$\iiint\limits_V \boldsymbol{H}_{mnp}^{\mathrm{TM}}\cdot\boldsymbol{H}_{mnp}^{\mathrm{TM}*}\,\mathrm{d}V = \frac{\omega_{mnp}^2\varepsilon^2|E_0|^2abc}{8(k_{mnp}^2-k_z^2)^2}(k_x^2+k_y^2) \tag{2.25}$$

式(2.23)分母中的闭合面积分包含三角函数在 3 个笛卡儿坐标系中 6 个面上的两个面的积分，采用式(2.24)得到的结果为

$$\oiint\limits_S \boldsymbol{H}_{mnp}^{\mathrm{TM}}\cdot\boldsymbol{H}_{mnp}^{\mathrm{TM}*}\,\mathrm{d}S = \frac{\omega_{mnp}^2\varepsilon^2|E_0|^2}{2(k_{mnp}^2-k_z^2)^2[k_x^2b(a+c)+k_y^2a(b+c)]} \tag{2.26}$$

从式(2.23)、式(2.25)和式(2.26)，可以写出 Q_{mnp}^{TM} 的 Harrington 结果：

$$Q_{mnp}^{\mathrm{TM}} = \frac{\eta abck_{xy}^2k_{mnp}}{4R_{\mathrm{s}}[k_x^2b(a+c)+k_y^2a(b+c)]} \tag{2.27}$$

式中：$\eta=\sqrt{\mu/\varepsilon}$，$k_{xy}^2=k_x^2+k_y^2$。其他模式的 Q 的表达式可以通过文献[3]190给出的方法得到：

$$Q_{mn0}^{\mathrm{TM}} = \frac{\eta abck_{mn0}^3}{2R_{\mathrm{s}}(abk_{mn0}^2+2bck_x^2+2ack_y^2)} \tag{2.28}$$

$$Q_{mnp}^{\mathrm{TE}} = \frac{\eta abck_{xy}^2k_{mnp}^3}{4R_{\mathrm{s}}[bc(k_{xy}^4+k_y^2k_z^2)+ac(k_{xy}^4+k_z^2)+abk_{xy}^2k_z^2]} \tag{2.29}$$

$$Q_{0np}^{\mathrm{TE}} = \frac{\eta abck_{0np}^3}{2R_{\mathrm{s}}(bck_{0np}^2+2ack_y^2+2abk_z^2)} \tag{2.30}$$

$$Q_{m0p}^{\mathrm{TE}} = \frac{\eta abck_{mop}^3}{2R_{\mathrm{s}}(ack_{mop}^2+2bck_x^2+2abk_z^2)} \tag{2.31}$$

式(2.27)~式(2.31)关于 Q 值的表达式非常复杂，但是它可以通过在谐振模式上取 $1/Q$ 的平均值，得到一个综合的 $\tilde{Q}$ 值[9]。该公式是在考虑与两个模式 TE 和 TM 相一致的 m、n、p(取正整数)的每一个组合的情况下得到的。对于 ka、kb、kc

的大值，k 在小范围内变动的平均值给出如下结果[9]：

$$\tilde{Q} \equiv \frac{1}{\langle 1/Q \rangle} = \frac{3\eta kabc}{4R_s S} \frac{1}{1+\frac{3\pi}{8k}\left(\frac{1}{a}+\frac{1}{b}+\frac{1}{c}\right)} \tag{2.32}$$

式中：$S=2(ab+bc+ac)$ 为表面积。由于 abc 是腔体的体积 V，故可以修改式(2.32)，也可以拓展式(2.32)到墙面的磁导率为 μ_w 的情况（如墙面是钢）。那么式(2.32)可以写作

$$\tilde{Q} = \frac{3V}{2\mu_r S\delta_s} \frac{1}{1+\frac{3\pi}{8k}\left(\frac{1}{a}+\frac{1}{b}+\frac{1}{c}\right)} \tag{2.33}$$

式中：$\mu_r=\mu_w/\mu_0$；$\delta_s=\sqrt{2/(\omega\mu_w\sigma_w)}$。如果 ka, kb, kc 足够大，并且 $\mu_r=1$，那么式(2.33)可简化为式(1.44)，适用于常规的腔体形状。作为式(2.32)或者式(2.33)的数值检验，我们在 NIST 混响室内进行了频带为 480 ~ 500MHz 的一个 $1/Q$ 的数值平均。这 20MHz 的带宽中包含了 178 个模式，$1/Q$ 的分布在图 2.4 中给出[9]。$\frac{V}{QS\delta_s}$的平均值是 0.646，这相当接近预期的分析结果$\frac{2}{3}$（当 $\mu_r=1$ 时），并且标准差(0.074)相当小。进一步的数值结果在文献[9]中给出。

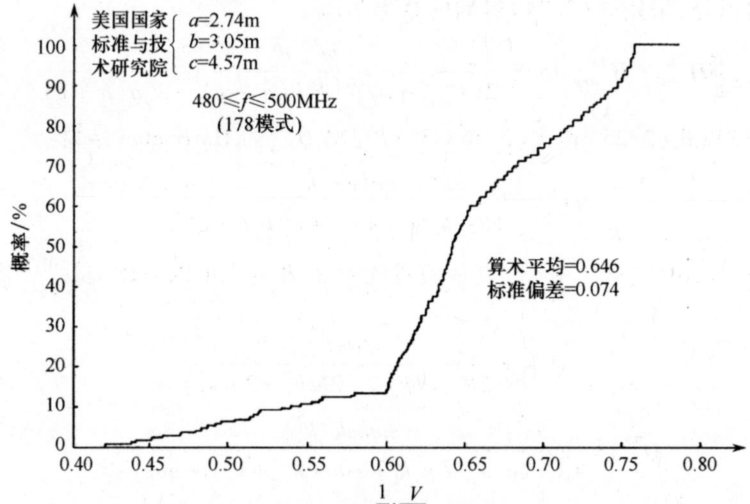

图 2.4　美国国家标准与技术研究院混响室的归一化 $1/Q$ 值在 480 ~ 500MHz 频带范围内的累积分布[9]

2.3　并矢格林函数

并矢格林函数[2]提供了一个简洁的符号来确定由电流源产生的电场和磁场。

例如,由一个偶极子、单级子、环形天线激励的矩形腔体可以用并矢格林函数来处理。源区域的电场需要特殊的处理方法[20],但是电并矢格林函数仍然有效。电矢量 $\boldsymbol{G}_e$ 和磁矢量 $\boldsymbol{G}_m$ 并矢格林函数满足如下微分方程:

$$\nabla\times\nabla\times\overleftrightarrow{G}_e(\boldsymbol{r},\boldsymbol{r}')-k^2\overleftrightarrow{G}_e(\boldsymbol{r},\boldsymbol{r}')=\overleftrightarrow{I}\delta(\boldsymbol{r}-\boldsymbol{r}') \tag{2.34}$$

$$\nabla\times\nabla\times\overleftrightarrow{G}_m(\boldsymbol{r},\boldsymbol{r}')-k^2\overleftrightarrow{G}_m(\boldsymbol{r},\boldsymbol{r}')=\nabla\times[\overleftrightarrow{I}\delta(\boldsymbol{r}-\boldsymbol{r}')] \tag{2.35}$$

式中:$\overleftrightarrow{I}$ 为单位并矢,且

$$\overleftrightarrow{I}=\hat{x}\hat{x}+\hat{y}\hat{y}+\hat{z}\hat{z} \tag{2.36}$$

而 $\delta(\boldsymbol{r}-\boldsymbol{r}')$ 是三维 δ 函数,且

$$\delta(\boldsymbol{r}-\boldsymbol{r}')=\delta(x-x')\delta(y-y')\delta(z-z') \tag{2.37}$$

格林函数上的双箭头表示一个 3×3 的并矢。

除了微分方程(2.34)和方程(2.35)外,需要特定边界条件以确保并矢格林函数是唯一的。对于电并矢格林函数,其边界条件(x 为 0 和 a,y 为 0 和 b,x 为 0 和 c)与式(1.22)中的电场类似:

$$\hat{n}\times\overleftrightarrow{G}_e(\boldsymbol{r},\boldsymbol{r}')=0 \tag{2.38}$$

对于磁并矢格林函数,除了它包含的旋度之外[2],其边界条件($x=0$ 和 a,$y=0$ 和 b,$x=0$ 和 c)和式(2.38)相似:

$$\hat{n}\times\nabla\times\overleftrightarrow{G}_m(\boldsymbol{r},\boldsymbol{r}')=0 \tag{2.39}$$

对于电并矢格林函数,式(2.34)和式(2.38)的解为[2]

$$\overleftrightarrow{G}_e(\boldsymbol{r},\boldsymbol{r}')=-\frac{\hat{z}\hat{z}}{k^2}\delta(\boldsymbol{r}-\boldsymbol{r}')+$$
$$\frac{2}{ab}\sum_{m=0}^{\infty}\sum_{n=0}^{\infty}\frac{(2-\delta_0)}{k_c^2k_g\sin k_gc}\begin{bmatrix}\boldsymbol{M}_{eo}(c-z)\boldsymbol{M}'_{eo}(z')-\boldsymbol{N}_{oe}(c-z)\boldsymbol{N}'_{oe}(z')\\ \boldsymbol{M}_{eo}(z)\boldsymbol{M}'_{eo}(c-z)-\boldsymbol{N}_{oe}(z)\boldsymbol{N}'_{oe}(c-z')\end{bmatrix}\begin{matrix}z>z'\\ z<z'\end{matrix} \tag{2.40}$$

式中

$$\boldsymbol{M}_{eo}(z)=\nabla\times(\hat{z}C_xC_y\sin k_gz) \tag{2.41}$$

$$\boldsymbol{N}_{oe}(z)=\frac{1}{k}\nabla\times\nabla\times(\hat{z}S_xS_y\cos k_gz) \tag{2.42}$$

$$C_x=\cos k_xx,\ C_y=\cos k_yy,\ S_x=\sin k_xx,\ S_y=\sin k_yy,\ k_x=\frac{m\pi}{a},\ k_y=\frac{n\pi}{b},k_c^2=k_x^2+k_y^2$$

$$k_g^2=k^2-k_c^2,\delta_0=\begin{cases}1,\ m\text{ 或 }n=0\\0,\ m\text{ 和 }n\neq0\end{cases}$$

$\boldsymbol{M}_{eo}(z)$ 矢量给出了 TE 模的电场,如同式(2.15)给出的一样;$\boldsymbol{N}_{oe}(z)$ 矢量给出了 TM 模的电场,如同式(2.2)和式(2.8)给出的一样。主要的量 $\boldsymbol{M}'_{eo}(z)$ 和 $\boldsymbol{N}'_{oe}(z)$ 与电偶极子源的位置和极化方向相关:

$$\boldsymbol{M}'_{eo}(z')=\nabla'\times[C'_xC'_y\sin k_gz'\hat{z}] \tag{2.43}$$

$$N'_{oe}(z') = \frac{1}{k}\nabla' \times \nabla' \times [S'_x S'_y \cos k_g z' \hat{z}] \tag{2.44}$$

式中：$C'_x = \cos k_x x'$；$C'_y = \cos k_y y'$；$S'_x = \sin k_x x'$；$S'_y = \sin k_y y'$。

当激励的频率与一个谐振模式相一致时，即

$$k_g = \frac{p\pi}{c},\ p = 0,1,2,\cdots$$

或者

$$\sqrt{\left(\frac{2\pi}{\lambda}\right)^2 - \left(\frac{m\pi}{a}\right)^2 - \left(\frac{n\pi}{b}\right)^2} = \frac{p\pi}{c} \tag{2.45}$$

那么此时式(2.40)中的 $\boldsymbol{G}_e$是奇异的。然而，如果如同在1.3节中那样考虑进去墙面损耗，那么可以用 k_g^1 替换 k_g：

$$k_g^1 \approx \sqrt{k^2 - \left[\left(\frac{m\pi}{a}\right)^2 + \left(\frac{n\pi}{b}\right)^2\right]\left(1 - \frac{2i}{Q_{mnp}}\right)} \tag{2.46}$$

这里已经忽略了式(2.45)中的 Q_{mnp}^{-2}项，因为 Q_{mnp}很大。式(2.46)中$\frac{2i}{Q_{mmp}}$项的引入意味着 k_g^1 不能真正地代替真实的 k。我们不能同时让 $m,n=0$，所以式(2.40)分母中的正弦项不能为0：

$$\sin k_g^1 c \neq 0 \tag{2.47}$$

并且式(2.40)在谐振频率处的奇异不再出现。

对于磁并矢格林函数，式(2.35)和式(2.39)的解可以从电并矢格林函数的旋度来得到[2]

$$\overleftrightarrow{G}_m(\boldsymbol{r},\boldsymbol{r}') = \nabla \times \overleftrightarrow{G}_e(\boldsymbol{r},\boldsymbol{r}') \tag{2.48}$$

为了应用式(2.48)，需要式(2.40)中相关矢量项的旋度表达式：

$$\nabla \times \boldsymbol{M}_{eo}(z) = k\boldsymbol{N}_{eo}(z) \tag{2.49}$$

$$\nabla \times \boldsymbol{N}_{oe}(z) = k\boldsymbol{M}_{oe}(z) \tag{2.50}$$

如果将式(2.40)、式(2.49)和式(2.50)代入式(2.48)中，可以得到想要得到的 $\overleftrightarrow{G}_m$ 的表达式：

$$\overleftrightarrow{G}_m(\boldsymbol{r},\boldsymbol{r}') = \frac{2k}{ab}\sum_{m=0}^{\infty}\sum_{n=0}^{\infty}\frac{(2-\delta_0)}{k_c^2 k_g \sin k_g c}\begin{bmatrix} \boldsymbol{N}_{eo}(c-z)\boldsymbol{M}'_{eo}(z') - \boldsymbol{M}_{oe}(c-z)\boldsymbol{N}'_{eo}(z') \\ \boldsymbol{N}_{eo}(z)\boldsymbol{M}'_{eo}(c-z') - \boldsymbol{M}_{oe}(z)\boldsymbol{N}'_{oe}(c-z') \end{bmatrix}\begin{matrix} z > z' \\ z < z' \end{matrix} \tag{2.51}$$

与式(2.40)相对照，式(2.51)没有包含 δ 函数，因为它被式(2.40)在 $z=z'$处的不连续点的导数抵消了。

2.3.1 无源场

在一个矩形腔体中，体积 V'的体电流密度为 $\boldsymbol{J}(\boldsymbol{r}')$，如图2.5所示。观察点 $\boldsymbol{r}$

放置在腔体内，但是在 V'外。电场可以在源体积内写成一个积分形式[2]：

$$\boldsymbol{E}(r) = \mathrm{i}\omega\mu_0 \iiint_{V'} \overleftrightarrow{G}_{\mathrm{e}}(\boldsymbol{r},\boldsymbol{r}') \cdot \boldsymbol{J}(\boldsymbol{r}')\mathrm{d}V' \tag{2.52}$$

式中：$\overleftrightarrow{G}_{\mathrm{e}}$由式(2.40)给出。类似地，磁场也可以在源体积内写成积分形式[2]：

$$\boldsymbol{H}(\boldsymbol{r}) = \iiint_{V'} \overleftrightarrow{G}_{\mathrm{m}}(\boldsymbol{r},\boldsymbol{r}') \cdot \boldsymbol{J}(\boldsymbol{r}')\mathrm{d}V' \tag{2.53}$$

式中：$\overleftrightarrow{G}_{\mathrm{m}}$由式(2.51)给出。在式(2.52)和式(2.53)中的体积分起了很好的作用，因为在 $\boldsymbol{r}\neq\boldsymbol{r}'$时 $\overleftrightarrow{G}_{\mathrm{e}}(\boldsymbol{r},\boldsymbol{r}')$和 $\overleftrightarrow{G}_{\mathrm{m}}(\boldsymbol{r},\boldsymbol{r}')$起了作用。

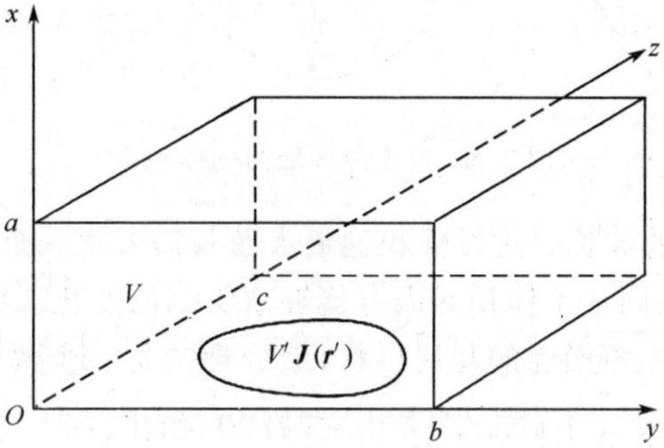

图 2.5　体积为 V'的矩形腔体中的电流密度 $\boldsymbol{J}(\boldsymbol{r}')$

2.3.2　有源场

在有源区域，必须处理并矢格林函数在 $\boldsymbol{r}=\boldsymbol{r}'$处的奇异性。在评估磁场时，$\overleftrightarrow{G}_{\mathrm{m}}(\boldsymbol{r},\boldsymbol{r}')$在 $\boldsymbol{r}=\boldsymbol{r}'$处的奇异性是可积的，式(2.53)也仍然可以用来计算 $\boldsymbol{H}$。

在源区域内电场的评估已经进行了大量的研究[20,21]。研究结果是式(2.52)不能在有源区域内使用，需要用一个排除在 $\boldsymbol{r}=\boldsymbol{r}'$处的小体积 V_δ 的积分并且加上一个与电场电流成比例的项来替代式(2.52)。求导的细节在文献[20]和[21]中给出，这里只给出最终结果：

$$\boldsymbol{E}(r) = \mathrm{i}\omega\mu_0 \lim_{\delta\to 0} \iiint_{V'-V_\delta} \overleftrightarrow{G}_{\mathrm{e}}(\boldsymbol{r},\boldsymbol{r}') \cdot \boldsymbol{J}(\boldsymbol{r}')\mathrm{d}V' + \frac{\overleftrightarrow{L}\cdot\boldsymbol{J}(\boldsymbol{r})}{\mathrm{i}\omega\varepsilon_0} \tag{2.54}$$

式中：源并矢 $\overleftrightarrow{L}$ 由文献[20]给出，即

$$\overleftrightarrow{L} = \frac{1}{4\pi}\iint_{S_\delta} \frac{\boldsymbol{n}'\boldsymbol{e}_{R'}}{R'^2}\mathrm{d}R' \tag{2.55}$$

图 2.6 中给出了确定 $\overleftrightarrow{L}$ 的几何方法。用数学来表示，如果最大弦长 δ 满足式(2.56)，那么式(2.54)的解析极限将会达到。

$$\delta\leqslant\frac{\lambda}{2\pi} \tag{2.56}$$

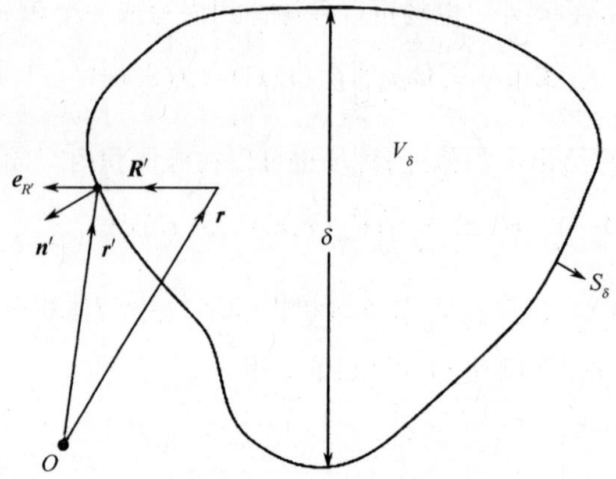

图 2.6　电流源区域内的体积 V_δ

式中：λ 为自由空间的波长。这样体积的最大弦长需要比一个自由空间的波长小，使得源电流 $\boldsymbol{J}$ 不会在同一个体积元内有能够察觉到的变化。体积元的形状是任意的，但是对于图 2.1 中矩形腔的几何形状，最合理的是一个薄圆片盒状。如图 2.7 所示，其中 $h/\delta \to 0$。在这个情况下，$\overleftrightarrow{L}$ 由文献[20]给出，即

$$\overleftrightarrow{L} = \boldsymbol{e}_z \boldsymbol{e}_z \tag{2.57}$$

需要注意的是，式(2.40)中 δ 函数的系数也包含了 $\boldsymbol{e}_z \boldsymbol{e}_z$。这种情况进一步的讨论见文献[22]。

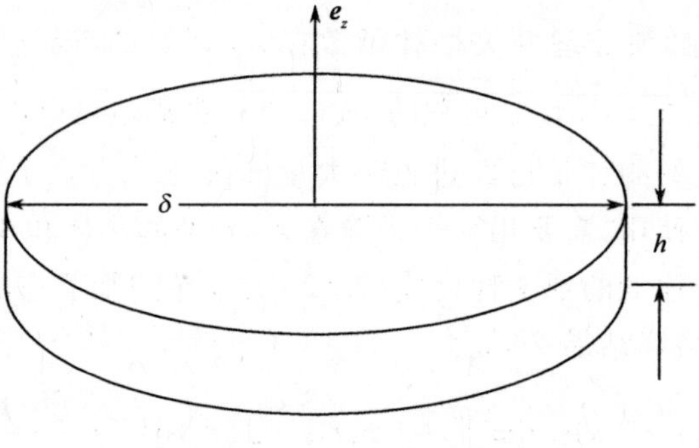

图 2.7　圆片状盒子的体积

问　　题

2-1　尽管按照惯例 TM 和 TE 模式沿着 z 轴，设在图 2.1 中 TM 模式是沿 x 轴的，那么电场和磁场的 x 分量可以写成

$$E_{xmnp}^{\mathrm{TM}_x} = E_{0x} \cos \frac{m\pi x}{a} \sin \frac{n\pi y}{b} \sin \frac{p\pi z}{c}, \ H_{xmnp}^{\mathrm{TM}_x} = 0$$

推导 TM_x 模的其余 4 个场分量：$E_{ymnp}^{TM_x}$，$E_{zmnp}^{TM_x}$，$H_{ymnp}^{TM_x}$ 和 $H_{zmnp}^{TM_x}$。

2－2　现在考虑 TE_x 模。电场和磁场的 x 分量可以写成

$$E_{xmnp}^{TE_x}=0,\ H_{xmnp}^{TE_x}=H_{0x}\sin\frac{m\pi x}{a}\cos\frac{n\pi y}{b}\cos\frac{p\pi z}{c}$$

推导其余 4 个场分量 $E_{ymnp}^{TE_x}$，$E_{zmnp}^{TE_x}$，$H_{ymnp}^{TE_x}$ 和 $H_{zmnp}^{TE_x}$ 的表达式。

2－3　如果把模式的场写成矢量形式，试证明 TM_x 模的场可以写成 TM 模和 TE 模的场的线性组合：

$$\boldsymbol{E}_{mnp}^{TM_x}=A\boldsymbol{E}_{mnp}^{TM}+B\boldsymbol{E}_{mnp}^{TE}$$

并推导 A 和 B 的表达式。

2－4　证明 TE_x 模的场可以写成 TM 模和 TE 模的线性组合：

$$\boldsymbol{E}_{mnp}^{TE_x}=C\boldsymbol{E}_{mnp}^{TM}+D\boldsymbol{E}_{mnp}^{TE}$$

并推导 C 和 D 的表达式。

2－5　由式(2.3)推导式(2.18)。提示：由式(2.4)构造一个空间大小合适的 k_x，k_y，k_z 点阵。然后求出一个半径为 k 的球体的 1/8 的谐振频率。考虑 TM 模和 TE 模的简并。

2－6　根据式(2.24)推导式(2.25)。

2－7　根据式(2.24)推导式(2.26)。

2－8　采用推导式(2.27)的方法推导式(2.29)。

2－9　证明式(2.40)满足式(2.34)。

2－10　证明式(2.40)满足式(2.38)。

2－11　证明式(2.51)满足式(2.35)。

2－12　证明式(2.51)满足式(2.39)。

2－13　证明式(2.53)在源区域 V' 内可积。为了满足可积的条件，对 $\boldsymbol{J}(r')$ 有要求吗？

第3章 圆柱腔体

圆柱腔体是本书要研究的3种独立结构几何体中的第二个。一个半径为 a，长度为 d 的圆柱腔体如图3.1所示。圆柱腔体被用作单模谐振腔[13]，或者用于电介质或磁导率测量[23,24]。

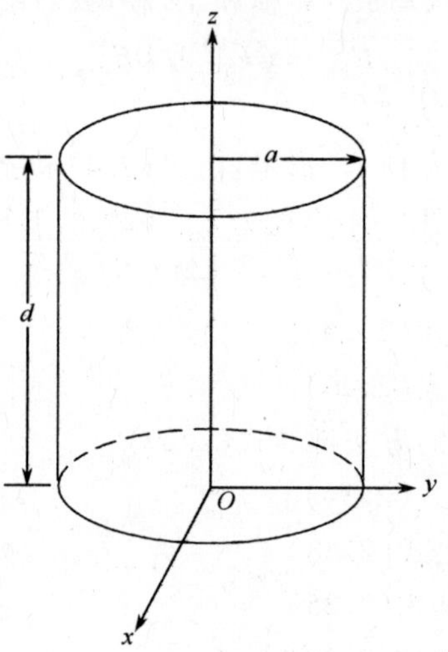

图3.1 圆柱腔体

3.1 谐振模式

一个圆柱腔体构建谐振模式的标准方法是在 z 轴方向得到TE模或者TM模。TE模也可以叫作磁模式，因为 Ez 分量为0。类似地，TM模式也可以称为电模式，因为Hz分量为0。

根据式(1.18)和式(1.19)，可以看到一个TM模的电场的 z 分量 E_{znpq}^{TM} 满足标量亥姆霍兹方程：

$$(\nabla^2 + k_{npq}^2) E_{znpq}^{\mathrm{TM}} = 0 \tag{3.1}$$

式中：k_{npq} 为一个待求的特征值，那个三维下标在求解式(3.1)时将会进行解释。在柱坐标系 (ρ, ϕ, z) 中，式(3.1)中的第一项可以写作(见附录A)：

$$\nabla^2 E_{znpq}^{\mathrm{TM}} = \frac{1}{\rho} \frac{\partial}{\partial \rho}\left(\rho \frac{\partial E_{znpq}^{\mathrm{TM}}}{\partial p}\right) + \frac{1}{\rho^2} \frac{\partial^2 E_{znpq}^{\mathrm{TM}}}{\partial \phi^2} + \frac{\partial^2 E_{znpq}^{\mathrm{TM}}}{\partial z^2} \tag{3.2}$$

如果使用分离变量法，那么可以把 E_{znpq}^{TM} 写成[3]

$$E_{znpq}^{\mathrm{TM}} = R(\rho)\Phi(\phi)Z(z) \tag{3.3}$$

如果把式(3.2)和式(3.3)代入式(3.1)，并且除以 E_{znpq}^{TM}，可以得到

$$\frac{1}{\rho R}\frac{\mathrm{d}}{\mathrm{d}\rho}\left(\rho\frac{\mathrm{d}R}{\mathrm{d}\rho}\right) + \frac{1}{\rho^2\Phi}\frac{\mathrm{d}^2\Phi}{\mathrm{d}\phi^2} + \frac{1}{Z}\frac{\mathrm{d}^2 Z}{\mathrm{d}z^2} + k_{npq}^2 = 0 \tag{3.4}$$

由于式(3.4)中的第三项仅取决于 z，因而可以把它写成

$$\frac{1}{Z}\frac{\mathrm{d}^2 Z}{\mathrm{d}z^2} = -k_z^2 \tag{3.5}$$

式中：k_z 为一个待定的分离常数。如果把式(3.5)代入式(3.4)，并且乘以 ρ^2，可以得到

$$\frac{\rho}{R}\frac{\mathrm{d}}{\mathrm{d}\rho}\left(\rho\frac{\mathrm{d}R}{\mathrm{d}\rho}\right) + \frac{1}{\Phi}\frac{\mathrm{d}^2\Phi}{\mathrm{d}\phi^2} + (k_{npq}^2 - k_z^2)\rho^2 = 0 \tag{3.6}$$

式(3.6)中的第二项只取决于 ϕ，因此可以把它写成

$$\frac{1}{\Phi}\frac{\mathrm{d}^2\Phi}{\mathrm{d}\phi^2} = -n^2 \tag{3.7}$$

如果把式(3.7)代入式(3.6)，用 k_ρ^2 替代 $k_{npq}^2 - k_z^2$，并且乘以 R，可以得到

$$\rho\frac{\mathrm{d}}{\mathrm{d}\rho}\left(\rho\frac{\mathrm{d}R}{\mathrm{d}\rho}\right) + [(k_\rho\rho)^2 - n^2]R = 0 \tag{3.8}$$

这是 n 阶贝塞尔方程[25]。为了方便，可以把式(3.5)和式(3.7)写成

$$\frac{\mathrm{d}^2 Z}{\mathrm{d}z^2} + k_z^2 Z = 0 \tag{3.9}$$

$$\frac{\mathrm{d}^2\Phi}{\mathrm{d}\phi^2} + n^2\Phi = 0 \tag{3.10}$$

由式(3.8)~式(3.10)，把式(3.1)分离成3个一般的已知解的微分方程。由于 E_{znpq}^{TM} 的法向导数在 $z=0$ 和 d 时为0，因而式(3.9)的解为

$$Z(z) = \cos\left(\frac{q\pi}{d}z\right), q = 0,1,2,\cdots \tag{3.11}$$

由于 Φ 的周期为 2π，因而式(3.10)的解为

$$\Phi(\phi) = \begin{Bmatrix}\sin n\phi \\ \cos n\phi\end{Bmatrix}, n = 0,1,2,\cdots \tag{3.12}$$

根据式(1.22)的电场边界条件，式(3.8)的贝塞尔方程[25]的解在 $\rho=0$ 处有限，写成

$$R(\rho) = \mathrm{J}_n(k_\rho\rho) \tag{3.13}$$

式中：$k_\rho = x_{np}/a$，x_{np} 是第 n 个贝塞尔方程的第 p 个零点，则有

$$\mathrm{J}_n(x_{np}) = 0, n = 0,1,2,\cdots, p = 1,2,3,\cdots \tag{3.14}$$

部分 J_n 的低阶零点在表3.1中列出[13]。

一个TM模式的电场的 z 分量可以记作

$$E^{\mathrm{TM}}_{znpq}=E_0\mathrm{J}_n\left(\frac{x_{np}}{a}\rho\right)\begin{Bmatrix}\sin n\phi\\ \cos n\phi\end{Bmatrix}\cos\left(\frac{q\pi}{d}z\right) \tag{3.15}$$

式中:E_0 是一个任意常量,单位为 V/m。

表 3.1 $\mathrm{J}_n(p_{nm})=0$ 的根[13]

n	p_{n1}	p_{n2}	p_{n3}	p_{n4}
0	2.405	5.520	8.654	11.792
1	3.832	7.016	10.174	13.324
2	5.135	8.417	11.620	14.796

对于矩形腔,电场和磁场可以通过一个只有 z 分量的电场赫兹矢量 $\boldsymbol{\Pi}_{\mathrm{e}}$[13]得到

$$\boldsymbol{\Pi}_{\mathrm{e}}=\hat{z}\Pi_{\mathrm{e}} \tag{3.16}$$

对 $\boldsymbol{\Pi}_{\mathrm{e}}$ 求旋度得到[13]

$$\begin{cases}\boldsymbol{E}=\nabla\times\nabla\times\boldsymbol{\Pi}_{\mathrm{e}}\\ \boldsymbol{H}=-\mathrm{i}\omega\varepsilon\ \nabla\times\boldsymbol{\Pi}_{\mathrm{e}}\end{cases} \tag{3.17}$$

通过式(3.15)和式(3.17),可以确定模式 npq 的电场赫兹矢量的 z 分量必然满足如下形式:

$$\Pi_{enpq}=\frac{E^{\mathrm{TM}}_{znpq}}{k^2_{npq}-(q\pi/d)^2}=\frac{E_0}{k^2_{npq}-(q\pi/d)^2}\mathrm{J}_n\left(\frac{x_{np}}{a}\rho\right)\begin{Bmatrix}\sin n\phi\\ \cos n\phi\end{Bmatrix}\cos\left(\frac{q\pi}{d}z\right) \tag{3.18}$$

电场的 z 分量在式(3.15)中给出,式(3.17)和式(3.18)则确定了切向分量:

$$E^{\mathrm{TM}}_{\rho npq}=\frac{-E_0}{k^2_{npq}-(q\pi/d)^2}\frac{q\pi}{d}\frac{x_{np}}{a}\mathrm{J}_n'\left(\frac{x_{np}}{a}\rho\right)\begin{Bmatrix}\sin n\phi\\ \cos n\phi\end{Bmatrix}\sin\left(\frac{q\pi}{d}z\right) \tag{3.19}$$

$$E^{\mathrm{TM}}_{\phi npq}=\frac{-E_0}{k^2_{npq}-(q\pi/d)^2}\frac{1}{\rho}\frac{nq\pi}{d}\mathrm{J}_n\left(\frac{x_{np}}{a}\rho\right)\begin{Bmatrix}\cos n\phi\\ -\sin n\phi\end{Bmatrix}\sin\left(\frac{q\pi}{d}z\right) \tag{3.20}$$

式中:J_n'为遵照讨论求得的 J_n 的导数。磁场的 z 分量为0(由 TM 模式的定义),磁场的切向分量由式(3.17)和式(3.18)确定:

$$H^{\mathrm{TM}}_{\rho npq}=\frac{-\mathrm{i}\omega_{npq}\varepsilon E_0}{k^2_{npq}-(q\pi/d)^2}\frac{n}{\rho}\mathrm{J}_n\left(\frac{x_{np}}{a}\rho\right)\begin{Bmatrix}\cos n\phi\\ -\sin n\phi\end{Bmatrix}\cos\left(\frac{q\pi}{d}z\right) \tag{3.21}$$

$$H^{\mathrm{TM}}_{\phi npq}=\frac{\mathrm{i}\omega_{npq}\varepsilon E_0}{k^2_{npq}-(q\pi/d)^2}\frac{x_{np}}{a}\mathrm{J}_n'\left(\frac{x_{np}}{a}\rho\right)\begin{Bmatrix}\sin n\phi\\ \cos n\phi\end{Bmatrix}\cos\left(\frac{q\pi}{d}z\right) \tag{3.22}$$

式中:$n=0,1,2,\cdots;p=1,2,3,\cdots;q=0,1,2,\cdots$。

TE 模(或磁场)是通过类似的方法得到的。磁场的 z 分量满足标量亥姆霍兹方程,边界条件满足如下形式:

$$H^{\mathrm{TE}}_{znpq}=H_0\mathrm{J}_n\left(\frac{x'_{np}}{a}\rho\right)\begin{Bmatrix}\sin n\phi\\ \cos n\phi\end{Bmatrix}\sin\left(\frac{q\pi}{d}z\right) \tag{3.23}$$

式中:H_0 为单位为 A/m 的任意常量;n 和 p 为整数;x'_{np}为 J_n:$\mathrm{J}_n'(x'_{np})=0$ 的导数的

第 p 个零点。J_n'部分的低价零点在表 3.2 中列出[13]。

表 3.2　$J_n'(p_{nm}')=0$ 的根[13]

n	p_{n1}'	p_{n2}'	p_{n3}'	p_{n4}'
0	3.832	7.016	10.174	13.324
1	1.841	5.331	8.536	11.706
2	3.054	6.706	9.970	13.170

电场和磁场可以通过一个磁场赫兹矢量 $\boldsymbol{\Pi}_h$[13] 来确定，该矢量只有一个 z 分量：

$$\boldsymbol{\Pi}_h=\hat{z}\Pi_h \tag{3.24}$$

$$\begin{cases}\boldsymbol{H}=\nabla\times\nabla\times\boldsymbol{\Pi}_h\\ \boldsymbol{E}=\mathrm{i}\omega\mu\nabla\times\boldsymbol{\Pi}_h\end{cases} \tag{3.25}$$

根据式(3.23)和式(3.25)，可以确定 npq 模式的磁场赫兹矢量的 z 分量必然满足如下形式：

$$\Pi_{hnpq}=\frac{H_{znpq}^{\mathrm{TE}}}{k_{npq}^2-(q\pi/d)^2}=\frac{H_0}{k_{npq}^2-(q\pi/d)^2}\mathrm{J}_n\left(\frac{x_{np}'}{a}\rho\right)\begin{Bmatrix}\sin n\phi\\ \cos n\phi\end{Bmatrix}\sin\left(\frac{q\pi}{d}z\right) \tag{3.26}$$

磁场的 z 分量在式(3.23)中给出，切向分量由式(3.25)和式(3.26)来确定：

$$H_{\rho npq}^{\mathrm{TE}}=\frac{H_0}{k_{npq}^2-(q\pi/d)^2}\frac{q\pi}{d}\frac{x_{np}'}{a}\mathrm{J}_n'\left(\frac{x_{np}'}{a}\rho\right)\begin{Bmatrix}\sin n\phi\\ \cos n\phi\end{Bmatrix}\cos\left(\frac{q\pi}{d}z\right) \tag{3.27}$$

$$H_{\phi npq}^{\mathrm{TE}}=\frac{H_0}{k_{npq}^2-(q\pi/d)^2}\frac{q\pi}{d}\frac{n}{\rho}\mathrm{J}_n\left(\frac{x_{np}'}{a}\rho\right)\begin{Bmatrix}\cos n\phi\\ -\sin n\phi\end{Bmatrix}\cos\left(\frac{q\pi}{d}z\right) \tag{3.28}$$

电场的 z 分量为 0（根据 TE 模定义），电场的切向分量由式(3.25)和式(3.26)决定：

$$E_{\rho npq}^{\mathrm{TE}}=\frac{\mathrm{i}\omega\mu H_0}{k_{npq}^2-(q\pi/d)^2}\frac{n}{\rho}\mathrm{J}_n\left(\frac{x_{np}'}{a}\rho\right)\begin{Bmatrix}\cos n\phi\\ -\sin n\phi\end{Bmatrix}\sin\left(\frac{q\pi}{d}z\right) \tag{3.29}$$

$$E_{\phi npq}^{\mathrm{TE}}=\frac{-\mathrm{i}\omega\mu H_0}{k_{npq}^2-(q\pi/d)^2}\frac{x_{np}'}{a}\mathrm{J}_n'\left(\frac{x_{np}'}{a}\rho\right)\begin{Bmatrix}\sin n\phi\\ \cos n\phi\end{Bmatrix}\sin\left(\frac{q\pi}{d}z\right) \tag{3.30}$$

该模式能取的值为

$$n=0,1,2,\cdots;p=1,2,3,\cdots;q=1,2,3,\cdots$$

TM 模和 TE 模的谐振波数为

$$k_{npq}^{\mathrm{TM}}=\sqrt{\left(\frac{x_{np}}{a}\right)^2+\left(\frac{q\pi}{d}\right)^2} \tag{3.31}$$

$$k_{npq}^{\mathrm{TE}}=\sqrt{\left(\frac{x_{np}'}{a}\right)^2+\left(\frac{q\pi}{d}\right)^2} \tag{3.32}$$

通过设 $f=k/(2\pi\sqrt{\mu\varepsilon})$，可以确定 TM 模和 TE 模的谐振频率为

$$f_{npq}^{\mathrm{TM}}=\frac{1}{2\pi\sqrt{\mu\varepsilon}}\sqrt{\left(\frac{x_{np}}{a}\right)^2+\left(\frac{q\pi}{d}\right)^2} \tag{3.33}$$

$$f_{npq}^{\mathrm{TE}}=\frac{1}{2\pi\sqrt{\mu\varepsilon}}\sqrt{\left(\frac{x'_{np}}{a}\right)^2+\left(\frac{q\pi}{d}\right)^2} \tag{3.34}$$

当 $n>0$ 时，每一个 n 都代表一对 TM 和 TE 简并模式（$\cos n\phi$ 或者 $\sin n\phi$ 不同）。

表 3.3 列出了不同的 d/a 条件下归一化的谐振频率[3]。当 $d/a<2$ 时，为 TM_{010}本征模式（为最低谐振频率），且 TM_{010}模式的场分布在图 3.2 中列出[3]；当 $d/a\geqslant 2$ 时，TM_{111}模式为本征模式。

表 3.3 半径为 a、长度为 d 的圆形腔的 $f_{npq}/f_{\mathrm{dominant}}$

d/a	TM_{010}	TE_{111}	TM_{110}	TM_{011}	TE_{211}	TM_{111} TE_{011}	TE_{012}	TM_{210}	TM_{020}
0	1.0	∞	1.59	∞	∞	∞	∞	2.13	2.29
0.5	1.0	2.72	1.59	2.80	2.90	3.06	5.27	2.13	2.29
1.0	1.0	1.50	1.59	1.63	1.80	2.05	2.72	2.13	2.29
2.0	1.0	1.0	1.59	1.19	1.42	1.72	1.50	2.13	2.29
3.0	1.13	1.0	1.80	1.24	1.52	1.87	1.32	2.41	2.60
4.0	1.20	1.0	1.91	1.27	1.57	1.96	1.30	2.56	3.00
∞	1.30	1.0	2.08	1.31	1.66	2.08	1.0	2.78	3.00

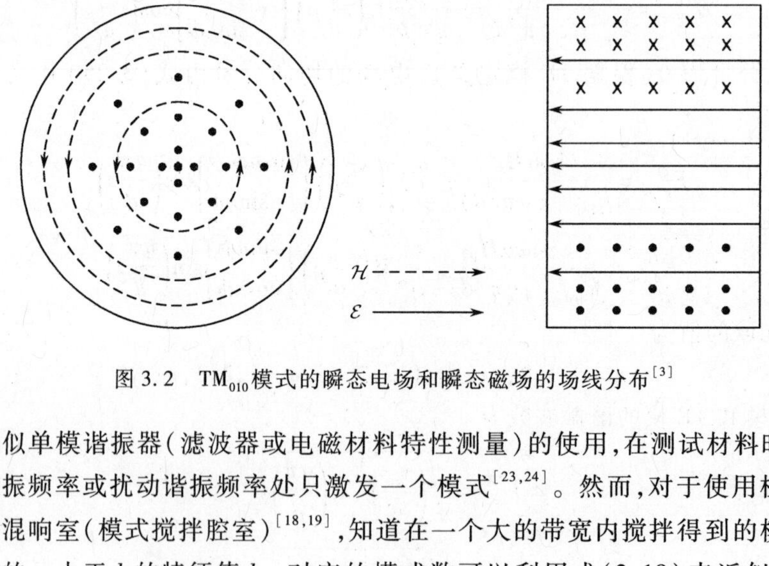

图 3.2 TM_{010}模式的瞬态电场和瞬态磁场的场线分布[3]

类似单模谐振器（滤波器或电磁材料特性测量）的使用，在测试材料时其目标是在谐振频率或扰动谐振频率处只激发一个模式[23,24]。然而，对于使用柱状腔体制作的混响室（模式搅拌腔室）[18,19]，知道在一个大的带宽内搅拌得到的模式数是有必要的。小于 k 的特征值 k_{npq} 对应的模式数可以利用式（2.18）来近似计算，因为该公式可以用于任意形状的腔体。圆柱腔体的体积由下式给出：

$$V=\pi a^2 d \tag{3.35}$$

如果把式(3. 35)代入式(2. 18),模式数目的 Weyl 近似为

$$N_{\mathrm{W}}(k)=\frac{a^2dk^3}{2\pi} \tag{3.36}$$

如果希望把模式数目写成关于频率 f 的函数,可以用式(3. 37)中的 $2\pi f/v$ 替换 k 得到

$$N_{\mathrm{W}}(f)=4\pi^2a^2d\left(\frac{f}{v}\right)^3 \tag{3.37}$$

模密度(模/Hz)可以通过求式(3. 37)对 f 的微分得到

$$D_{\mathrm{W}}(f)=\frac{\mathrm{d}N_{\mathrm{W}}(f)}{\mathrm{d}f}=12\pi^2a^2d\frac{f^2}{v^3} \tag{3.38}$$

3.2 墙面损耗和腔体 Q 值

一个任意形状的腔体 Q 值取决于墙面损耗,它的表达式由式(1. 41)给出。对于圆形腔体,磁场的表达式是已知的,因此可以通过积分来确定各种模式形态和数目下的 Q 值。Harrington[3]257 已经给出了 TE 和 TM 模式下 Q 值表达式的运行命令。

为了阐明计算 Q 值的细节,下面将以推导 TM_{010} 模式作为特殊例子,它是 $\frac{d}{a}<2$时的本征模式(最低谐振频率)。首先把式(1. 41)写成如下形式:

$$Q_{010}^{\mathrm{TM}}=\frac{\omega_{010}\mu}{R_{\mathrm{s}}}\frac{\iiint\limits_V \boldsymbol{H}_{010}^{\mathrm{TM}}\cdot\boldsymbol{H}_{010}^{\mathrm{TM}*}\mathrm{d}V}{\oiint\limits_S \boldsymbol{H}_{010}^{\mathrm{TM}}\cdot\boldsymbol{H}_{010}^{\mathrm{TM}*}\mathrm{d}S} \tag{3.39}$$

式中:磁场(只包含一个 ϕ 分量)由式(3. 22)给出。在式(3. 39)中的点积可以写作

$$\boldsymbol{H}_{010}^{\mathrm{TM}}\cdot\boldsymbol{H}_{010}^{\mathrm{TM}*}=\frac{\omega_{010}^2\varepsilon^2|E_0|^2}{k_{010}^4}\frac{x_{01}^2}{a^2}\mathrm{J}_0'^2\left(\frac{x_{01}}{a}\rho\right)\cos^2\phi \tag{3.40}$$

则式(3. 39)分子中的体积分可以写成

$$\iiint\limits_V \boldsymbol{H}_{010}^{\mathrm{TM}}\cdot\boldsymbol{H}_{010}^{\mathrm{TM}*}\mathrm{d}V=\int_0^d\int_0^{2\pi}\int_0^a \boldsymbol{H}_{010}^{\mathrm{TM}}\cdot\boldsymbol{H}_{010}^{\mathrm{TM}*}\rho\mathrm{d}\rho\mathrm{d}\phi\mathrm{d}z \tag{3.41}$$

式(3. 41)中 ϕ 和 z 的积分可以轻松完成。ρ 的积分可以用如下已知积分来完成[26]634:

$$\int_0^d \mathrm{J}_0'^2\left(\frac{x_{01}}{a}\rho\right)\rho\mathrm{d}\rho=\int_0^a \mathrm{J}_1^2\left(\frac{x_{01}}{a}\rho\right)\rho\mathrm{d}\rho=\frac{a^2}{2}\mathrm{J}_1^2(x_{01}) \tag{3.42}$$

式(3.40)和式(3.42)可以用来获得式(3.41)中体积分的结果：

$$\iiint_V \boldsymbol{H}_{010}^{\mathrm{TM}} \cdot \boldsymbol{H}_{010}^{\mathrm{TM}*} \mathrm{d}V = \frac{\pi d |E_0|^2 \eta x_{01}^2 \mathrm{J}_1^2(x_{01})}{2k_{010}^2} \tag{3.43}$$

式(3.39)分母中的面积分可以写成

$$\oiint_X \boldsymbol{H}_{010}^{\mathrm{TM}} \cdot \boldsymbol{H}_{010}^{\mathrm{TM}*} \mathrm{d}S = 2\int_0^{2\pi}\int_0^{a} \boldsymbol{H}_{010}^{\mathrm{TM}} \cdot \boldsymbol{H}_{010}^{\mathrm{TM}*} \rho \mathrm{d}\rho \mathrm{d}\phi + \mathrm{d}a \int_0^{2\pi} \boldsymbol{H}_{010}^{\mathrm{TM}} \cdot \boldsymbol{H}_{010}^{\mathrm{TM}*} \Big|_{\rho=a} \mathrm{d}\phi \tag{3.44}$$

借助于式(3.42)中对 ρ 的积分结果，可以估算式(3.44)：

$$\oiint_S \boldsymbol{H}_{010}^{\mathrm{TM}} \cdot \boldsymbol{H}_{010}^{\mathrm{TM}*} \mathrm{d}S = \frac{\pi(a+d)\eta |E_0|^2 x_{01}^2 \mathrm{J}_1^2(x_{01})}{k_{010}^2 a} \tag{3.45}$$

如果把式(3.43)和式(3.45)代入式(3.39)，并且利用关系式 $k_{010}a = x_{01}$，可以得到想要的 Q_{010}^{TM} 结果：

$$Q_{010}^{\mathrm{TM}} = \frac{\eta x_{01} d}{2R_s(a+d)} \tag{3.46}$$

对于一般的 TM 和 TE 模式，Q 值的表达式也可以由式(1.41)来确定，但是代数计算更加复杂。得到的表达式为[3]257

$$Q_{npq}^{\mathrm{TM}} = \frac{\eta\sqrt{x_{np}^2 + (q\pi a/d)^2}}{2R_s(1+a/d)} \tag{3.47}$$

$$Q_{npq}^{\mathrm{TE}} = \frac{\eta[x'^2_{np} + (q\pi a/d)^2]^{3/2}(x'^2_{np} - n^2)}{2R_s\left[\left(\dfrac{nq\pi a}{d}\right)^2 + x'^4_{np} + \dfrac{2a}{d}\left(\dfrac{q\pi a}{d}\right)^2(x'^2_{np} - n^2)\right]} \tag{3.48}$$

经过一致性验证，明显可以看出，当 $n = q = 0, p = 1$ 时式(3.47)可以简化为式(3.46)。

3.3 并矢格林函数

Tai[2]采用类似矩形腔体的方法推导出了圆柱形腔体的并矢格林函数。在提供一个简洁的并矢符号来确定由电流源引起的电磁场时，它们同样是有用的。圆柱腔体通常是由偶极子、单极子和环形天线所激发，并矢格林函数可以用来分析这些源(内部电场源的位置需要特殊处理[20]，但是电并矢格林函数在那同样起作用)。

并矢格林函数的电矢量 $\overleftrightarrow{G}_{\mathrm{e}}$ 和磁矢量 $\overleftrightarrow{G}_{\mathrm{m}}$ 满足式(2.34)和式(2.35)中给出的微分方程。除了微分方程外，还需要指定边界条件来确保并矢格林函数的唯一性。电并矢格林函数需要满足式(2.38)中的 $\rho = a, z = 0$ 和 d。磁并矢格林函数需要满足式(2.39)中的 $\rho = a, z = 0$ 和 d。

并矢格林函数的解是[2]

$$\overleftrightarrow{G}_e(\boldsymbol{r},\boldsymbol{r}') = -\frac{\hat{z}\hat{z}}{k^2}\delta(\boldsymbol{r}-\boldsymbol{r}') + \sum_{n=0}^{\infty}\sum_{p=1}^{\infty}\frac{2-\delta_0}{2\pi}\left\{\frac{1}{\left(\frac{x_{np}}{a}\right)^2 I_\mu k_\mu \sin k_\mu d}\begin{matrix}\boldsymbol{M}_{npo}(d-z)\boldsymbol{M}'_{npo}(z')\\ \boldsymbol{M}_{npo}(z)\boldsymbol{M}'_{npo}(d-z')\end{matrix} - \right.$$

$$\left.\frac{1}{\left(\frac{x_{np}}{a}\right)^2 I_\lambda k_\lambda \sin k_\lambda d}\begin{matrix}\boldsymbol{N}_{npe}(d-z)\boldsymbol{N}'_{npe}(z')\\ \boldsymbol{M}_{npe}(z)\boldsymbol{N}'_{npe}(d-z')\end{matrix}\right\} \begin{matrix} z > z' \\ , z < z' \end{matrix} \tag{3.49}$$

式中

$$\boldsymbol{M}_{npo}(z) = \nabla\times\left[\hat{z}\mathrm{J}_n\left(\frac{x_{np}}{a}\rho\right)\begin{matrix}\cos n\phi\\ \sin n\phi\end{matrix}\sin k_\mu z\right] \tag{3.50}$$

$$\boldsymbol{N}_{npe}(z) = \frac{1}{k}\nabla\times\nabla\times\left[\hat{z}\mathrm{J}_n\left(\frac{x'_{np}}{a}\rho\right)\begin{matrix}\cos n\phi\\ \sin n\phi\end{matrix}\cos k_\lambda z\right] \tag{3.51}$$

$$k_\mu = \sqrt{k^2 - (x_{nm}/a)^2},\ k_\lambda = \sqrt{k^2 - (x'_{np}/a)^2},\ I_\mu = \frac{a^2}{2x'^2_{np}}(x'^2_{np} - n^2)\mathrm{J}_n^2(x'_{np})$$

$$I_\lambda = \frac{a^2}{2}\mathrm{J}'^2_n(x_{np}),\ \delta_0 = \begin{cases}1,\ n=0\\ 0,\ n\neq 0\end{cases}$$

矢量 $\boldsymbol{M}_{npo}$ 给出了与式(3.29)和式(3.30)一样的 TE 模电场，$\boldsymbol{N}_{npe}$ 矢量给出了与式(3.15)、式(3.19)和式(3.20)一样的 TM 模电场。矢量 $\boldsymbol{M}'_{npo}$ 和 $\boldsymbol{N}'_{npe}$ 与电偶极子源的位置和极化方向有关：

$$\boldsymbol{M}'_{npo}(z') = \nabla'\times\left[\mathrm{J}_n\left(\frac{x_{np}}{a}\rho'\right)\begin{matrix}\cos n\phi'\\ \sin n\phi'\end{matrix}\sin k_\mu z'\right] \tag{3.52}$$

$$\boldsymbol{N}'_{npe}(z') = \frac{1}{k}\nabla'\times\nabla'\times\left[\mathrm{J}_n\left(\frac{x'_{np}}{a}\rho'\right)\begin{matrix}\cos n\phi'\\ \sin n\phi'\end{matrix}\cos k_\lambda z'\right] \tag{3.53}$$

当激励频率与一个谐振模式的频率一致时，即

$$k_\mu = \frac{q\pi}{d}, q = 0,1,2,\cdots \tag{3.54}$$

或者

$$\sqrt{k^2 - \left(\frac{x_{np}}{a}\right)^2} = \frac{q\pi}{d}$$

那么式(3.49)中的 $\overleftrightarrow{G}_e$ 是奇异的，因为 $\sin k_\mu d = 0$。但是，如果将墙面损耗考虑进去，如同 1.3 节，可以用 k_μ^l 替代 k_μ：

$$k_\mu^l \approx \sqrt{k^2 - \left(\frac{x_{np}}{a}\right)^2\left(1 - \frac{2i}{Q_{npq}}\right)} \tag{3.55}$$

这里已经忽略了式(3.55)中的 Q_{npq}^2 项，因为 Q_{npq} 很大。在式(3.55)中引入了 $\frac{2i}{Q_{npq}}$ 项，这意味着 k_μ 不能够真正地替代真实的 k，因此式(3.49)中分母的 $\sin k_\mu$ 因子不能为 0。同样的考虑运用于该情况，当

$$k_\lambda = \frac{q'\pi}{d}, q' = 0, 1, 2, \cdots$$

或者

$$\sqrt{k^2 - \left(\frac{x'_{np}}{z}\right)^2} = \frac{q'\pi}{d} \tag{3.56}$$

如果考虑墙面损耗,可以用 k_λ^l 替代 k_λ:

$$k_\mu^l \approx \sqrt{k^2 - \left(\frac{x'_{np}}{a}\right)^2 \left(1 - \frac{2\mathrm{i}}{Q_{npq'}}\right)} \tag{3.57}$$

对于式(3.55),这里忽略了式(3.57)中的 $Q_{npq'}^{-2}$ 项,因为 $Q_{npq'}$ 很大。由于 k_λ 不能真正替代真实的 k,式(3.49)中分母中的 $\sin k_\lambda$ 因子不能为 0。

式(2.35)和式(2.39)的关于磁并矢格林函数的解可以从式(2.48)中电并矢格林函数的旋度得到[2]。为了应用式(2.48),需要式(3.49)中相关矢量项的旋度[2]表达式:

$$\nabla \times \overleftrightarrow{M}_{npo}(z) = k\overleftrightarrow{N}_{npo}(z) \tag{3.58}$$

$$\nabla \times \overleftrightarrow{N}_{npe}(z) = k\overleftrightarrow{M}_{npe}(z) \tag{3.59}$$

如果把式(3.49)、式(3.58)和式(3.59)代入式(2.48)中,可以得到想要的 $\overleftrightarrow{G}_\mathrm{m}$ 的表达式:

$$\overleftrightarrow{G}_\mathrm{m}(\boldsymbol{r},\boldsymbol{r}') = \sum_{n=0}^{\infty}\sum_{p=1}^{\infty}\frac{k(2-\delta_0)}{2\pi}\left\{\frac{1}{\left(\frac{x'_{np}}{a}\right)^2 I_\mu k_\mu \sin k_\mu d}\begin{matrix}\boldsymbol{N}_{npo}(d-z)\boldsymbol{M}'_{npo}(z') \\ \boldsymbol{M}_{npo}(z)\boldsymbol{M}'_{npo}(d-z)\end{matrix} - \right.$$

$$\left.\frac{1}{\left(\frac{x_{np}}{a}\right)^2 I_\lambda k_\lambda \sin k_\lambda d}\begin{matrix}\boldsymbol{M}_{npe}(d-z)\boldsymbol{N}'_{npe}(z') \\ \boldsymbol{M}_{npe}(z)\boldsymbol{N}'_{npe}(d-z')\end{matrix}\right\} \begin{matrix} z > z' \\ ,z < z' \end{matrix} \tag{3.60}$$

与式(3.49)相比,式(3.60)并没有包含一个 δ 函数,因为它被式(3.49)在 $z = z'$ 处的不连续点的导数抵消了。

3.3.1 无源场

设在一个体积为 V' 的圆柱腔体中,体电流密度为 $\boldsymbol{J}(\boldsymbol{r}')$,如图 3.3 所示。观察点 $\boldsymbol{r}$ 放置在腔体内,但是在 V' 外,电场可以在源体积内写成积分形式[2]:

$$\boldsymbol{E}(r) = \mathrm{i}\omega\mu \iiint_{V'} \overleftrightarrow{G}_\mathrm{e}(\boldsymbol{r},\boldsymbol{r}') \cdot \boldsymbol{J}(\boldsymbol{r}')\mathrm{d}V' \tag{3.61}$$

式中:$\overleftrightarrow{G}_\mathrm{e}$ 由式(3.49)给出。类似地,磁场可以在源体积内写作积分形式[2]:

$$\boldsymbol{H}(\boldsymbol{r}) = \iiint_{V'} \boldsymbol{G}_\mathrm{m}(\boldsymbol{r},\boldsymbol{r}') \cdot \boldsymbol{J}(\boldsymbol{r}')\mathrm{d}V' \tag{3.62}$$

式中：$\overleftrightarrow{G}_m$ 由式(3.60)给出。因为 $\overleftrightarrow{G}_e(\boldsymbol{r},\boldsymbol{r}')$ 和 $\overleftrightarrow{G}_m(\boldsymbol{r},\boldsymbol{r}')$ 起了作用，其中 $\boldsymbol{r}\neq\boldsymbol{r}'$，所以在式(3.61)和式(3.62)中的体积分起了很好的作用。

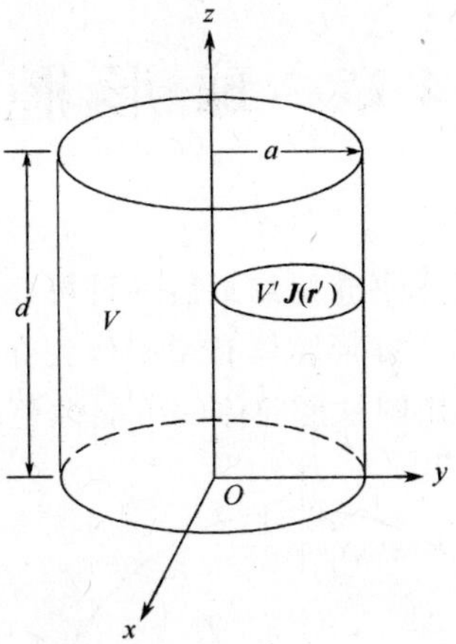

图 3.3　在圆柱腔体中的体积 V' 的电流密度 $\boldsymbol{J}(\boldsymbol{r}')$

3.3.2　有源场

在有源区域，必须处理格林函数在 $\boldsymbol{r}=\boldsymbol{r}'$ 处的奇异性。严谨的结果与 2.3 节中矩形腔的结果一样。在估算磁场的过程中，$\overleftrightarrow{G}_m(\boldsymbol{r},\boldsymbol{r}')$ 在 $\boldsymbol{r}=\boldsymbol{r}'$ 处的奇异性是可积的，式(3.62)也仍然可以用来计算 $\boldsymbol{H}$。

电场的估算已经在 2.3 节中讨论过，并且式(3.61)需要修改为式(2.54)～式(2.57)。唯一的不同点是矩形腔的 $\overleftrightarrow{G}_e$ 需要用式(3.49)中圆柱腔体的 $\overleftrightarrow{G}_e$ 来替代。

问　题

3－1　设一个内部真空的圆柱腔体，如图 3.1 所示，$d=2\text{cm}$，$a=1\text{cm}$。求 TM_{010} 和 TE_{111} 模的谐振频率。它们与表格 3.3 列出的相等吗？

3－2　对于铜质墙面($\sigma_w=5.7\times10^7\text{S/m}$)，3－1 中的两个模式的 Q 值是多少？

3－3　由式(1.41)推导式(3.47)。

3－4　由式(1.41)推导式(3.48)。

3－5　证明式(3.49)满足式(2.34)。

3－6　证明式(3.49)在 $\rho=a$ 且 $z=0$ 和 d 处满足式(2.38)。

3－7　证明式(3.60)满足式(2.35)。

3－8　证明式(3.60)在 $\rho=a$ 且 $z=0$ 和 d 处满足式(2.39)。

3－9　证明式(3.62)在源区域 V' 处可积。要满足可积，对源电流 $\boldsymbol{J}(\boldsymbol{r}')$ 有什么要求吗？

第4章 球形腔体

球形腔体是第三种也是本书介绍的最后一种可区分的几何结构。图 4.1 给出了半径为 a 的球形腔体模型。球形腔体有用来作为介电常数或磁导率测量的潜在可能[27]，但该类型的测量使用圆柱形腔体的可能性更高一些。

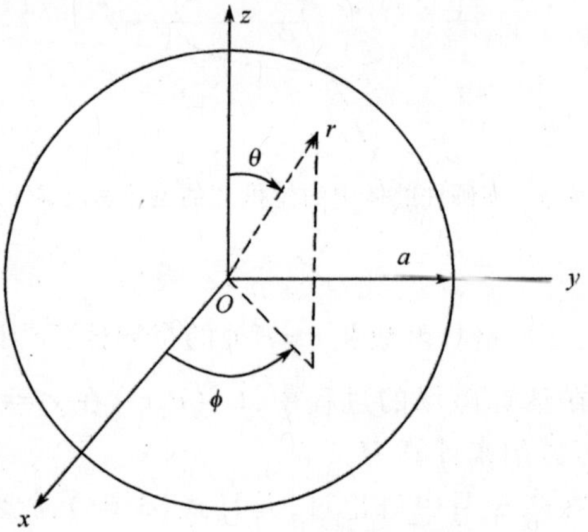

图 4.1 球形腔体

4.1 谐振模式

在球坐标系(r,θ,ϕ)中，不能像第 2 章、第 3 章那样使用横向电场或磁场在 z 轴上得到模型的方法。然而，如果按照 Tai[2] 或者 Harrington[3] 的方法，可以构造出将横向电场或者磁场在矢量 $\boldsymbol{r}$ 上的模(TE_r 或者 TM_r)。下面开始推导标量 Helmholtz 方程的解：

$$(\nabla^2 + k^2)\psi = 0 \tag{4.1}$$

将球坐标拉普拉斯算子代入式(4.1)，可得

$$\frac{1}{r^2}\frac{\partial}{\partial r}\left(r^2\frac{\partial\psi}{\partial r}\right) + \frac{1}{r^2\sin\theta}\frac{\partial}{\partial\theta}\left(\sin\theta\frac{\partial\psi}{\partial\theta}\right) + \frac{1}{r^2\sin^2\theta}\frac{\partial^2\psi}{\partial\phi^2} + k^2\psi = 0 \tag{4.2}$$

利用“分离变量法”将标量电势 ψ 记作

$$\psi = R(r)H(\theta)\Phi(\phi) \tag{4.3}$$

将式(4.3)代入式(4.2)，除以 ψ，乘以 $r^2\sin^2\theta$，可得

$$\frac{\sin^2\theta}{R}\frac{\mathrm{d}}{\mathrm{d}r}\left(r^2\frac{\mathrm{d}R}{\mathrm{d}r}\right)+\frac{\sin\theta}{H}\frac{\mathrm{d}}{\mathrm{d}\theta}\left(\sin\theta\frac{\mathrm{d}H}{\mathrm{d}\theta}\right)+\frac{1}{\Phi}\frac{\mathrm{d}^2\Phi}{\mathrm{d}\phi^2}+k^2r^2\sin^2\theta=0 \tag{4.4}$$

式(4.4)中的 ϕ 可利用整数 m 表示,如下式:

$$\frac{1}{\Phi}\frac{\mathrm{d}^2\Phi}{\mathrm{d}\phi^2}=-m^2 \tag{4.5}$$

如果将式(4.5)代入式(4.4),并除以 $\sin^2\theta$,可得

$$\frac{1}{R}\frac{\mathrm{d}R}{\mathrm{d}r}\left(r^2\frac{\mathrm{d}R}{\mathrm{d}r}\right)+\frac{1}{H\sin\theta}\frac{\mathrm{d}}{\mathrm{d}\theta}\left(\sin\theta\frac{\mathrm{d}H}{\mathrm{d}\theta}\right)-\frac{m^2}{\sin^2\theta}+k^2r^2=0 \tag{4.6}$$

式(4.6)中的 θ 可用整数 n 表示,如下式:

$$\frac{1}{H\sin\theta}\frac{\mathrm{d}}{\mathrm{d}\theta}\left(\sin\theta\frac{\mathrm{d}H}{\mathrm{d}\theta}\right)-\frac{m^2}{\sin^2\theta}=-n(n+1) \tag{4.7}$$

将式(4.7)代入式(4.6)中,最终得到关于 R 的微分方程:

$$\frac{1}{R}\frac{\mathrm{d}}{\mathrm{d}r}\left(r^2\frac{\mathrm{d}R}{\mathrm{d}r}\right)-n(n+1)+k^2r^2=0 \tag{4.8}$$

可将式(4.5)、式(4.7)、式(4.8)写成如下具有解的标准特殊函数形式:

$$\frac{\mathrm{d}^2\Phi}{\mathrm{d}\phi^2}+m^2\Phi=0 \tag{4.9}$$

$$\frac{1}{\sin\theta}\frac{\mathrm{d}}{\mathrm{d}\theta}\left(\sin\theta\frac{\mathrm{d}H}{\mathrm{d}\theta}\right)+\left[n(n+1)-\frac{m^2}{\sin^2\theta}\right]H=0 \tag{4.10}$$

$$\frac{\mathrm{d}}{\mathrm{d}r}\left(r^2\frac{\mathrm{d}R}{\mathrm{d}r}\right)+\left[(kr)^2-n(n+1)\right]R=0 \tag{4.11}$$

式(4.9)中关于 Φ 的方程是常见的“调和方程”,有奇数解和偶数解两种形式:

$$\Phi_{\substack{\mathrm{e}\\\mathrm{o}}}=\begin{Bmatrix}\cos m\phi\\ \sin m\phi\end{Bmatrix} \tag{4.12}$$

式(4.10)中关于 H 方程的解与第一类解 $\mathrm{P}_n^m(\cos\theta)$ 和第二类解 $\mathrm{Q}_n^m(\cos\theta)$ 拉格朗日函数[25]有关。由于第二类解 $\mathrm{Q}_n^m(\cos\theta)$ 在整个 θ 的物理范围内不是有限的,因此只使用第一类解 $\mathrm{P}_n^m(\cos\theta)$。

$$H(\theta)=\mathrm{P}_n^m(\cos\theta) \tag{4.13}$$

关于拉格朗日函数的更多解释见附录 B。式(4.11)中 R 的解为球贝塞尔方程[25],仅需要函数在原点($r=0$)是有限的:

$$R(kr)=\mathrm{j}_n(kr) \tag{4.14}$$

关于球贝塞尔函数的更多讨论见附录 C。这样,球形腔体内标量电磁波的基本解为

$$\psi_{\substack{\mathrm{e}\\\mathrm{o}}mn}=\mathrm{j}_n(kr)\mathrm{P}_n^m(\cos\theta)\begin{Bmatrix}\cos m\phi\\ \sin m\phi\end{Bmatrix} \tag{4.15}$$

$\boldsymbol{F}$ 和 $\boldsymbol{A}$ 分别为电场和磁场的矢量电势,在矢量 $\boldsymbol{r}$ 上的横向分量为

$$\boldsymbol{F}=\boldsymbol{r}\psi_{\mathrm{f}}$$

式中

$$\psi_{\mathrm{f}} = f_{{}^{\mathrm{e}}_{\mathrm{o}}mnp}\psi_{{}^{\mathrm{e}}_{\mathrm{o}}mnp} \tag{4.16}$$

$$\boldsymbol{A} = \boldsymbol{r}\psi_{\mathrm{a}}$$

式中

$$\psi_{\mathrm{a}} = a_{{}^{\mathrm{e}}_{\mathrm{o}}mnp}\psi_{{}^{\mathrm{e}}_{\mathrm{o}}mnp} \tag{4.17}$$

式中:常数 $f_{{}^{\mathrm{e}}_{\mathrm{o}}mnp}$ 和 $a_{{}^{\mathrm{e}}_{\mathrm{o}}mnp}$ 可取任意值。但是 $f_{{}^{\mathrm{e}}_{\mathrm{o}}mnp}$ 的单位为 V/m,$a_{{}^{\mathrm{e}}_{\mathrm{o}}\mathrm{mnp}}$ 的单位为 A/m。与后面指出的一样,下标 p 与腔体的边界条件有关。

横向电场($\boldsymbol{r}$ 方向)模式可以通过对 $\boldsymbol{F}$ 求旋度得到

$$\boldsymbol{E}^{\mathrm{TE}} = -\nabla\times\boldsymbol{F}, \boldsymbol{H}^{\mathrm{TE}} = \frac{-1}{\mathrm{i}\omega\mu}\nabla\times\nabla\times\boldsymbol{F} \tag{4.18}$$

将电场的切向分量在 $r=a$ 处设为 0,则 $\boldsymbol{F}$ 的径向分量为

$$\boldsymbol{F} = \hat{r}F_{r{}^{\mathrm{e}}_{\mathrm{o}}mnp}$$

式中

$$F_{r{}^{\mathrm{e}}_{\mathrm{o}}mnp} = \frac{f_{{}^{\mathrm{e}}_{\mathrm{o}}mnp}}{k}kr\mathrm{j}_n\left(u_{np}\frac{r}{a}\right)\mathrm{P}_n^m(\cos\theta)\begin{matrix}\cos m\phi\\ \sin m\phi\end{matrix} \tag{4.19}$$

式(4.19)中,u_{np} 是球贝塞尔函数的第 p 个零值:

$$\mathrm{j}_n(u_{np}) = 0 \tag{4.20}$$

因为 r 乘以球贝塞尔函数的电场和磁场的标量电势,如式(4.16),式(4.17)所示,这样就很方便地引入一个如 Harrington 定义的替代球贝塞尔函数[3]:

$$\hat{\mathrm{J}}_n(kr) \equiv kr\mathrm{j}_n(kr) \tag{4.21}$$

式(4.19)中,$\boldsymbol{F}$ 的径向分量为

$$F_{r{}^{\mathrm{e}}_{\mathrm{o}}mnp} = \frac{f_{{}^{\mathrm{e}}_{\mathrm{o}}mnp}}{k}\hat{\mathrm{J}}_n\left(u_{np}\frac{r}{a}\right)\mathrm{P}_n^m(\cos\theta)\begin{matrix}\cos m\phi\\ \sin m\phi\end{matrix} \tag{4.22}$$

由式(4.18),式(4.19)和式(4.22)可知,TE 模的标量场分量如下:

$$E^{\mathrm{TE}}_{r{}^{\mathrm{e}}_{\mathrm{o}}mnp} = 0 \tag{4.23}$$

$$E^{\mathrm{TE}}_{\theta{}^{\mathrm{e}}_{\mathrm{o}}mnp} = \frac{mf_{{}^{\mathrm{e}}_{\mathrm{o}}mnp}}{kr\sin\theta}\hat{\mathrm{J}}_n\left(u_{np}\frac{r}{a}\right)\mathrm{P}_n^m(\cos\theta)\begin{matrix}\sin m\phi\\ -\cos m\phi\end{matrix} \tag{4.24}$$

$$E^{\mathrm{TE}}_{\phi{}^{\mathrm{e}}_{\mathrm{o}}mnp} = \frac{f_{{}^{\mathrm{e}}_{\mathrm{o}}mnp}}{kr}\hat{\mathrm{J}}_n\left(u_{np}\frac{r}{a}\right)\frac{\mathrm{d}}{\mathrm{d}\theta}\mathrm{P}_n^m(\cos\theta)\begin{matrix}\cos m\phi\\ \sin m\phi\end{matrix} \tag{4.25}$$

$$H^{\mathrm{TE}}_{r{}^{\mathrm{e}}_{\mathrm{o}}mnp} = \frac{-n(n+1)f_{{}^{\mathrm{e}}_{\mathrm{o}}mnp}}{\mathrm{i}\omega\mu kr^2}\hat{\mathrm{J}}_n\left(u_{np}\frac{r}{a}\right)\mathrm{P}_n^m(\cos\theta)\begin{matrix}\cos m\phi\\ \sin m\phi\end{matrix} \tag{4.26}$$

$$H^{\mathrm{TE}}_{\theta{}^{\mathrm{e}}_{\mathrm{o}}mnp} = \frac{-f_{{}^{\mathrm{e}}_{\mathrm{o}}mnp}}{\mathrm{i}\omega\mu r}\hat{\mathrm{J}}'_n\left(u_{np}\frac{r}{a}\right)\frac{\mathrm{d}}{\mathrm{d}\theta}\mathrm{P}_n^m(\cos\theta)\begin{matrix}\cos m\phi\\ \sin m\phi\end{matrix} \tag{4.27}$$

$$H^{\mathrm{TE}}_{\phi{}^{\mathrm{e}}_{\mathrm{o}}mnp} = \frac{-mf_{{}^{\mathrm{e}}_{\mathrm{o}}mnp}}{\mathrm{i}\omega\mu r\sin\theta}\hat{\mathrm{J}}_n\left(u_{np}\frac{r}{a}\right)\mathrm{P}_n^m(\cos\theta)\begin{matrix}-\sin m\phi\\ \cos m\phi\end{matrix} \tag{4.28}$$

在式(4.27)和式(4.28)中,$\hat{\mathrm{J}}_n'$为 $\hat{\mathrm{J}}_n$ 的导数。

TE_{mnp}模式的谐振波数量为

$$k_{mnp}^{\mathrm{TE}}=\frac{u_{np}}{a} \tag{4.29}$$

类似地,谐振频率为

$$f_{mnp}^{\mathrm{TE}}=\frac{u_{np}v}{2\pi a} \tag{4.30}$$

由式(4.29)、式(4.30)可知,谐振频率独立于模式数 m。因此,球形腔体中(在相同的谐振频率下)会使得很多模式退化。这是球形腔体没有应用到混响室的原因之一,无法提供足够的空间谐振模式[9]。

对 TM 波可以做同样的计算。横向磁场($\boldsymbol{r}$ 方向)模式可以通过对 $\boldsymbol{A}$ 求旋度得到,即

$$\boldsymbol{H}^{\mathrm{TM}}=\nabla\times\boldsymbol{A},\ \boldsymbol{E}^{\mathrm{TM}}=\frac{-1}{\mathrm{i}\omega\varepsilon}\nabla\times\nabla\times\boldsymbol{A} \tag{4.31}$$

将电场的切向分量在 $r=a$ 处设为0,则 $\boldsymbol{A}$ 的径向分量为

$$\boldsymbol{A}=\hat{r}A_{r\substack{\mathrm{e}\\\mathrm{o}}mnp} \tag{4.32}$$

式中

$$A_{r\substack{\mathrm{e}\\\mathrm{o}}mnp}=\frac{a_{\substack{\mathrm{e}\\\mathrm{o}}mnp}}{k}\hat{\mathrm{J}}_n\left(u_{np}'\frac{r}{a}\right)\mathrm{P}_n^m(\cos\theta)\begin{matrix}\cos m\phi\\\sin m\phi\end{matrix}$$

式(4.32)中,u_{np}'是 Harrington 球贝塞尔函数的第 p 个零值[3]:

$$\hat{\mathrm{J}}_n'(u_{np}')=0 \tag{4.33}$$

由式(4.31)和式(4.32)可知,可以写出 TM 模式的标量场:

$$H_{r\substack{\mathrm{e}\\\mathrm{o}}mnp}^{\mathrm{TM}}=0 \tag{4.34}$$

$$H_{\theta\substack{\mathrm{e}\\\mathrm{o}}mnp}^{\mathrm{TM}}=\frac{ma_{\substack{\mathrm{e}\\\mathrm{o}}mnp}}{kr\sin\theta}\hat{\mathrm{J}}_n\left(u_{np}'\frac{r}{a}\right)\mathrm{P}_n^m(\cos\theta)\begin{matrix}-\sin m\phi\\\cos m\phi\end{matrix} \tag{4.35}$$

$$H_{\phi\substack{\mathrm{e}\\\mathrm{o}}mnp}^{\mathrm{TM}}=\frac{-a_{\substack{\mathrm{e}\\\mathrm{o}}mnp}}{kr}\hat{\mathrm{J}}_n\left(u_{np}'\frac{r}{a}\right)\frac{\mathrm{d}}{\mathrm{d}\theta}\mathrm{P}_n^m(\cos\theta)\begin{matrix}\cos m\phi\\\sin m\phi\end{matrix} \tag{4.36}$$

$$E_{r\substack{\mathrm{e}\\\mathrm{o}}mnp}^{\mathrm{TM}}=\frac{-n(n+1)a_{\substack{\mathrm{e}\\\mathrm{o}}mnp}}{\mathrm{i}\omega\varepsilon kr^2}\hat{\mathrm{J}}_n\left(u_{np}'\frac{r}{a}\right)\mathrm{P}_n^m(\cos\theta)\begin{matrix}\cos m\phi\\\sin m\phi\end{matrix} \tag{4.37}$$

$$E_{\theta\substack{\mathrm{e}\\\mathrm{o}}mnp}^{\mathrm{TM}}=\frac{-a_{\substack{\mathrm{e}\\\mathrm{o}}mnp}}{\mathrm{i}\omega\varepsilon r}\hat{\mathrm{J}}_n'\left(u_{np}'\frac{r}{a}\right)\frac{\mathrm{d}}{\mathrm{d}\theta}\mathrm{P}_n^m(\cos\theta)\begin{matrix}\cos m\phi\\\sin m\phi\end{matrix} \tag{4.38}$$

$$E_{\phi\substack{\mathrm{e}\\\mathrm{o}}mnp}^{\mathrm{TM}}=\frac{-ma_{\substack{\mathrm{e}\\\mathrm{o}}mnp}}{\mathrm{i}\omega\varepsilon r\sin\theta}\hat{\mathrm{J}}_n'\left(u_{np}'\frac{r}{a}\right)\mathrm{P}_n^m(\cos\theta)\begin{matrix}-\sin m\phi\\\cos m\phi\end{matrix} \tag{4.39}$$

TM_{mnp}模式的谐振波数量为

$$k_{mnp}^{\mathrm{TM}}=u_{up}'/a \tag{4.40}$$

类似地，谐振频率为

$$f_{nmp}^{\mathrm{TM}}=\frac{u'_{np}v}{2\pi a} \tag{4.41}$$

由式(4.41)可知，TM 模式的谐振频率同样独立于 m，因此存在很多退化模。

对于不同的 n 和 p 值，式(4.20)中的零值 u_{np} 由表 4.1[3] 中给出。这些值可以代入式(4.30)中获得 TE 模式的谐振频率。对于不同的 n 和 p 值，式(4.33)中的零值 u'_{np} 在表 4.2[3] 中给出。这些值代入式(4.31)中可得到 TM 模式的谐振频率。Waldron[28] 已公开发表过表格中 u_{np} 和 u'_{np}。

表 4.1　$\hat{\mathrm{J}}_n(u)$ 中有序的零值 u_{np}[3]

n/p	1	2	3	4	5	6	7	8
1	4.493	5.763	6.988	8.183	9.356	10.513	11.657	12.791
2	7.725	9.095	10.417	11.705	12.967	14.207	15.431	16.641
3	10.904	12.323	13.698	15.040	16.355	17.648	18.923	20.182
4	14.066	15.515	16.924	18.301	19.653	20.983	22.295	
5	17.221	18.689	20.122	21.525	22.905			
6	20.371	21.854						

表 4.2　$\hat{\mathrm{J}}'_n(u')$ 中有序的零值 u'_{np}[3]

n/p	1	2	3	4	5	6	7	8
1	2.744	3.870	4.973	6.062	7.140	8.211	9.275	10.335
2	6.117	7.443	8.722	9.968	11.189	12.391	13.579	14.753
3	9.317	10.713	12.064	13.380	14.670	15.939	17.190	18.425
4	12.486	13.921	15.314	16.674	18.009	19.321	20.615	21.894
5	15.664	17.103	18.524	19.915	21.281	22.626		
6	18.796	20.272	21.714	23.128				
7	21.946							

由表 4.1 和 4.2 可知，最低序列模式为 TM_{m11}，其中当 m 等于 0 或 1 时的谐振频率为

$$f_{m11}^{\mathrm{TM}}=\frac{u'_{11}v}{2\pi a} \tag{4.42}$$

在这个频率上存在三个退化模式(TM_{e011}，TM_{e111}，TM_{o111})，它们的场分布可由磁场矢量电势的径向分量得出，即

$$\mathrm{TM}_{e001}: A_{re011}=\frac{a_{e011}}{k}\hat{\mathrm{J}}_1\left(u'_{11}\frac{r}{a}\right)\cos\theta \tag{4.43}$$

$$\mathrm{TM}_{e111}: A_{re111}=\frac{a_{e111}}{k}\hat{\mathrm{J}}_1\left(u'_{11}\frac{r}{a}\right)\sin\theta\cos\phi \tag{4.44}$$

$$\mathrm{TM}_{o111}:A_{ro111}=\frac{a_{o111}}{k}\hat{\mathrm{J}}_1\left(u'_{11}\frac{r}{a}\right)\sin\theta\sin\phi \tag{4.45}$$

这些模式的场分量的表达式可通过对式(4.31)求旋度得到,或者针对特定模式 m,n,p 简化式(4.34)~式(4.39)中场表达式得到。无论哪种情况,TM_{e011} 模式的非零场分量为

$$H_{\phi e011}^{\mathrm{TM}}=\frac{a_{e011}}{kr}\hat{\mathrm{J}}_1\left(u'_{11}\frac{r}{a}\right)\sin\theta \tag{4.46}$$

$$E_{re011}^{\mathrm{TM}}=\frac{-2a_{e011}}{\mathrm{i}\omega\varepsilon kr^2}\hat{\mathrm{J}}_1\left(u'_{11}\frac{r}{a}\right)\cos\theta \tag{4.47}$$

$$E_{\theta e011}^{\mathrm{TM}}=\frac{a_{e011}}{\mathrm{i}\omega\varepsilon r}\hat{\mathrm{J}}'_1\left(u'_{11}\frac{r}{a}\right)\sin\theta \tag{4.48}$$

TM_{e111} 模式的非零场分量为

$$H_{\theta e111}^{\mathrm{TM}}=\frac{-a_{e111}}{kr}\hat{\mathrm{J}}_1\left(u'_{11}\frac{r}{a}\right)\sin\phi \tag{4.49}$$

$$H_{\phi e111}^{\mathrm{TM}}=\frac{-a_{e111}}{kr}\hat{\mathrm{J}}_1\left(u'_{11}\frac{r}{a}\right)\cos\theta\cos\phi \tag{4.50}$$

$$E_{re111}^{\mathrm{TM}}=-\frac{-2a_{e111}}{\mathrm{i}\omega\varepsilon kr^2}\hat{\mathrm{J}}_1\left(u'_{11}\frac{r}{a}\right)\sin\theta\cos\phi \tag{4.51}$$

$$E_{\theta e111}^{\mathrm{TM}}=\frac{-a_{e111}}{\mathrm{i}\omega\varepsilon r}\hat{\mathrm{J}}'_1\left(u'_{11}\frac{r}{a}\right)\cos\theta\cos\phi \tag{4.52}$$

$$E_{\phi e111}^{\mathrm{TM}}=\frac{a_{e111}}{\mathrm{i}\omega\varepsilon r}\hat{\mathrm{J}}_1\left(u'_{11}\frac{r}{a}\right)\sin\phi \tag{4.53}$$

类似地,TM_{o111} 模式的非零场分量为

$$H_{\theta o111}^{\mathrm{TM}}=\frac{a_{o111}}{kr}\hat{\mathrm{J}}_1\left(u'_{11}\frac{r}{a}\right)\cos\phi \tag{4.54}$$

$$H_{\phi o111}^{\mathrm{TM}}=\frac{-a_{o111}}{kr}\hat{\mathrm{J}}_1\left(u'_{11}\frac{r}{a}\right)\cos\theta\sin\phi \tag{4.55}$$

$$E_{ro111}^{\mathrm{TM}}=-\frac{-2a_{o111}}{\mathrm{i}\omega\varepsilon kr^2}\hat{\mathrm{J}}_1\left(u'_{11}\frac{r}{a}\right)\sin\theta\sin\phi \tag{4.56}$$

$$E_{\theta o111}^{\mathrm{TM}}=\frac{-a_{o111}}{\mathrm{i}\omega\varepsilon r}\hat{\mathrm{J}}'_1\left(u'_{11}\frac{r}{a}\right)\cos\theta\sin\phi \tag{4.57}$$

$$E_{\phi o111}^{\mathrm{TM}}=\frac{-a_{o111}}{\mathrm{i}\omega\varepsilon r}\hat{\mathrm{J}}'_1\left(u'_{11}\frac{r}{a}\right)\cos\phi \tag{4.58}$$

有意思的是,即使 TM_{e011}、TM_{e111}、TM_{o111} 模式有相同的谐振频率,TM_{e011} 模式只有三个非零场分量,而 TM_{e111} 和 TM_{o111} 模式有五个非零场分量。实际上,这个原因是因为空间的旋转,以及三个场的路径是相同的。场路径如图 4.2 所示。

对于单模谐振(滤波器或电磁参数测试),目的是在材料测试时谐振频率或其

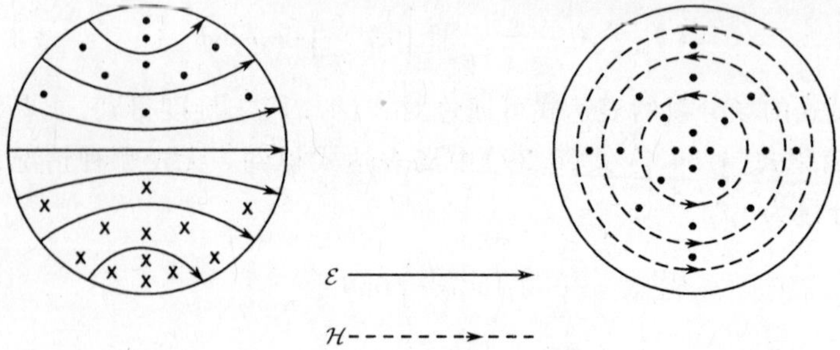

图 4.2　腔体 TM_{e011}、TM_{e111} 和 TM_{o111} 谐振模式时瞬间电场 $\mathcal{E}$ 和磁场 $\mathcal{H}$ 线

干扰频率处激发单一模式[27]。然而，对于球形腔体混响室[18,19]，在一个较大的搅拌带宽内知道其模式数量是有用的。模式数量的特征值 $k_{\substack{e\\o}mnp}$ 小于式(2.18)中所估计的模式数 k，因为式(2.18)是适用于任意腔体形状的。圆柱体的体积为

$$V=\frac{4}{3}\pi a^3 \tag{4.59}$$

若将式(4.59)代入式(2.18)，模式数可以近似为

$$N_W(k)=\frac{4a^3k^2}{9\pi} \tag{4.60}$$

若将模式数与频率 f 联系起来，可将式(4.60)中的 k 由 $2\pi f/v$ 替代：

$$N_W(f)=\frac{32\pi^2a^3k^3}{9v^3} \tag{4.61}$$

模密度可以通过对式(4.61)求 f 的微分，得到

$$D_W(f)=\frac{\mathrm{d}N_W(f)}{\mathrm{d}f}=\frac{32\pi^2a^3f^2}{3v^3} \tag{4.62}$$

然而，像之前提到的，由于很高的模式退化，球形腔体并不是理想的混响室腔体形状。

4.2　墙壁损耗和腔体 Q 值

式(1.41)给出了由墙壁损耗引起的任意形状腔体的品质因数 Q 的表达式。对于圆柱形腔体来说，磁场表达式是已知的，可以采用积分来确定各种模式类型和数量的 Q 值。Harrington[3]312已经给出了任意 TE 和 TM 模式的 Q 值表达式。

为了说明得到 Q 值的细节，现以紧邻 TM_{e111} 和 TM_{o111} 模式的最低谐振频率 TM_{e011} 为例。首先将式(1.41)写为如下形式：

$$Q_{e011}^{TM}=\frac{\omega_{e011}\mu}{R_s}\frac{\iiint\limits_V \boldsymbol{H}_{e011}^{TM}\cdot\boldsymbol{H}_{e011}^{TM\,*}\,\mathrm{d}V}{\oiint\limits_S \boldsymbol{H}_{e011}^{TM}\cdot\boldsymbol{H}_{e011}^{TM\,*}\,\mathrm{d}S} \tag{4.63}$$

磁场分量由式(4.46)给出(只包含 ϕ 一个分量)。由式(4.46)可知,磁场分量的平方为

$$|H_{\phi e011}^{TM}|^2=\frac{a_{e011}^2}{k^2r^2}\hat{J}'^2_1\left(u'_{11}\frac{r}{a}\right)\sin^2\theta \tag{4.64}$$

若将式(4.64)代入式(4.63)分子的体积分中,体积分为

$$\iiint\limits_V=\frac{a_{e011}^2}{k^2}\int_0^a\int_0^{2\pi}\int_0^{\pi}\hat{J}_1^2\left(u'_{11}\frac{r}{a}\right)\sin^2\theta\sin\theta d\theta d\phi dr \tag{4.65}$$

式(4.65)中,θ、ϕ 的积分很容易得出,则

$$\iiint\limits_V=\frac{8\pi a_{e011}^2}{3k^2}\int_0^a\hat{J}_1^2(kr)dr \tag{4.66}$$

这里使用式(4.40)得到的结果 $k=u'_{11}/a$。

将式(4.66)中球贝塞尔函数写成相应的柱贝塞尔函数[3,25]形式,则式(4.66)可以写作

$$\iiint\limits_V=\frac{4\pi^2a^2_{e011}}{3k}\int_0^a rJ_{3/2}^2(kr)dr \tag{4.67}$$

为了计算式(4.67)中 r 的积分,使用以下积分[29]146:

$$\int rJ_l^2(kr)dr=\frac{r^2}{2}[J_l^2(kr)-J_{l1}(kr)J_{l+1}(kr)] \tag{4.68}$$

将式(4.68)代入式(4.67)中,并令 $l=3/2$,可得

$$\iiint\limits_V=\frac{2\pi^2a^2a^2_{e011}}{3k}[J_{3/2}^2(u'_{11})-J_{1/2}^2(u'_{11})J_{5/2}^2(u'_{11})] \tag{4.69}$$

这里使用了在贝塞尔函数中讨论的式(4.40)。可采用贝塞尔函数如下递推关系进一步简化式(4.69)[25]361:

$$J_{1/2}(u'_{11})=J'_{3/2}(u'_{11})+\frac{3/2}{u'_{11}}J_{3/2}(u'_{11}) \tag{4.70}$$

$$J_{5/2}(u'_{11})=-J'_{3/2}(u'_{11})+\frac{3/2}{u'_{11}}J_{3/2}(u'_{11}) \tag{4.71}$$

将式(4.70)和式(4.71)代入式(4.69),只保留 3/2 阶的贝塞尔函数。然而,仍保留有派生贝塞尔函数。由式(4.33)可以得出以下关系:

$$J'_{3/2}(u'_{11})=\frac{-1}{2u'_{11}}J_{3/2}(u'_{11}) \tag{4.72}$$

将式(4.70)~式(4.72)代入式(4.69),可得

$$\iiint\limits_V=\frac{2\pi^2a^2a^2_{e011}}{3k}\left(1-\frac{2}{u'^2_{11}}\right)J_{3/2}^2(u'_{11}) \tag{4.73}$$

由于不需要 r 的积分,容易得到式(4.63)分母所要求的表面积分。由于式(4.65)中含有 ϕ 和 θ 的积分,因此可以利用式(4.66)的结果得到

$$\oiint_S = \frac{4\pi^2 a_{e011}^2 u'_{11}}{3k^2} \hat{J}_{3/2}^2(u'_{11}) \tag{4.74}$$

将式(4.73)和式(4.74)代入式(4.63),可得想要的最终结果:

$$Q_{e011}^{TM} = \frac{\eta}{2R_s}\left(u'_{11} - \frac{2}{u'_{11}}\right) \tag{4.75}$$

由表4.2可知,$u'_{11} = 2.744$。因此,由式(4.75)可得

$$Q_{e011}^{TM} \approx 1.008\,\frac{\eta}{R_s} \tag{4.76}$$

对于高阶模,Q 值可通过相同的方法得到,但需要更多的数学运算。Harrington 给出了一般表达式[3]312:

$$Q_{mnp}^{TM} = \frac{\eta}{2R_s}\left(u'_{np} - \frac{n(n+1)}{u'_{np}}\right) \tag{4.77}$$

$$Q_{mnp}^{TM} = \frac{\eta u_{np}}{2R_s} \tag{4.78}$$

比较式(4.75)和式(4.77),可以看出式(4.75)满足 $n = p = 1$。

至此,已经分析了矩形、圆柱形和球形腔体,比较三种形状的腔体 Q 值是很有趣的。如果将式(4.76)和具有相同边长的矩形腔体(立方体)对比其最低模式 Q_r,其比值为[3]76

$$\frac{Q_{e011}^{TM}}{Q_r} \approx 1.36 \tag{4.79}$$

如果将式(4.76)和具有相同高度、直径的圆柱形腔体对比其最低模式 Q_r,其比值为[3]76

$$\frac{Q_{e011}^{TM}}{Q_c} \approx 1.26 \tag{4.80}$$

4.3 并矢格林函数

球形腔体的并矢格林函数由 Tai[2] 给出。与矩形和圆柱形腔体对比,它们的推导方法类似,但也存在一些不同。并矢格林函数也可用于计算电流源激发的电场和磁场。

下式中4个特征函数由文献[2]给出:

$$\boldsymbol{M}_{\substack{e\\o}mn}(\kappa_p) = \nabla \times \left[\boldsymbol{r}\,j_n(\kappa_p)P_n^m(\cos\theta)\begin{matrix}\cos m\phi\\ \sin m\phi\end{matrix}\right] \tag{4.81}$$

$$\boldsymbol{M}_{\substack{e\\o}mn}(\kappa_q) = \nabla \times \left[\boldsymbol{r}\,j_n(\kappa_p)P_n^m(\cos\theta)\begin{matrix}\cos m\phi\\ \sin m\phi\end{matrix}\right] \tag{4.82}$$

$$\boldsymbol{N}_{\substack{e\\o}mn}(\kappa_p) = \frac{1}{\kappa_p}\nabla \times \boldsymbol{M}_{\substack{e\\o}mn}(\kappa_p) \tag{4.83}$$

$$\boldsymbol{N}_{\substack{e\\o}mn}(\kappa_q)=\frac{1}{\kappa_q}\nabla\times\boldsymbol{M}_{\substack{e\\o}mn}(\kappa_q) \tag{4.84}$$

变量 k_p 和 k_q 由其模式方程决定,同式(4.20)和式(4.33)是等价的:

$$\mathrm{j}_n(\kappa_p a)=0 \tag{4.85}$$

$$[\kappa_q a\mathrm{j}_n(\kappa_q a)]'=0 \tag{4.86}$$

式(4.86)的主要差异在于参数 $\kappa_q a$。因此,$\kappa_p a=u_{np}$,$\kappa_q a=u'_{np}$。

在4.1节中讨论的式(4.81)和式(4.85)中的矢量 $\boldsymbol{M}$ 和 $\boldsymbol{N}$ 与模式场量成比例(有一个常数因子)。尤其,$\boldsymbol{M}_{\substack{e\\o}mn}(\kappa_p)$ 与TE模式的电场一致,如式(4.24)和式(4.25)所示;$\boldsymbol{M}_{\substack{e\\o}mn}(\kappa_q)$ 与TM模式的磁场一致,如式(4.35)和式(4.36)所示;$\boldsymbol{N}_{\substack{e\\o}mn}(\kappa_p)$ 与TE模式的磁场一致,如式(4.26)~式(4.28)所示;$\boldsymbol{N}_{\substack{e\\o}mn}(\kappa_p)$ 与TM模式的电场一致,如式(4.37)~式(4.39)所示。

电场和磁场的并矢格林函数满足微分方程(2.34)和方程(2.35)。对于微分方程,需要设定特定的边界条件以保证并矢格林函数的唯一性。电场的并矢格林函数在 $r=a$ 处需要满足式(2.38),磁场并矢格林函数在 $r=a$ 处需要满足式(2.39)。

文献Tai[2]中,磁场并矢格林函数解的简便记法为

$$\overleftrightarrow{G}_{\mathrm{m}}(\boldsymbol{r},\boldsymbol{r}')=\sum_{l,m,n}\left[\frac{\kappa_p}{(\kappa_p^2-k^2)I_p}\boldsymbol{N}_p\boldsymbol{M}'_p+\frac{\kappa_q}{(\kappa_q^2-k^2)I_q}\boldsymbol{M}_q\boldsymbol{N}'_q\right] \tag{4.87}$$

式中:$\boldsymbol{M}'_p$ 和 $\boldsymbol{N}'_p$ 是源坐标的函数(r',θ',ϕ');l 为离散特征值 k_p 和 k_q。变量 I_p 和 I_q 由文献[2]给出:

$$I_p=\frac{a^3}{3}\left[\frac{\partial\mathrm{j}_n(\kappa_p a)^2}{\partial(\kappa_p a)}\right] \tag{4.88}$$

$$I_q=\frac{a^3}{2}\left[1-\frac{n(n+1)}{\kappa_q^2a^2}\right]\mathrm{j}_n^2(\kappa_q a) \tag{4.89}$$

电场并矢格林函数可通过对磁场并矢格林函数卷积得出[2]:

$$\overleftrightarrow{G}_{\mathrm{e}}(\boldsymbol{r},\boldsymbol{r}')=\frac{1}{k^2}[\nabla\times\overleftrightarrow{G}_{\mathrm{m}}(\boldsymbol{r},\boldsymbol{r}')-\overleftrightarrow{I}\delta(\boldsymbol{r}-\boldsymbol{r}')] \tag{4.90}$$

将式(4.87)代入式(4.90)中,$\overleftrightarrow{G}_{\mathrm{e}}$ 的结果为[2]

$$\overleftrightarrow{G}_{\mathrm{e}}(\boldsymbol{r},\boldsymbol{r}')=-\frac{\overleftrightarrow{I}}{k^2}\delta(\boldsymbol{r}-\boldsymbol{r}')+\frac{1}{k^2}\sum_{l,m,n}\left(\frac{\kappa_p^2}{\kappa_p^2-k^2}\boldsymbol{M}_p\boldsymbol{M}'_p+\frac{\kappa_q^2}{\kappa_q^2-k^2}\boldsymbol{N}_q\boldsymbol{N}'_q\right) \tag{4.91}$$

当激励为谐振模式时,如

$$k=\kappa_p\quad 或\quad k=\kappa_q \tag{4.92}$$

而式(4.87)中的 $\overleftrightarrow{G}_{\mathrm{m}}$ 和式(4.91)中的 $\overleftrightarrow{G}_{\mathrm{e}}$ 因分母中都含有零值,故其都是奇异的。但是,由于考虑到墙壁损耗,如1.3节所述,可由下式代替 k_p^2 和 k_q^2:

$$\kappa_p^2\approx\kappa_p^2\left(1-\frac{2\mathrm{i}}{Q_{mnp}^{\mathrm{TE}}}\right)\quad 或\quad \kappa_q^2\approx\kappa_q^2\left(1-\frac{2\mathrm{i}}{Q_{mnq}^{\mathrm{TM}}}\right) \tag{4.93}$$

这里 Q_{mnp}^{TE} 由式(4.77)给出,Q_{mnp}^{TM} 由式(4.78)给出。由于 Q_{s} 足够大,因而忽视了

式(4.93)中的 Q^2。对于有限的 Q 值,式(4.87)和式(4.91)的分母中不能为零,不会存在奇点。

4.3.1 无源场

考虑到在球形腔体某一区域 V'内的电流密度 $\boldsymbol{J}(\boldsymbol{r}')$,如图 4.3 所示。观察点 $\boldsymbol{r}$ 位于腔体内部,但在区域 V'外部。磁场可由下式积分给出[2]:

$$\boldsymbol{H}(\boldsymbol{r}) = \iiint_{V'} \overleftrightarrow{G}_{\mathrm{m}}(\boldsymbol{r},\boldsymbol{r}') \cdot \boldsymbol{J}(\boldsymbol{r}')\,\mathrm{d}V' \tag{4.94}$$

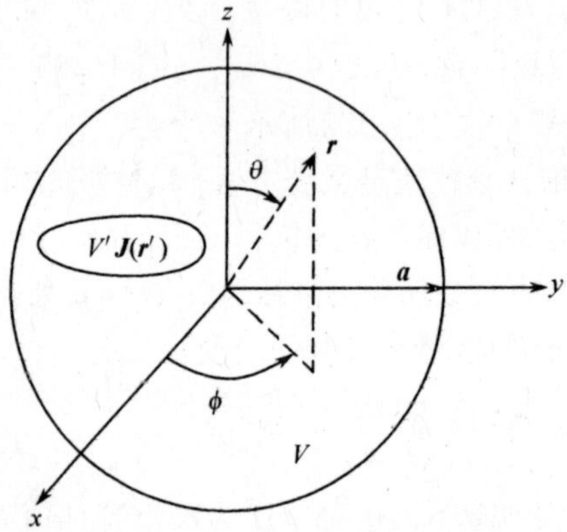

图 4.3 球形腔体 V'区域内的电流密度 $\boldsymbol{J}(\boldsymbol{r}')$

式中:$\boldsymbol{G}_{\mathrm{m}}(\boldsymbol{r},\boldsymbol{r}')$由式(4.87)给出。类似地,电场可以通过场源体积分给出:

$$\boldsymbol{E}(\boldsymbol{r}) = \mathrm{i}\omega\mu \iiint_{V'} \overleftrightarrow{G}_{\mathrm{e}}(\boldsymbol{r},\boldsymbol{r}') \cdot \boldsymbol{J}(\boldsymbol{r}')\,\mathrm{d}V' \tag{4.95}$$

式中:$\overleftrightarrow{G}_{\mathrm{e}}(\boldsymbol{r},\boldsymbol{r}')$由式(4.91)给出。当 $\boldsymbol{r} \neq \boldsymbol{r}'$时,因 $\overleftrightarrow{G}_{\mathrm{m}}(\boldsymbol{r},\boldsymbol{r}')$和 $\overleftrightarrow{G}_{\mathrm{e}}(\boldsymbol{r},\boldsymbol{r}')$是可积的,故式(4.94)和式(4.95)也是可以体积分的。

4.3.2 有源场

在场源区域,必须处理格林函数在 $\boldsymbol{r} = \boldsymbol{r}'$处的奇点。分析磁场时,在 $\boldsymbol{r} = \boldsymbol{r}'$处 $\overleftrightarrow{G}_{\mathrm{m}}(\boldsymbol{r},\boldsymbol{r}')$中的奇点是可积的,式(4.94)可以用来计算磁场。

电场的分析已经在 2.3 节中讨论,需要将式(4.95)转变为式(2.54)~式(2.57)。唯一的区别是式(4.91)中球形腔体的 $\overleftrightarrow{G}_{\mathrm{e}}$取代了矩形的 $\overleftrightarrow{G}_{\mathrm{e}}$。区域体积的形状是任意的,但是逻辑上的形状是球形的。在这种情况下,$\overleftrightarrow{L}$ 由文献[20]给出:

$$\overleftrightarrow{L} = \frac{\overleftrightarrow{I}}{3} \tag{4.96}$$

需要注意的是,式(4.91)中 δ 函数的系数正比于 $\overleftrightarrow{I}$。这个问题的进一步讨论见文献[15]。

4.4 地面电离层腔体中的舒曼响应

地面电离层腔体同前文提出的腔体有很大不同，因为它体积较大，有边界损耗，而且不是简单的连接。然而，它能够使用球形腔体形式进行分布，并且在地球物理勘探[30]和极低频率(ELF)通信[31]中非常重要，因此该项研究非常值得。通过地面和电离层边界形成的腔体模型如图4.4所示。首先，将地球作为一个半径为 a 的完美导电球体，电离层的下边界为半径为 b 的完美导电球体。因为腔体非常大，所以它只能出现低频响应，即所谓的舒曼响应[32]。

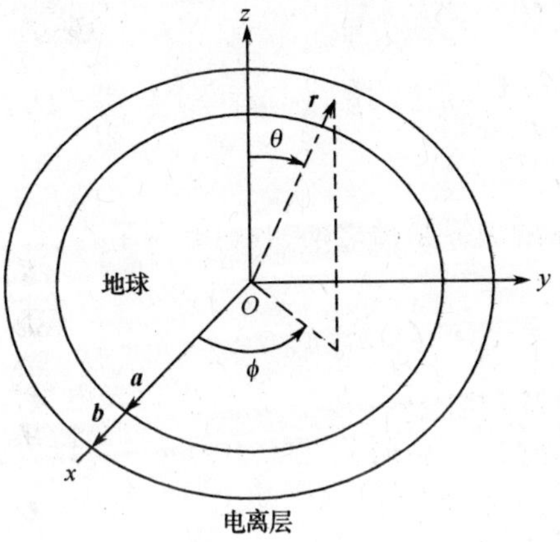

图4.4 支持舒曼效应的地球电离层腔体结构

最低谐振频率是最重要的、能观察到的舒曼响应。最低频率模式是TM模式($\boldsymbol{r}$ 方向)并且独立于 $\phi(m=0)$。有这个前提条件，微分方程式(4.6)可以简化为

$$\frac{1}{R}\frac{\mathrm{d}}{\mathrm{d}r}\left(r^2\frac{\mathrm{d}R}{\mathrm{d}r}\right)+\frac{1}{H\sin\theta}\frac{\mathrm{d}}{\mathrm{d}\theta}\left(\sin\theta\frac{\mathrm{d}H}{\mathrm{d}\theta}\right)+k^2r^2=0 \tag{4.97}$$

同样，式(4.7)中的 $H(\theta)$ 可以简化为

$$\frac{1}{H\sin\theta}\frac{\mathrm{d}}{\mathrm{d}\theta}\left(\sin\theta\frac{\mathrm{d}H}{\mathrm{d}\theta}\right)=-n(n+1) \tag{4.98}$$

式(4.98)的解由 $m=0$ 条件下的式(4.13)给出：

$$H(\theta)=\mathrm{P}_n(\cos\theta) \tag{4.99}$$

将式(4.98)代入式(4.97)并且乘以 R，可以获得下面的方程：

$$\frac{\mathrm{d}}{\mathrm{d}r}\left(r^2\frac{\mathrm{d}R}{\mathrm{d}r}\right)-n(n+1)R+k^2r^2R=0 \tag{4.100}$$

总的来说，式(4.100)的解可表示为两个独立球贝塞尔函数的线性组合，如 $\mathrm{j}_n(kr)$ 和 $\mathrm{y}_n(kr)$。然而，一种与式(4.100)近似的方法可以计算地面电离层腔体这种特殊情况。

简化式(4.15),首先写出标量电势:

$$\psi_n = R(r)\mathrm{P}_n(\cos\theta) \tag{4.101}$$

为了得出 TM 模式,按照式(4.17)写出磁场矢量电势:

$$\boldsymbol{A} = \boldsymbol{r}\psi_n = \hat{r}rR(r)\mathrm{P}_n(\cos\theta) \tag{4.102}$$

在式(4.31)中,磁场可以写成矢量 $\boldsymbol{A}$ 的卷积:

$$\boldsymbol{H}^{\mathrm{TM}} = \nabla\times\boldsymbol{A} = -\hat{\phi}R(r)\mathrm{P}_n(\cos\theta) \tag{4.103}$$

按照式(4.31),可以通过对式(4.103)二次卷积和将式(4.10)代入 θ 分量,进而得到电场:

$$\begin{aligned}\boldsymbol{E}^{\mathrm{TM}} &= \frac{1}{\mathrm{i}\omega\varepsilon}\nabla\times\boldsymbol{H}^{\mathrm{TM}}\\ &= \frac{1}{\mathrm{i}\omega\varepsilon}\left\{\hat{r}\frac{R(r)}{r}n(n+1)\mathrm{P}_n(\cos\theta) - \hat{\theta}\frac{1}{r}\frac{\mathrm{d}}{\mathrm{d}r}[rR(r)]\frac{\mathrm{dP}_n(\cos\theta)}{\mathrm{d}\theta}\right\}\end{aligned} \tag{4.104}$$

在应用腔体墙壁处的边界条件之前,我们得到了式(4.100)中 $R(r)$ 的近似值。首先对 r 作如下替换:

$$r = a + h,\ 0 < h < h_i \tag{4.105}$$

这里 h 是距离地表的高度,并且 $h_i = b - a$ 是较低边界电离层的高度。地球半径近似等于6400km,电离层的高度 h_i 近似等于 100km。所以在式(4.100)中 r 近似等于 a,并且得到 R 的近似微分方程:

$$\frac{\mathrm{d}^2R}{\mathrm{d}h^2} + \left[k^2 - \frac{n(n+1)}{a^2}\right]R = 0 \tag{4.106}$$

式(4.106)为亥姆霍兹方程,有正弦和余弦解:

$$R(h) = \begin{cases}\cos\sqrt{k^2 - \dfrac{n(n+1)}{a^2}}h\\ \sin\sqrt{k^2 - \dfrac{n(n+1)}{a^2}}h\end{cases} \tag{4.107}$$

由式(4.104)和式(4.107),可得电场 θ 分量的近似表达式:

$$\begin{aligned}E_\theta^{\mathrm{TM}} &= \frac{-1}{\mathrm{i}\omega\varepsilon}\frac{\mathrm{d}R}{\mathrm{d}h}\frac{\mathrm{d}P_n(\cos\theta)}{\mathrm{d}\theta}\\ &= \frac{1}{\mathrm{i}\omega\varepsilon}\frac{\mathrm{d}P_n(\cos\theta)}{\mathrm{d}\theta}\begin{cases}\sqrt{k^2 - \dfrac{n(n+1)}{a^2}}\sin\sqrt{k^2 - \dfrac{n(n+1)}{a^2}}h\\ -\sqrt{k^2 - \dfrac{n(n+1)}{a^2}}\cos\sqrt{k^2 - \dfrac{n(n+1)}{a^2}}h\end{cases}\end{aligned} \tag{4.108}$$

因为横向电场在腔体边界处必须为0,必须满足下面的条件:

$$E_\theta^{\mathrm{TM}}\big|_{h=0} = E_\theta^{\mathrm{TM}}\big|_{h=h_i} = 0 \tag{4.109}$$

式(4.109)在式(4.108)中平方根因子等于0的情况下成立:

$$\sqrt{k_n^2 - \frac{n(n+1)}{a^2}} = 0 \quad 或 \quad \omega_n = \frac{c}{a}\sqrt{n(n+1)} \tag{4.110}$$

这里，假设腔体内部为自由空间（$c = 1/\sqrt{\mu_0 \varepsilon_0}$），其谐振频率为

$$f_n = \frac{\omega_n}{2\pi} = \frac{c}{2\pi a}\sqrt{n(n+1)} \tag{4.111}$$

Wait[33]和Jackson[34]通过相似的方法也推导出了f_n的计算公式。地球半径$a = 6400\text{km}$，表4.3给出了最初的5个舒曼响应。这些模式的近似场分布由下式给出：

$$E_{\theta n}^{\text{TM}} \approx 0 \tag{4.112}$$

$$E_{rn}^{\text{TM}} \approx \frac{n(n+1)}{\mathrm{i}\omega_n \varepsilon_0 a} \mathrm{P}_n(\cos\theta) \tag{4.113}$$

$$H_{\phi n}^{\text{TM}} \approx \mathrm{P}_n^1(\cos\theta) \tag{4.114}$$

表4.3　地面电离层腔体内的舒曼响应f_n

f_1	10.6Hz
f_2	18.3Hz
f_3	25.8Hz
f_4	33.4Hz
f_5	40.9Hz

图4.5给出了E_{r1}^{TM}和E_{r2}^{TM}示意图。这两种情况下，这些模式可由电偶极子激发。在自然界中，闪电经常提供这样的激励源，雷电引起的电磁噪声叫作“大气噪声”。

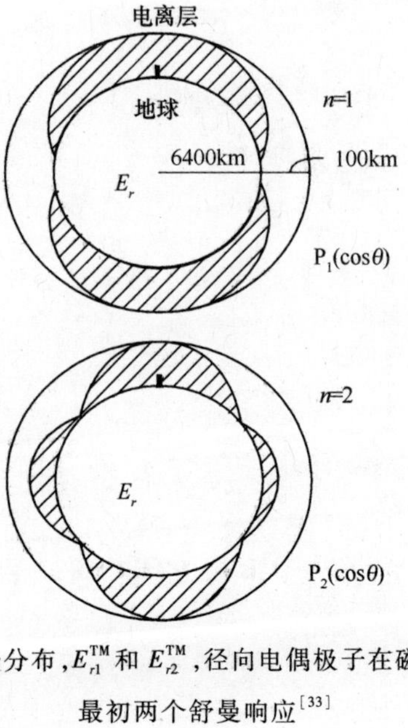

图4.5　径向电场分布，E_{r1}^{TM}和E_{r2}^{TM}，径向电偶极子在磁极（$\theta = 0$）激励的最初两个舒曼响应[33]

实际上,地球和大气层绝非理想导体。海水的电导率近似为4S/m,电离层的电导率要远远低于这个(接近 10^{-4}S/m[33])。这些有限的电导率会降低如表4.3所列的谐振频率大约20%[33]。此外,Q 值(由大气噪声测量确定[35])的损耗结果约为4~10[34]。这样低的 Q 值使得很难测到高于40Hz的舒曼响应[35]。

问　题

4-1　如图4.1所示的真空球状腔体,半径 $a=1$。求解 TM_{m11} 和 TE_{M11} 模式的谐振频率。它们是否与 m 无关?

4-2　当墙壁为铜材料(5.7×10^7S/m)时,求在问题4-1中两种模式的 Q 值?

4-3　由式(1.41)推导式(4.77)。

4-4　由式(1.41)推导式(4.78)。

4-5　证明式(4.87)满足式(2.35)。

4-6　证明在 $r=a$ 时式(4.87)满足式(2.39)。

4-7　证明式(4.19)满足式(2.34)。

4-8　证明在 $r=a$ 时,式(4.19)满足式(2.38)。

4-9　由式(4.100)推导得到近似表达式(4.106)。

第二部分　电大尺寸腔体的统计理论

第5章　统计方法的动机

5.1　缺失详细信息

对于精心设计的腔体，如电路应用的微波谐振器[13]或材料测量应用的腔体[17,23,24]，腔体的细节（如形状、大小、尺寸、材料等）是众所周知的，而且腔体的形状通常是一个简单的几何形状（可分离的）。在这种情况下，确定性理论（分离变量和可能的扰动技术）如本书第一部分所提出的，是适当的。

然而，电大尺寸腔体并不总是设计用来实现某一电磁功能（除电磁屏蔽外）的，并不能精确知道详细的腔体几何形状和装载物，如电缆束、各种散射体、吸收体等。因此，在电磁干扰、电磁兼容和无线通信等许多应用中，我们被迫在仅仅知道一个大腔体和其内部装载物的局部信息时解决问题。在过去的二十多年当中，电磁统计技术已经逐渐发展到能够解决此类问题[36,39]。

“飞机”是一个带有复杂多腔体结构的例子，其内部电磁干扰/电磁兼容问题很重要。在文献[40,3.2.2]中详细描述了飞机腔体（如乘务员舱、客舱、设备托架等）以及加载、电子设备和孔缝。飞机电磁干扰问题的来源既可以是外部的（如雷达波束），也可以是内部的（电子设备的无意辐射）。很显然，我们将不会详细知道如电缆束的特性和路由、加载对象的特性和位置等全部信息。文献[40]在评估电磁干扰问题时利用拓扑方法对个体的确定性近似解决方法，代表着解决这类问题的一个思路。另外一种方法是结合电磁场理论和简化飞机腔体模型，模型包含大量感兴趣的统计估计（如内部场强、接收天线功率耦合等）。文献[41]给出了使用这种组合方法的计算机代码。

另一个复杂多腔体的例子是“大型建筑”，需要无线通信进入或者在建筑物内部[42]。建筑物是特别复杂的，因为它们随着门的开启和关闭，人走动，家具和其他物体的移动而改变。射线追踪不可能包括所有的建筑特征，但文献[43]已做过尝试。更常见的情况是文献[44,45]提出的室内传播衰减经验模型，但它们未知的参数通常需要根据实验数据确定[46]。文献[47]发现到达角度的统计模型在研究室内多径传播时是有效的。

5.2　场对于腔体几何形状和激励的敏感性

场和几乎所有加载在电大尺寸腔体内部物体的响应对腔体的几何参数和激励

参数敏感是众所周知的[39]4。这种敏感性在混响室的频率搅拌[48,49]和机械搅拌[19]中都有体现。非常有趣的是,一个微小的几何变化,如一个大型腔体中苏打水的位置改变,在场测量时也会造成大的变化[36,39]。一段时间以来,有关几何形状和激励的敏感性是混沌的一个特征已经被大量研究。混沌与场的关联性讨论见附录D。

一种简单的量化对于激励的敏感性方法是检测腔体的模密度,通过模密度可以推断腔体对激励频率的敏感性。式(1.33)给出了电大腔体的平滑模式密度 $D_s(f)$:

$$D_s(f) \approx \frac{8\pi f^2 V}{c^3} \tag{5.1}$$

因此一种在相邻模式下的典型频率变化 Δf 可以通过下式得到,即

$$\Delta f \approx 1/D_s(f) \approx \frac{c^3}{8\pi V f^2} \tag{5.2}$$

相邻模式的分数频率变化可以通过除以频率 f 得到,即

$$\frac{\Delta f}{f} = \frac{c^3}{8\pi V f^3} = \frac{\lambda^3}{8\pi V} \tag{5.3}$$

式中:V 为腔体的体积;λ 为自由空间的波长。

考虑下面数值例子。腔体是边长为10m的立方体,激励频率为1GHz,此时分数频率变化近似为 $\Delta f/f \approx 10^{-6}$。因此 10^{-6} 小的相对频率变化将导致一个完全不同的场结构(事实上,占主导地位的模式将正交于最初主要模式)。其实即使是相对较小的频率变化,可以通过改变模式系数导致场的重大变化。从式(5.3)中注意到一个有趣的现象,就是这种敏感性只取决于体积,可以在任何腔体形状内发生。

这里可以采取类似的方法,以确定场对腔体几何形状的灵敏度。电大腔体的平滑模式数量通过下式给出:

$$N_s(f) \approx \frac{8\pi f^3 V}{3c^3} \approx \frac{8\pi V}{3\lambda^3} \tag{5.4}$$

如果对腔体的体积做微小的改变,那么平滑模式数量的变化为

$$\Delta N_s \approx \frac{8\pi}{3\lambda^3}\Delta V \tag{5.5}$$

通过谐振频率等于或小于 f 的模式数量足够多的变化来改变腔体的体积,可以设置式(5.5)中的 $\Delta N_s = 1$。这样计算式(5.5)得到 ΔV,即

$$\Delta V \approx \frac{3\lambda^3}{8\pi} \tag{5.6}$$

通过在式(5.6)两边同时除以 V 可以得到体积的相对变化:

$$\frac{\Delta V}{V} \approx \frac{3\lambda^3}{8\pi V} \tag{5.7}$$

如果考虑到在频率敏感性事例中使用的相同的参数($f=1\text{GHz}, V=10^3\text{m}^3$),此时式(5.7)出现 $\Delta V/V \approx 3.22 \times 10^{-6}$。从而一个相对较小的体积变化 3.22×10^{-6} 可以将腔体模式转移到一个较高阶的模式,并且彻底改变场结构。这是腔体内部场对体积或几何形状敏感的一个好例子。

5.3 结果说明

即使使用现代计算技术精确分析电大复杂腔体是可能的[50],其结果的物理解释(腔体内部所有点的场强)也是困难的。此外,这也不是通常想要得到的信息类型。我们所感兴趣的典型问题要更加深入。“对于一个给定的已基本知道参数和激励情况的腔体,其内部电子设备性能下降的概率是多少?”这样的问题使得我们放弃确定性领域而采用“统计方法”。

类似的统计方法已经在其他领域应用几十年了。例如,追踪大型腔体中每一个气体分子的复杂路径是不现实的。平均可测量的量(如温度、压力和体积)更加有用。此外,值得庆幸的是理想气体定律不依赖于腔体的形状等细节。同样,室内声学理论确实是一个统计理论[51]。事实上,我们稍后会揭示一些室内声学的数学理论[52]几乎等同于电磁混响室的理论[18]。

统计方法已经在其他电磁应用中应用过一段时间了。Ishimaru 的经典著作《随机介质中波的传播和散射》主要内容就是统计方法[53]。《辐射传输》[54]分析随机介质中传播分析的一个标准工具就是统计理论。《光学相干理论》也是统计[55]。最近在雷达散射截面(RCS)特性研究方面,Mackay[56]曾用统计方法来处理电大管道(开放式腔体)的混沌行为,并且已经解决了 RCS 预测难题。Holland 和 St. John 撰写的专著《统计电磁学》[39],全面比较了腔体内部传输线响应的实验测量和理论分析的累积分布。大部分实验数据是通过改变频率获得的,而不是像一个机械搅拌式混响室似的改变腔体的几何结构[18,19],但是它们在统计结果比一个频率或一个位置测量更有效和更容易解释等方面的原理是相同的。

尽管本书的第二部分涉及统计方法,但是一般来说求解麦克斯韦方程组是一切理论的基础。那么统计方法通过未知系数得到本书第一部分介绍的腔体内部电磁场的一般特征。

问　　题

5-1　给定一个大型工厂(500m×250m×15m),金属墙壁,通信频率为 5GHz。通过公式(5.3)平滑的模式密度计算模式分离。

5-2　与 5-1 给定的工厂和通信频率相同,求体积的相对变化导致平滑模式数量的改变量。

第6章 概率基础

6.1 简 介

本书第二部分的后面章节多次使用“概率应用”。很多有关概率、统计和随机过程的好书已经出版[57,60]。写本章概率基础的目的是通过覆盖第二部分应用到的特定主题试图使本书合理完整。然而,对于更完整的概率知识和相关应用,建议读者参阅整书,如文献[57,60]。此外,四卷集的《统计无线电物理学原理》[61],由于随机介质中的电磁场应用显得特别有趣,我们将在第二部分的后面看到,这部分内容与大型、复杂腔体内部的电磁场有一些相似之处。

概率论用来处理随机性的数学问题。但是如何定义“随机性”呢?我们认为一个恰当的定义是“在一个实验中我们不能确定地预测结果是什么”。一些实验结果似乎是真正随机的,就像量子力学[62],但其他实验不是太明确。例如,一个硬币的翻转通常被认为是一个简单的随机过程例子[60]。如果抛硬币,结果会是正面或反面,但是不能预测究竟是哪一面。但是,如果知道抛硬币的确切初始条件(如位置、速度、旋转等)和所有其他相关参数(如硬币的重量、形状和材料,台面的材料和形状等),那么理论上将能够根据物理定律预测到结果。因此,抛硬币可被视为一类事例:使用随机性来描述缺少信息时的不确定性。这类似于5.1节中讨论的预期缺乏详细信息的大型、复杂腔体。继续沿着这条线推理,有很多复杂的确定性过程,一个随机性的解释实际上是更清晰、更实用,就像前面5.3节所讨论的。

下一个问题是“什么是概率”,概率的定义和解释[57]有许多,但是对于我们的工程目标,定义无非是“客观的”或“主观的”。客观的定义是统计的,有时候叫作“相对频率的极限”;主观的定义通常需要一些试验的知识或推理,有时候叫作“可信度”。

确定一个事件 E 的概率 P 的统计方法:执行一个实验的大量次数 N 和记录事件 E 发生的次数 M。这样 P 的统计定义是

$$P(E) = \lim_{N\to\infty}\frac{M}{N} \tag{6.1}$$

式(6.1)中的定义看起来是合乎逻辑的,但它有一些不足之处。它假定极限存在,我们会接受这个假设。它也没有告诉我们需要试验的次数 N,因为我们不能进行无限次的试验。这类问题属于统计领域,现在将暂缓讨论它。Karl Pearson(一位著名的英国统计学家)在100多年前做了一个有趣的试验:他记录了抛硬币的次

数 N 和正面向上的次数 M[58]，得到 $M=12012$，$N=24000$。因此，他得到 $P=12012/24000=0.5005$，一个非常接近预测值1/2的量值。

概率的"可信度"是不容易量化的，但有时它是能做的最好的选择，特别是如果没有实验结果的时候。如果回到抛硬币的例子，可以预期一个硬币翻转给出正面的概率是1/2，除非有理由相信，硬币是不公平的。当概率的可信度与相对频率的概率极限高度一致时是令人满意的，就像抛硬币实验。在下面的章节中，将使用可信度的定义，但将遵循本质上产生相对频率极限结果的试验数据，通常会发现好的一致性。对于那些寻找更严格的第三种方法，公理化方法是比较满意的[60,63]，但我们并不需要去追求这种做法。

6.2 概率密度函数

在这本书中，主要涉及可以取连续值的随机变量。典型的例子是电场强度、磁场强度或者接收到的功率。对于随机变量 g，g 在 g 和 $g+\mathrm{d}g$ 之间小范围内的概率可以写成 $f(g)\,\mathrm{d}g$。函数 $f(g)$ 被称为"概率密度函数(PDF)"。

因为概率不能是负的，所以所有的概率密度函数必须是正的或者零，即

$$f(g)\geqslant 0,\ g\in[-\infty,+\infty) \tag{6.2}$$

概率密度函数不需要连续或者有限的。然而因为随机变量 g 介于 $-\infty$ 至 $+\infty$，下面的积分关系必须满足，即

$$\int_{-\infty}^{\infty} f(g)\,\mathrm{d}g = 1 \tag{6.3}$$

这里指定 $\langle g\rangle$ 为均值或总体均值，均值也经常被记为 μ，可以通过对PDF的积分得到

$$\langle g\rangle = \mu = \int_{-\infty}^{\infty} g f(g)\,\mathrm{d}g \tag{6.4}$$

定义 g 的方差为 $\langle(g-\mu)^2\rangle$，方差通常用 σ^2 表示，同样可以通过PDF计算得到

$$\langle(g-\mu)^2\rangle = \sigma^2 = \int_{-\infty}^{\infty}(g-\mu)^2 f(g)\,\mathrm{d}g \tag{6.5}$$

式中：标准偏差 σ 是方差的平方根。

通常，需要处理两个随机变量，如 g 和 q。为此引入联合概率密度函数 $f(g,q)$，这样 $f(g,q)\,\mathrm{d}q\mathrm{d}q$ 是 g 介于 g 和 $g+\mathrm{d}g$ 之间，q 介于 q 和 $q+\mathrm{d}q$ 之间的概率。如果两个变量的联合PDF等于各自的PDF，那么两个随机变量是独立的，即

$$f(g,q) = f_g(g)f_q(q) \tag{6.6}$$

如果它们预期的输出等于其期望的输出，那么两个随机变量是不相关的，即

$$\langle gq\rangle = \langle g\rangle\langle q\rangle \tag{6.7}$$

如果两个随机变量是独立的，那么它们也是不相关的[57]，即

$$
\begin{aligned}
\langle gq \rangle &= \int_{-\infty}^{\infty}\int_{-\infty}^{\infty} gqf(g,q)\,\mathrm{d}g\mathrm{d}q \\
&= \int_{-\infty}^{\infty} gf_g(g)\,\mathrm{d}g \int_{-\infty}^{\infty} qf_q(q)\,\mathrm{d}q = \langle g \rangle \langle q \rangle
\end{aligned}
\tag{6.8}
$$

反过来，如果两个随机变量是不相关的，那么它们不一定就是独立的。

6.3 常见的概率密度函数

在这个部分，我们将明确几个特定的概率函数，后面将用到这些函数。高斯 PDF：

$$f(g) = \frac{1}{\sigma\sqrt{2\pi}}\exp\left[-\frac{(g-\mu)^2}{2\sigma^2}\right] \tag{6.9}$$

式中：σ 为标准方差；μ 为均值。这个特定的 PDF 是如此普遍，它也被称为“正态分布”。

瑞利分布 PDF 定义如下[57]104：

$$f(g) = \frac{g}{\sigma^2}\exp\left(-\frac{g^2}{2\sigma^2}\right)U(g) \tag{6.10}$$

式中

$$U(g) = \begin{cases} 0, & g < 0 \\ 1, & g \geqslant 0 \end{cases} \tag{6.11}$$

瑞利 PDF 的特征在于仅有一个参数，σ^2 的物理意义将在第 7 章讨论。

Rice 和 Rice－Nakagami PDF[58]252是一般化的瑞利 PDF：

$$f(g) = \frac{g}{\sigma^2}\exp\left(-\frac{g^2+s^2}{2\sigma^2}\right)\mathrm{I}_0\left(\frac{gs}{\sigma^2}\right)U(g) \tag{6.12}$$

式中：I_0 为零阶的修正贝塞尔函数[25]。瑞斯 PDF 的特征在于两个参数：σ^2 和 s。s 的物理意义将在第 9 章讨论。对于 $s/\sigma \ll 1$ 的情况，式(6.12)的瑞斯 PDF 简化成式(6.10)的瑞利 PDF。

指数 PDF 适用于一些数量的空腔问题[18]：

$$f(g) = \frac{1}{2\sigma^2}\exp\left(-\frac{g}{2\sigma^2}\right)U(g) \tag{6.13}$$

因此，指数是一个参数的 PDF，它的应用将在第 7 章讨论。

χ 和 χ^2 PDF[57]250在腔体领域有一些应用[18]。假设有 n 个独立的、正态随机变量 g_i，均值为零，方差为 σ^2。首先假定随机变量 χ 为正态随机变量的平方和的平方根：

$$\chi = \sqrt{g_1^2 + \cdots + g_n^2} \tag{6.14}$$

随机变量χ^2也是有意义的。文献[57]250 给出了χ和χ^2的 PDF：

$$f_\chi(\chi)=\frac{2}{2^{n/2}\sigma^n\Gamma(n/2)}\chi^{n-1}\exp(-\chi^2/2\sigma^2)U(\chi) \tag{6.15}$$

$$f_q(q)=\frac{2}{2^{n/2}\sigma^n\Gamma(n/2)}q^{(n-2)/2}\exp(-q/2\sigma^2)U(q) \tag{6.16}$$

式中：Γ为伽马函数。

对于χ和χ^2的 PDF 来说，$n=2$是一种特殊的情况，因为它们适用于一个复杂标量的幅值和幅值的平方。将$n=2$代入式(6.15)，χ的 PDF 简化为

$$f_\chi(\chi)\big|_{n=2}=\frac{\chi}{\sigma^2}\exp(-\chi^2/2\sigma^2)U(\chi) \tag{6.17}$$

式(6.17)与式(6.10)是相同的($\chi=g$)。因此，两个自由度的χ的 PDF 通常称为"瑞利 PDF"。如果将$n=2$代入式(6.16)，则χ^2的 PDF 可以简化为

$$f_q(q)\big|_{n=2}=\frac{1}{2\sigma^2}\exp(-q/\sigma^2)U(q) \tag{6.18}$$

式(6.18)中的 PDF 与式(6.13)是相同的($q=g$)。因此，两个自由度的χ^2的 PDF 通常称为"指数 PDF"。$n=6$时，χ和χ^2的 PDF 也是一种特殊的情况，因为它们适用于一个复杂矢量的幅值或幅值的平方。如果将$n=6$代入式(6.15)和式(6.16)，则χ和χ^2的 PDF 可以简化为

$$f_\chi(\chi)\big|_{n=6}=\frac{\chi^5}{8\sigma^6}\exp(-\chi^2/2\sigma^2)U(\chi) \tag{6.19}$$

$$f_q(q)\big|_{n=6}=\frac{q^2}{16\sigma^6}\exp(-q/2\sigma^2)U(q) \tag{6.20}$$

6.4 累计分布函数

根据 6.2 节中对 PDF 的定义，可以写出概率P，为随机变量G在a和b之间对f的积分，即

$$P(a<G\leqslant b)=\int_a^b f(g)\,\mathrm{d}g \tag{6.21}$$

由式(6.2)和式(6.3)可知，$P\leqslant1$。

对于特殊情况$a=-\infty$，可以重写式(6.21)的形式，这种形式允许定义累积分布函数(CDF)，$F(g)$：

$$P(G\leqslant g)=\int_{-\infty}^{g} f(g')\,\mathrm{d}g'\equiv F(g) \tag{6.22}$$

根据 PDF 的特性，CDF 必须具备以下性能[58]：

$$F(g)\text{是 }g\text{ 的非递减函数} \tag{6.23}$$

$$F(-\infty)=0 \tag{6.24}$$

$$F(\infty)=1 \tag{6.25}$$

对于特定的 PDF,为了说明在式(6.22)中 F 的推导和在式(6.23)中 F 的属性,参考式(6.13)的指数 PDF。如果将式(6,13)代入(6.22),可以求解如下积分:

$$\begin{aligned} F(g) &= \int_{-\infty}^{g} \frac{1}{2\sigma^2}\exp(-g'/2\sigma^2)U(g')\mathrm{d}g' \\ &= -\exp(-g'/2\sigma^2)U(g')\Big|_0^g = [1-\exp(-g/2\sigma^2)]U(g) \end{aligned} \tag{6.26}$$

很明显式(6.26)中的 F 满足式(6.23)至式(6.25)。

6.5 确定概率密度函数的方法

基于给出的信息,有许多可能的方法来决定或者估计对于随机场的 PDF。在这种情况下,只有部分的信息是已知的,PDF 无法通过完全确定的事情来决定。然而,最大熵方法已经发现对于提出 PDF 对于无法理解的问题是有用的。最大熵方法选择 PDF,$f(g)$对于取最大值通过积分给出。

根据给定的信息,有多种方法可用于确定或估计随机变量的概率密度函数。在仅知道部分信息时,将不能完全确定概率密度函数。但是,最大熵法[64,65]在推导不确定问题的概率密度函数时是有效的。用积分给出了使用最大熵法选择概率密度函数$f(g)$,以使不确定的熵最大化:

$$-\int_{-\infty}^{\infty} f(g)\ln[f(g)]\mathrm{d}g \tag{6.27}$$

服从式(6.3)所示的常规概率约束和其他已知约束。

为了说明该方法,这里考虑均值 μ 和方差 σ^2 给定、但其他关于 PDF 的信息未知的情况。因此,该过程是选择 $f(g)$ 在式(6.27)上的最大积分,受式(6.3)、式(6.4)和式(6.5)给出的约束,这可以通过拉格朗日乘数的方法来完成。我们写出如下形式的拉格朗日 L:

$$\begin{aligned} L = &-\int_{\infty}^{\infty} f(g)\ln[f(g)] - (\lambda_0 - 1)\left[\int_{-\infty}^{\infty} f(g)\mathrm{d}g - 1\right] - \\ &\lambda_1\left[\int_{-\infty}^{\infty} f(g)g\mathrm{d}g - \mu\right] - \lambda_2\left[\int_{-\infty}^{\infty} f(g)(g-\mu)^2 - \sigma^2\right] \end{aligned} \tag{6.28}$$

这里 λ_0、λ_1 和 λ_2 是未知的常量。L 的极值(最大值)可从下列导数关系得到

$$\frac{\partial L}{\partial f(g)}=0 \tag{6.29}$$

如果将式(6.28)代入式(6.29),可得

$$-\ln[f(g)]-\lambda_0-\lambda_1 g-\lambda_2(g-\mu)^2=0 \tag{6.30}$$

可以将方程(6.30)转换成以下指数形式：

$$f(g)=\exp[-\lambda_0-\lambda_1 g-\lambda_2(g-\mu)^2] \tag{6.31}$$

方程(6.31)给出了$f(g)$的一般形式，但是仍然需要确定的常量λ_0、λ_1和λ_2，这里首先选择将式(6.31)写成如下的等价形式：

$$f(g)=a\exp[-b(g-c)^2] \tag{6.32}$$

这里a、b、c是未知常量。如果将式(6.32)代入式(6.3)~式(6.5)三个约束方程，并且对g积分，可以得到如下包含三个未知数的三个方程：

$$a\sqrt{\frac{\pi}{b}}=1 \tag{6.33}$$

$$ac\sqrt{\frac{\pi}{b}}=\mu \tag{6.34}$$

$$a\left[\frac{1}{2}\sqrt{\frac{\pi}{b^3}}+(c-\mu)^2\sqrt{\frac{\pi}{b}}\right]=\sigma^2 \tag{6.35}$$

联立式(6.33)、式(6.34)和式(6.35)求解可得到

$$a=\frac{1}{\sqrt{2\pi}\sigma},\quad b=\frac{1}{2\sigma^2},\quad c=\mu \tag{6.36}$$

如果将式(6.36)代入式(6.32)可得

$$f(g)=\frac{1}{\sigma\sqrt{2\pi}}\exp\left[-\frac{(g-\mu)^2}{2\sigma^2}\right] \tag{6.37}$$

方程(6.37)被认为是“高斯(或正态)PDF”，就像先前式(6.9)中所讨论和给出的。

式(6.37)中另一种陈述结果的方式是，如果PDF的均值和方差为在$-\infty$到∞范围内指定的值，那么最大熵方法预测的是高斯PDF。即使有其他的PDF在$-\infty$到∞范围内满足式(6.3)~式(6.5)的约束，正态PDF也是式(6.27)的最大熵(不确定度)，并且偏差最小。任何其他的PDF将必须基于其他信息，而不是式(6.3)~式(6.5)提供的约束。最大熵方法已用于确定若干其他组合的约束和g的范围的PDF，文献[65]中列出了部分情况。

由于高斯PDF是如此普遍，并在后面的章节中也会遇到，中心极限定理[57]266-268也值得关注。它指出，如果一个随机变量是大量连续的独立随机变量的总和，那么随机变量数目增加的PDF接近高斯。中心极限定理和最大熵方法都可用于确定腔体某些量的高斯PDF，后面的章节中将会出现这部分内容。

问　题

6-1 对于式(6.10)中的瑞利PDF，证明PDF的积分等于1，即

$$\int_0^{\infty}\frac{g}{\sigma^2}\exp\left(-\frac{g^2}{2\sigma^2}\right)\mathrm{d}g = 1。$$

6-2　对于式(6.10)中的瑞利 PDF,证明均值是 $\mu=\langle g\rangle=\sigma\sqrt{\frac{\pi}{2}}$。

6-3　使用6-2中瑞利 PDF 的均值结果,证明方差是 $\langle(g-\mu)^2\rangle=\sigma^2\left(2-\frac{\pi}{2}\right)$。

6-4　对于式(6.13)的指数 PDF,证明 PDF 的积分等于1,即 $\int_0^{\infty}\frac{1}{2\sigma^2}\exp\left(-\frac{g}{2\sigma^2}\right)\mathrm{d}g = 1$。

6-5　对于式(6.13)的指数 PDF,证明均值是 $\mu=\langle g\rangle=2\sigma^2$。

6-6　使用6-5中指数 PDF 的均值结果,证明方差是 $\langle(g-\mu)^2\rangle=4\sigma^4$。

6-7　对于式(6.19)中 $n=6$ 的 χ PDF,证明 PDF 的积分等于1,即 $\int_0^{\infty}\frac{\chi^5}{8\sigma^2}\exp\left(-\frac{\chi^2}{2\sigma^2}\right)\mathrm{d}\chi = 1$。

6-8　对于式(6.19)中 $n=6$ 的 χPDF,证明其均值是 $\mu=\langle\chi\rangle=15\sigma\sqrt{2\pi}/16$。

6-9　使用6-8中 $n=6$ 的 χPDF 的均值结果,证明方差是 $\langle(\chi-\mu)^2\rangle=\sigma^2[6-(225\pi/128)]$。

6-10　对于式(6.20)中 $n=6$ 的 χ^2PDF,证明 PDF 的积分等于1,即 $\int_0^{\infty}\frac{q^2}{16\sigma^2}\exp\left(-\frac{q}{2\sigma^2}\right)\mathrm{d}q = 1$。

6-11　对于式(6.20)中 $n=6$ 的 χ^2PDF,证明其均值是 $\mu=\langle q\rangle=6\sigma^2$。

6-12　使用6-12中 $n=6$ 的 χ^2PDF 的均值结果,证明方差是 $\langle(q-\mu)^2\rangle=12\sigma^4$。

6-13　对于式(6.12)的 Rice PDF,证明 PDF 的积分等于1,即 $\int_0^{\infty}\frac{g}{\sigma^2}\exp\left(-\frac{g^2+s^2}{2\sigma^2}\right)\mathrm{I}_0\left(\frac{gs}{2\sigma^2}\right)\mathrm{d}g = 1$。

6-14　假设 $f(x)$ 的 PDF 在负 x 时为零。如果只指定平均值 m,证明最大熵方法得出的是指数 PDF,即 $f(x)=\frac{1}{m}\exp\left(-\frac{x}{m}\right)U(x)$。

第 7 章 混响室

最初几章中选择的电大尺寸腔体就是“混响室”。混响室技术在理论[18]和实验[19,66]两个方面已经有了系统的研究。混响室(也称“模式搅拌室”)技术应用于电磁兼容测试最早出现于 1968 年[67],但直到 20 世纪 80 年代,混响室技术才逐步被电磁兼容测试领域接受并制定了混响室测试标准[68,19]。混响室是具有高品质因子的电大尺寸腔体,通过机械搅拌器搅拌[19,68]或频率搅拌[48,49],可以在其腔体内部形成统计意义上的均匀电磁场。本章主要对机械搅拌式混响室进行理论[18]介绍,频率搅拌式混响室将在第 9 章中予以说明。

7.1 平面波积分描述场

图 7.1 是一种典型的配有搅拌器的矩形混响室。如第 5 章中所述,确定性模式理论在预测电大复杂腔室内的场特性、天线以及设备的电磁响应方面存在困难。由于多个搅拌器独立搅拌位置的存在,利用混响室进行测试时,需要使用一些统计意义的方法去确定混响室电磁场的特性以及受试设备的电磁响应[37,39]。同时,需要指出的是相关的电磁场理论与麦克斯韦方程组是一致的。

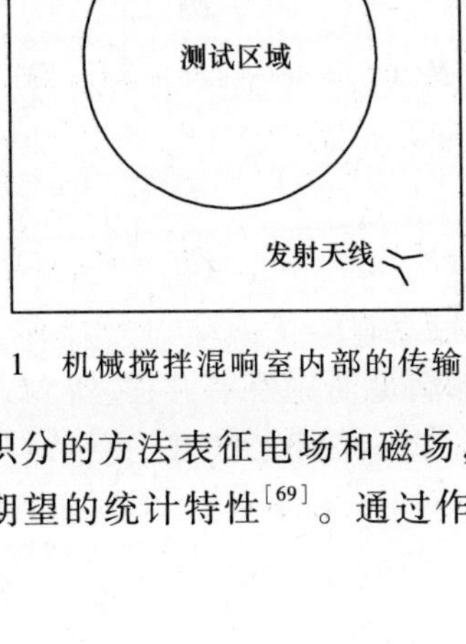

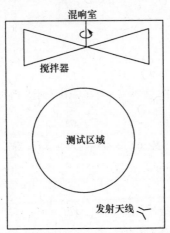

图 7.1 机械搅拌混响室内部的传输天线

这里使用平面电磁波积分的方法表征电场和磁场,这些电磁场满足麦克斯韦方程组和场经良好搅拌后期望的统计特性[69]。通过作为随机变量的具有简单统计特性的平面波系数引出场的统计特性。由于这些理论只应用于传播平面波,因而可以很容易用来计算参考天线或受试设备的电磁响应。

如图7.1所示,发射天线辐射出连续波电磁场,机械搅拌器(或多个搅拌器)进行搅拌从而产生出统计意义上的均匀场,测试区域占据了一大部分腔室的内部空间。在有限区域内,自由空间 $\boldsymbol{r}$ 处的电场强度 $\boldsymbol{E}$ 可以通过对所有电磁波积分的方法得到[70],即

$$\boldsymbol{E}(\boldsymbol{r}) = \iint_{4\pi} \boldsymbol{F}(\Omega)\exp(\mathrm{i}\boldsymbol{k}\cdot\boldsymbol{r})\,\mathrm{d}\Omega \tag{7.1}$$

式中:立体角 Ω 用方位角 α 和 β 表示,$\mathrm{d}\Omega=\sin\alpha\,\mathrm{d}\alpha\,\mathrm{d}\beta$。波矢量为

$$\boldsymbol{k} = -k(\hat{x}\sin\alpha\cos\beta+\hat{y}\sin\alpha\sin\beta+\hat{z}\cos\alpha) \tag{7.2}$$

图7.2为平面波的分量结构。由式(7.2),式(7.1)可化为

$$\boldsymbol{E}(\hat{r}) = \int_0^{2\pi}\int_0^{\pi} \boldsymbol{F}(\alpha,\beta)\exp(\mathrm{i}\boldsymbol{k}\cdot\boldsymbol{r})\sin\alpha\,\mathrm{d}\alpha\,\mathrm{d}\beta \tag{7.3}$$

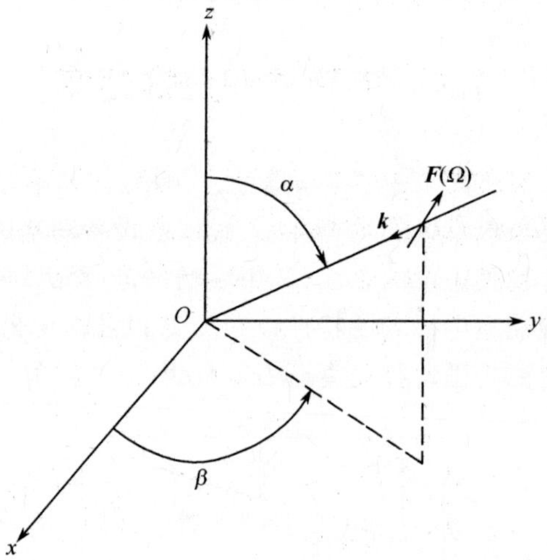

图7.2 波数为 $\boldsymbol{k}$ 的电场的平面波 $\boldsymbol{F}(\Omega)$ 分量

角频谱 $\boldsymbol{F}(\Omega)$ 可以写为

$$\boldsymbol{F}(\Omega) = \hat{\alpha}F_\alpha(\Omega)+\hat{\beta}F_\beta(\Omega) \tag{7.4}$$

式中:$\hat{\alpha}$,$\hat{\beta}$ 为正交于波数的单位矢量;F_α 和 F_β 都是复值,可以写成实部和虚部之和的形式,即

$$\begin{cases} F_\alpha(\Omega) = F_{\alpha r}(\Omega)+\mathrm{i}F_{\alpha i}(\Omega) \\ F_\beta(\Omega) = F_{\beta r}(\Omega)+\mathrm{i}F_{\beta i}(\Omega) \end{cases} \tag{7.5}$$

因为每列平面波分量都满足麦克斯韦方程,所以式(7.1)中所描述的电场方程也满足麦克斯韦方程。对于一个球形区域,式(7.1)中所描述的电场方程是完备的,因为该式可以严格等效为球面波展开[71]。而对于非球形区域,可以对一个

球面区域持续解析得到平面波的扩展,但还需要进一步确定解析延拓有效性的一般条件。本章中,假设区域是选定的,因此式(7.1)有效。

正是基于这点,式(7.1)中的角谱 $\boldsymbol{F}(\Omega)$ 具有一般性,既可以是确定的也可以是随机的。但是,对于混响室中的统计场,将角谱看作是一类与搅拌器的旋转位置相关的随机变量。在许多重要场量的推导过程中,并不需要角谱的概率密度,仅仅需要角谱的均值和方差就足够了。在一个典型的混响室测试中,可以通过旋转搅拌器获得统计效果。对于普通腔体,可以通过大量不同形状的腔体产生同样的统计效果。在本书后续的内容中,使用 < >表示系统平均。进行统计分析的前提是选择角谱的统计性能,该统计性能可以用具有高效搅拌器的电大、多模腔室内部的充分搅拌场表示[19]。该类型的场可以采用以下合理假设:

$$\langle F_\alpha(\Omega)\rangle = \langle F_\beta(\Omega)\rangle = 0 \tag{7.6}$$

$$\begin{aligned}\langle F_{\alpha r}(\Omega_1)F_{\alpha i}(\Omega_2)\rangle &= \langle F_{\beta r}(\Omega_1)F_{\beta i}(\Omega_2)\rangle = \\ \langle F_{\alpha r}(\Omega_1)F_{\beta r}(\Omega_2)\rangle &= \langle F_{\alpha r}(\Omega_1)F_{\beta i}(\Omega_2)\rangle = \\ \langle F_{\alpha i}(\Omega_1)F_{\beta r}(\Omega_2)\rangle &= \langle F_{\alpha i}(\Omega_1)F_{\beta i}(\Omega_2)\rangle = 0\end{aligned} \tag{7.7}$$

$$\begin{aligned}\langle F_{\alpha r}(\Omega_1)F_{\alpha r}(\Omega_2)\rangle &= \langle F_{\alpha i}(\Omega_1)F_{\alpha i}(\Omega_2)\rangle = \\ \langle F_{\beta r}(\Omega_1)F_{\beta r}(\Omega_2)\rangle &= \langle F_{\beta i}(\Omega_1)F_{\beta i}(\Omega_2)\rangle = C_{\mathrm{E}}\delta(\Omega_1-\Omega_2)\end{aligned} \tag{7.8}$$

式中:δ 为狄拉克广义函数;C_{E} 为单位为$(\mathrm{V/m})^2$ 的常数。

采用式(7.6)和式(7.8)假设的数学原因是,场量推导过程变得简单,但是物理意义如下所述。由于角谱是多数具有随机相位的射线或反射,均值应该为0,如式(7.6)。由于多径散射多次改变了入射波角谱的相位和旋转了极化方向,因而具有正交极化或正交相位的角谱分量不相关,如式(7.7)。来自不同方向并具有不同的散射路径的角谱分量具有不相关性,如式(7.8)。δ 函数的系数 C_{E} 与电场强度的平方成正比,这部分内容将在后文给出。利用式(7.7)和式(7.8)可进一步得到

$$\langle F_\alpha(\Omega_1)\rangle = \langle F_\beta^*(\Omega_2)\rangle = 0 \tag{7.9}$$

$$\langle F_\alpha(\Omega_1)F_\alpha^*(\Omega_2)\rangle = \langle F_\beta(\Omega_1)F_\beta^*(\Omega_2)\rangle = 2C_{\mathrm{E}}\delta(\Omega_1-\Omega_2) \tag{7.10}$$

式中:* 表示复共轭。

7.2 电场和磁场的理想统计特性

场的特性可由式(7.1),式(7.6)~式(7.10)获得。首先考虑电场的平方,由式(7.1)和式(7.6)可以得出

$$\langle \boldsymbol{E}(\boldsymbol{r})\rangle = \iint_{4\pi}\langle \boldsymbol{F}(\Omega)\rangle \exp(\mathrm{i}\boldsymbol{k}\cdot\boldsymbol{r})\,\mathrm{d}\Omega = 0 \tag{7.11}$$

电场的均值为0是因为角谱的均值为0。这样的结果可以在充分搅拌的场中

得到,这种场是大量具有随机相位的多径射线的总和。

电场强度绝对值的平方正比于电场能量密度[37],从式(7.1)中可以看出,电场绝对值的平方能够写成如下二重积分:

$$|\boldsymbol{E}(\boldsymbol{r})|^2 = \iint_{4\pi}\iint_{4\pi} \boldsymbol{F}(\Omega_1)\cdot\boldsymbol{F}^*(\Omega_2)\exp[\mathrm{i}(\boldsymbol{k}_1-\boldsymbol{k}_2)\cdot\boldsymbol{r}]\mathrm{d}\Omega_1\mathrm{d}\Omega_2 \tag{7.12}$$

上式的均值可利用式(7.9)和式(7.10)积分获得

$$\langle|\boldsymbol{E}(\boldsymbol{r})|^2\rangle = 4C_{\mathrm{E}}\iint_{4\pi}\iint_{4\pi}\delta(\Omega_1-\Omega_2)\exp[\mathrm{i}(\boldsymbol{k}_1-\boldsymbol{k}_2)\cdot\boldsymbol{r}]\mathrm{d}\Omega_1\mathrm{d}\Omega_2 \tag{7.13}$$

利用 δ 函数的性质,可以很容易地将式(7.13)化简为

$$\langle|\boldsymbol{E}(\boldsymbol{r})|^2\rangle = 4C_{\mathrm{E}}\iint_{4\pi}\mathrm{d}\Omega_2 = 16\pi C_{\mathrm{E}} \equiv E_0^2 \tag{7.14}$$

很明显,电场模值的平方与位置无关,即理想混响室的场具有“均匀性”。实际上,已经有实验结果证实了这种场的均匀性[19,66]。简便起见,从电场的均方值角度,C_{E} 由式(7.14)定义。从现在起,暂不考虑 E_0^2 与腔室结构和激励源的依赖关系。

同理,电场在不同方向上的分量也可以得出,即

$$\langle|E_x|^2\rangle = \langle|E_y|^2\rangle = \langle|E_z|^2\rangle = \frac{E_0^2}{3} \tag{7.15}$$

式(7.15)说明理想混响室的场各向同性,同样经过了实验结果证明[19,66]。各向同性和空间场均匀性在 80MHz 至 18GHz 范围内被实验证明了[66],如图 7.3 所示。这个实验将 10 个三维电场探头(等效为 30 个一维电场探头)间隔 1m 放置,在每个频率处会有 30 组测试数据。由于当测试频率在 200MHz 以上时,混响室有足够的电尺寸,这时的测试数据是最可信的。

磁场方程可以由麦克斯韦方程组推导得出,即

$$\boldsymbol{H}(\boldsymbol{r}) = \frac{1}{\mathrm{i}\omega\mu}\nabla\times\boldsymbol{E}(\boldsymbol{r}) = \frac{1}{\eta}\iint_{4\pi}\boldsymbol{k}\times\boldsymbol{F}(\Omega)\exp(\mathrm{i}\boldsymbol{k}\cdot\boldsymbol{r})\mathrm{d}\Omega \tag{7.16}$$

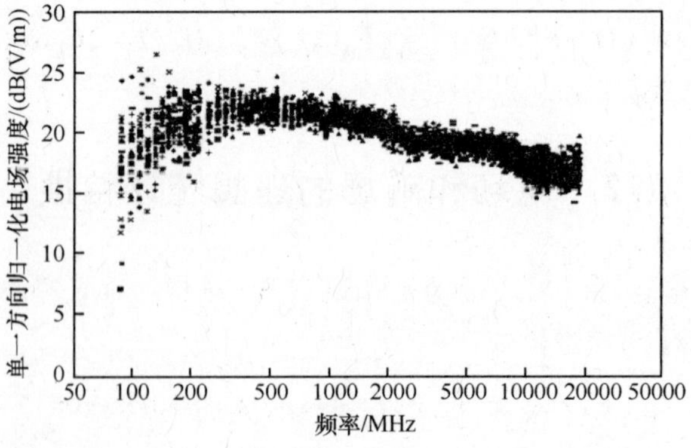

图 7.3 30 个偶极子测试的平均电场(直角分量),每个偶极子的净输入功率为 1W[66]

式中：η 为空间阻抗系数。根据式(7.6)～式(7.16)可知，磁场的均值也为0，即

$$\langle \boldsymbol{H}(\boldsymbol{r}) \rangle = \frac{1}{\eta}\iint_{4\pi} \boldsymbol{k} \times \boldsymbol{F}(\Omega)\exp(\mathrm{i}\boldsymbol{k} \cdot \boldsymbol{r})\mathrm{d}\Omega = 0 \tag{7.17}$$

磁场模值的平方可表示为

$$|\boldsymbol{H}(\boldsymbol{r})|^2 = \frac{1}{\eta^2}\iint_{4\pi}\iint_{4\pi}[\boldsymbol{k}_1 \times \boldsymbol{F}(\Omega_1)] \cdot [\boldsymbol{k}_2 \times \boldsymbol{F}(\Omega_2)]\exp[\mathrm{i}(\boldsymbol{k}_1 - \boldsymbol{k}_2) \cdot \boldsymbol{r}]\mathrm{d}\Omega_1\mathrm{d}\Omega_2 \tag{7.18}$$

与电场相似，磁场的均方值可表示为

$$\langle |\boldsymbol{H}(\boldsymbol{r})|^2 \rangle = \frac{E_0^2}{\eta^2} \tag{7.19}$$

式(7.19)说明了理想混响室中的磁场同样具有“空间均匀性”，其值为电场的均方值与空间阻抗的平方之比，即

$$\langle |\boldsymbol{H}(\boldsymbol{r}_1)|^2 \rangle = \frac{\langle |\boldsymbol{E}(\boldsymbol{r}_2)| \rangle^2}{\eta^2} \tag{7.20}$$

式中：$\boldsymbol{r}_1$，$\boldsymbol{r}_2$ 表示任意位置。文献[19]利用电场和磁场探针证实了自由空间中上式的成立。同电场分量一样，可以推导出磁场的各向同性关系式：

$$\langle |H_x|^2 \rangle = \langle |H_y|^2 \rangle = \langle |H_z|^2 \rangle = \frac{E_0^2}{3\eta^2} \tag{7.21}$$

能量密度 W 可表示为[3]

$$W(\boldsymbol{r}) = \frac{1}{2}[\xi|\boldsymbol{E}(\boldsymbol{r})|^2 + \mu|\boldsymbol{H}(\boldsymbol{r})|^2] \tag{7.22}$$

能量密度的平均值可由式(7.14)，式(7.20)和式(7.22)得到

$$\langle W(\boldsymbol{r}) \rangle = \frac{1}{2}[\xi\langle |\boldsymbol{E}(\boldsymbol{r})|^2 \rangle + \mu\langle |\boldsymbol{H}^*(\boldsymbol{r})|^2 \rangle] = \xi E_0^2 \tag{7.23}$$

由式(7.23)可知，能量密度的平均值是与空间位置无关的变量。

功率密度的坡印亭矢量 $\boldsymbol{S}$ 为[3]

$$\boldsymbol{S}(\boldsymbol{r}) = \boldsymbol{E}(\boldsymbol{r}) \times \boldsymbol{H}^*(\boldsymbol{r}) \tag{7.24}$$

由式(7.1)、式(7.16)和式(7.24)可知，功率密度的平均值可表示为

$$\langle \boldsymbol{S}(\boldsymbol{r}) \rangle = \frac{1}{\eta}\iint_{4\pi}\iint_{4\pi}\langle \boldsymbol{F}(\Omega_1) \times [\boldsymbol{k}_2 \times \hat{F}^*(\Omega_2)] \rangle\exp[\mathrm{i}(\boldsymbol{k}_1 - \boldsymbol{k}_2) \cdot \boldsymbol{r}]\mathrm{d}\Omega_1\mathrm{d}\Omega_2 \tag{7.25}$$

根据矢量同一性以及式(7.9)、式(7.10)，上式中积分部分可表示为

$$\boldsymbol{F}(\Omega_1) \times [\hat{k}_2 \times \boldsymbol{F}(\Omega_2)] = \boldsymbol{k}_2\frac{E_0^2}{4\pi}\delta(\Omega_1 - \Omega_2) \tag{7.26}$$

式(7.25)的右边可由式(7.26)化简为

$$\langle \boldsymbol{S}(\boldsymbol{r}) \rangle = \frac{E_0^2}{4\pi\eta}\iint_{4\pi} \hat{k}_2 \mathrm{d}\Omega_2 = 0 \tag{7.27}$$

式(7.27)的物理意义为,不同入射方向的每列平面波都载有等量的功率,所以矢量在 4π 的立体角内积分值为零。这是一个很重要的结果,因为由此可知功率密度并不是能够表征混响室内场强特点的物理量。由式(7.23)给出的能量密度的平均值是一个可以表征混响室腔室内场强特点的物理标量。另外一个可以用于表征混响室内场强特点的物理量是定义一个标量,使其具有单位能量密度并正比于平均能量密度:

$$S = v\langle W \rangle = \frac{E_0^2}{\eta} \tag{7.28}$$

式中:$v = \frac{1}{\sqrt{\mu\xi}}$。为了简便起见,$S$ 被称为"标量功率密度"。当知道功率密度而不知道场强时,该量值可用于比较场的均匀性和平面波的测量。

7.3 场量的概率密度函数

式(7.6)~式(7.8)给出的角谱统计假设可以推导出 7.2 节中场量的全部平均结果。推导这些结果并不需要知道概率密度函数的详情。但对于分析基于有限采样数的测量值,概率密度函数还是很有作用的。例如,对于给定的采样数,概率密度函数可以用于确定场强的理论最大值,这个最大值对于电子设备的辐射敏感度测试非常重要。

推导电场的概率密度函数,首先要写出三个角分量的实部和虚部:

$$E_x = E_{xr} + \mathrm{i}E_{xi}, E_y = E_{yr} + \mathrm{i}E_{yi}, E_z = E_{zr} + \mathrm{i}E_{zi} \tag{7.29}$$

(与 r 的关系在这一节中会被省略,因为本节中所有变量都独立于 r)。式(7.29)中所有实部和虚部的平均值都为 0,如式(7.11)所示:

$$\langle E_{xr} \rangle = \langle E_{xi} \rangle = \langle E_{yr} \rangle = \langle E_{yi} \rangle = \langle E_{zr} \rangle = \langle E_{zi} \rangle = 0 \tag{7.30}$$

变量中实部和虚部的方差都可以表示为式(7.15)中复数部分的一半,即

$$\langle E_{xr}^2 \rangle = \langle E_{xi}^2 \rangle = \langle E_{yr}^2 \rangle = \langle E_{yi}^2 \rangle = \langle E_{zr}^2 \rangle = \langle E_{zi}^2 \rangle = \frac{E_0^2}{6} \equiv \sigma^2 \tag{7.31}$$

式(7.30)和式(7.31)中实部和虚部的均值和方差都可以由最初式(7.6)和式(7.8)中的统计假设推导出。

但是,如 6.5 节所述,如果均值和方差的概率密度函数涵盖了从 $-\infty$ 到 $+\infty$,那么最大熵方法可以推导出高斯分布概率密度函数。由式(6.37)可知

$$f(E_{xr}) = \frac{1}{\sqrt{2\pi\sigma}}\exp\left(-\frac{E_{xr}^2}{2\sigma^2}\right) \tag{7.32}$$

式中:σ 由式(7.31)定义,相同的概率密度函数还可应用于其他电场分量的实部

和虚部。

方程(7.1)至方程(7.11)可以用于表示不相关电场分量的实部和虚部。仅以$\langle E_{xr}E_{xi}\rangle$为例,其他关系式的推导过程类似于此。由式(7.1)~式(7.5)可知,E_x的实部和虚部可写为

$$E_{xr} = \iint_{4\pi}\{[\cos\alpha\cos\beta F_{\alpha r}(\Omega) - \sin\beta F_{\beta r}(\Omega)]\cos(\boldsymbol{k}\cdot\boldsymbol{r}) - [\cos\alpha\cos\beta F_{\alpha i}(\Omega) - \sin\beta F_{\beta i}(\Omega)]\sin(\boldsymbol{k}\cdot\boldsymbol{r})\}\mathrm{d}\Omega \tag{7.33}$$

$$E_{xi} = \iint_{4\pi}\{[\cos\alpha\cos\beta F_{\alpha i}(\Omega) - \sin\beta F_{\beta i}(\Omega)]\cos(\boldsymbol{k}\cdot\boldsymbol{r}) + [\cos\alpha\cos\beta F_{\alpha r}(\Omega) - \sin\beta F_{\beta r}(\Omega)]\sin(\boldsymbol{k}\cdot\boldsymbol{r})\}\mathrm{d}\Omega \tag{7.34}$$

式(7.33)和式(7.34)中双重积分的平均值可由式(7.7)和式(7.8)来估计,还可以用δ函数来估计一个积分。其余的积分为零。

$$\langle E_{xr}(\boldsymbol{r})E_{xi}(\boldsymbol{r})\rangle = \frac{E_0^2}{16\pi}\iint_{4\pi}[\cos^2\alpha_2\cos^2\beta_2]\left[\begin{array}{c}\cos(\boldsymbol{k}_2\cdot\boldsymbol{r})\sin(\boldsymbol{k}_2\cdot\boldsymbol{r})\\ -\cos(\boldsymbol{k}_2\cdot\boldsymbol{r})\sin(\boldsymbol{k}_2\cdot\boldsymbol{r})\end{array}\right]\mathrm{d}\Omega_2 = 0 \tag{7.35}$$

类似的推导可应用于电场其他分量的实部和虚部。它们都属于高斯分布,互相独立[57]。

因为电场分量的实部和虚部都服从均值为零等方差的正态分布,且互相独立,所以电场幅值或幅值平方的概率密度函数服从适当自由度的卡方分布。任意电场分量的幅值都是属于两个自由度的卡方分布,同时包含瑞利分布[57],以$|E_x|$为例:

$$f(|E_x|) = \frac{|E_x|}{\sigma^2}\exp\left(-\frac{|E_x|^2}{2\sigma^2}\right) \tag{7.36}$$

图7.4所示的是式(7.36)的理论计算值与1GHz下NASA的混响室内实测值[66]对比。实测混响室具有两个搅拌器,总的独立采样数为225。实测采用的电场探针由NIST校准[66],校准结果可以满足225个采样数要求。

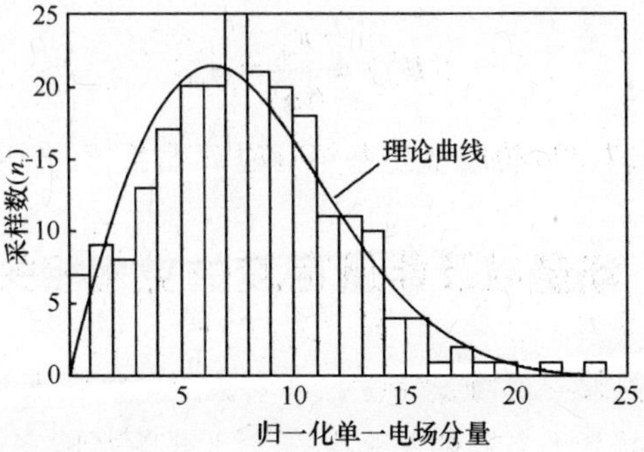

图7.4　实测电场幅度的一个直角分量的概率密度函数与理论值(瑞利分布)的比较[18]

任意电场分量的幅值平方都为两个自由度的卡方分布，同时也包含指数分布[57]，以$|E_x|^2$为例：

$$f(|E_x|^2)=\frac{1}{2\sigma^2}\exp\left(-\frac{|E_x|^2}{2\sigma^2}\right) \tag{7.37}$$

式(7.36)和式(7.37)所示的概率密度函数均满足 Kostas、Boverie[72]。文献[72]提出小型线性计划天线接收到的功率可满足式(7.37)中的指数分布，但文献[18]指出任何类型的天线接收到的功率均满足指数分布，同时利用喇叭天线来实验以验证该指数分布。

总的电场幅值满足6个自由度的卡方分布，其概率密度函数如下[57]：

$$f(|\boldsymbol{E}|)=\frac{|\boldsymbol{E}|^5}{8\sigma^6}\exp\left(-\frac{|\boldsymbol{E}|^2}{2\sigma^2}\right) \tag{7.38}$$

图7.5所示的是式(7.38)理论计算值与1GHz下NASA混响室实测值的对比，三维电场探头用于采集数据[72]。总电场幅值的平方满足6个自由度的卡方分布，其概率密度函数如下[57]：

$$f(|\boldsymbol{E}|^2)=\frac{|\boldsymbol{E}|^4}{16\sigma^6}\exp\left(-\frac{|\boldsymbol{E}|^2}{2\sigma^2}\right) \tag{7.39}$$

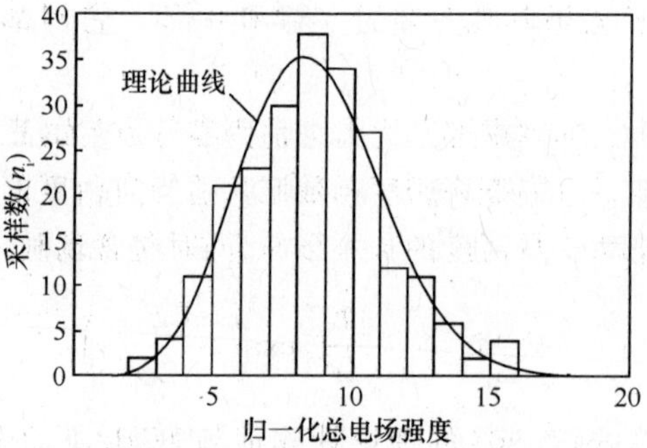

图7.5　实测总电场强度的概率密度函数与理论值(6个自由度的卡方分布)的比较[18]

磁场的双重概率密度函数可由磁场的实部和虚部得到，以H_{xr}为例：

$$\langle H_{xr}^2\rangle=\frac{E_0^2}{6\eta^2}\equiv\sigma_{\mathrm{H}}^2 \tag{7.40}$$

现在，式(7.36)~式(7.39)的双重结果可通过H替换E，σ_{H}替换σ得到。

7.4　场量以及能量密度的空间相关函数

在前面的章节中，某点的场量特性已经考虑到。实际天线以及受试设备占据非常大的空间位置，场量的空间相关函数[73]对于理解混响室中受试设备的加载响应[74]是非常重要的。

7.4.1 复杂的电场和磁场

这里开始推导混响室中总复杂电场的空间相关函数 $\rho(\boldsymbol{r}_1,\boldsymbol{r}_2)$。不考虑损耗，使 $\boldsymbol{r}_1$ 位于 z 轴的原点，$\boldsymbol{r}_2$ 位于 z 轴上，则

$$\boldsymbol{r}_1=0\,,\boldsymbol{r}_2=\hat{z}r \tag{7.41}$$

现在写出相距 r 的空间两点的电场相关函数[75]：

$$\rho(r)\equiv\frac{\langle\boldsymbol{E}(0)\cdot E^*(\hat{z}r)\rangle}{\sqrt{\langle|\boldsymbol{E}(0)|^2\rangle\langle|\boldsymbol{E}(\hat{z}r)|^2\rangle}} \tag{7.42}$$

式(7.42)的分子部分是用于描述波在任意媒介中传播的相关函数(或共相关函数)[53]。

式(7.42)中的分母部分可由式(7.14)估算：

$$\langle|\boldsymbol{E}(0)|^2\rangle=\langle|\boldsymbol{E}(\hat{z}r)|^2\rangle=E_0^2 \tag{7.43}$$

式(7.42)的分子部分可由式(7.1)改写为

$$\langle\boldsymbol{E}(0)\cdot E^*(\hat{z}r)\rangle=\iint_{4\pi}\iint_{4\pi}\langle\boldsymbol{F}(\Omega_1)\cdot\boldsymbol{F}^*(\Omega_2)\rangle\exp(-\mathrm{i}\boldsymbol{k}_2\cdot\hat{z}r)\,\mathrm{d}\Omega_1\mathrm{d}\Omega_2 \tag{7.44}$$

式(7.44)中的一个积分可由式(7.9)、式(7.10)和式(7.14)得出：

$$\langle\boldsymbol{E}(0)\cdot E^*(\hat{z}r)\rangle=\frac{E_0^2}{4\pi}\iint_{4\pi}\exp(-\mathrm{i}\boldsymbol{k}_2\cdot\hat{z}r)\,\mathrm{d}\Omega_2 \tag{7.45}$$

若将 $\boldsymbol{k}_2$ 和 $\mathrm{d}\Omega_2$ 写成如式(7.2)和式(7.3)的形式，则式(7.45)可转化为

$$\langle\boldsymbol{E}(0)\cdot E^*(\hat{z}r)\rangle=\frac{E_0^2}{4\pi}\int_0^{2\pi}\int_0^{\pi}\exp(-\mathrm{i}kr\cos\alpha_2)\,\sin\alpha_2\mathrm{d}\alpha_2\mathrm{d}\beta_2 \tag{7.46}$$

式(7.46)中的 β_2 积分贡献了因子 2π，被积函数 α_2 是一个完整微分，因此可将式(7.46)简化为

$$\langle\boldsymbol{E}(0)\cdot\boldsymbol{E}(\hat{z}r)\rangle=E_0^2\frac{\sin(kr)}{kr} \tag{7.47}$$

将式(7.43)、式(7.47)代入式(7.42)，则相关函数 $\rho(r)$ 可转化为

$$\rho(r)=\frac{\sin(kr)}{kr} \tag{7.48}$$

随着 kr 的增加，式(7.48)中的空间相关函数会出现振荡衰减，文献[37,76]分别得出了相同的结果。对于磁场也有相同的相关函数，也可应用于声学混响室[77]。相关长度 l_c 定义为式(7.48)对应的第一个零的距离：

$$kl_c=\pi\,,l_c=\pi/k=\lambda/2 \tag{7.49}$$

式中：λ 为介质中的波长(通常为自由空间)。

角相关函数可定义为

$$\rho(\hat{s}_1,\hat{s}_2)=\frac{\langle E_{s1}(\boldsymbol{r})\cdot E_{s2}^*(\boldsymbol{r})\rangle}{\sqrt{\langle|\boldsymbol{E}_{s1}(\boldsymbol{r})|^2\rangle\langle|\boldsymbol{E}_{s2}^*(\boldsymbol{r})|^2\rangle}} \tag{7.50}$$

式中:两个电场分量可定义为

$$E_{s1}(\boldsymbol{r})=\hat{s}_1\cdot\boldsymbol{E}(\boldsymbol{r})\quad E_{s2}(\boldsymbol{r})=\hat{s}_2\cdot\boldsymbol{E}(\boldsymbol{r}) \tag{7.51}$$

式中:$\hat{s}_1$、$\hat{s}_2$为角 γ 的单位矢量,如图 7.6 所示。由式(7.15)可知,式(7.50)的分母部分为 $E_0^2/3$,分子部分可由式(7.1)、式(7.9)和式(7.10)得出,角相关函数为

$$\rho(\hat{s}_1,\hat{s}_2)=\hat{s}_1\cdot\hat{s}_2=\cos\gamma \tag{7.52}$$

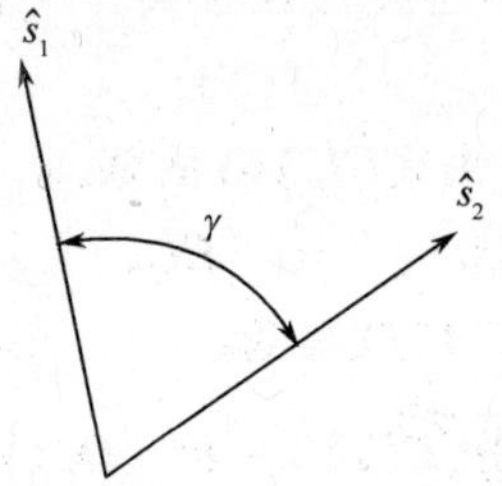

图 7.6　夹角为 γ 的单位矢量 $\hat{s}_1$、$\hat{s}_2$

结果独立于 $\boldsymbol{r}$。相同的角相关也适用于磁场分量。当 $\cos\gamma=0$ 时,式(7.52)与式(7.31)以及 Kostas、Boverie 的理论[72]相一致。

现在转向电场空间相关函数的线性部分。纵向电场的空间相关函数 $\rho_l(r)$ 可定义为

$$\rho_l(r)=\frac{\langle E_z(0)\cdot E_z^*(\hat{z}r)\rangle}{\sqrt{\langle|E_z(0)|^2\rangle\langle|E_z(\hat{z}r)|^2\rangle}} \tag{7.53}$$

由式(7.15)可知,式(7.53)的分母部分为 $E_0^2/3$,分子部分的研究由文献[74]给出:

$$\langle E_z(0)E_z^*(\hat{z}r)\rangle=\iint\limits_{4\pi}\iint\limits_{4\pi}\sin\alpha_1\sin\alpha_2\langle F_\alpha(\Omega_1)F_\alpha^*(\Omega_2)\rangle\exp(\mathrm{i}kr\cos\alpha_2)\,\mathrm{d}\Omega_1\mathrm{d}\Omega_2 \tag{7.54}$$

式(7.54)中的一个积分可由式(7.14)表示为

$$\langle \boldsymbol{E}_z(0)E_z^*(\hat{z}r)\rangle=\frac{E_0^2}{8\pi}\iint\limits_{4\pi}\sin^2\alpha_2\exp(\mathrm{i}kr\cos\alpha_2)\,\mathrm{d}\Omega_2 \tag{7.55}$$

式(7.55)可更精确地表示为

$$\langle E_z(0)E_z^*(\hat{z}r)\rangle=\frac{E_0^2}{8\pi}\int_0^{2\pi}\int_0^{\pi}\sin^2\alpha_2\exp(\mathrm{i}kr\cos\alpha_2)\,\mathrm{d}\alpha_2\mathrm{d}\beta_2 \tag{7.56}$$

经过一系列化简,式(7.56)可化为

$$\langle E_z(0)E_z^*(\hat{z}r)\rangle = \frac{E_0^2}{(kr)^2}\left[\frac{\sin(kr)}{kr} - \cos(kr)\right] \tag{7.57}$$

由文献[74]可知 $\rho_1(r)$ 的最终结果为

$$\rho_1(r) = \frac{3}{(kr)^2}\left[\frac{\sin(kr)}{kr} - \cos(kr)\right] \tag{7.58}$$

类似地，横向电场的空间相关函数，如 E_x 或 E_y，可被定义为[73]

$$\rho_t(r) = \frac{\langle E_x(0)E_x^*(\hat{z}r)\rangle}{\sqrt{\langle |E_x(0)|^2\rangle\langle |E_x(\hat{z}r)|^2\rangle}} = \frac{\langle E_y(0)E_y^*(\hat{z}r)\rangle}{\sqrt{\langle |E_y(0)|^2\rangle\langle |E_y(\hat{z}r)|^2\rangle}} \tag{7.59}$$

结果是一样的，但这里选择以 E_x 为例。同式(7.53)一样，式(7.59)的分母部分为 $E_0^2/3$，分子部分的研究由文献[73]给出：

$$\langle E_x(0)E_x^*(\hat{z}r)\rangle = \iint_{4\pi}\iint_{4\pi}\langle [\cos\alpha_1\cos\beta_1 F_{\alpha 1} - \sin\beta_1 F_{\beta 1}(\Omega_1)]\cdot$$

$$[\cos\alpha_2\cos\beta_2 F_{\alpha 2}^*(\Omega_2) - \sin\beta_2 F_{\beta 2}^*(\Omega_2)]\exp(\mathrm{i}kr\cos\alpha_2)\rangle \mathrm{d}\Omega_1\mathrm{d}\Omega_2 \tag{7.60}$$

式(7.60)中的积分值可由式(7.9)和式(7.10)计算得出。Ω_1 积分可由 delta 函数化简为

$$\langle E_x(0)E_x^*(\hat{z}r)\rangle = \frac{E_0^2}{8\pi}\iint_{4\pi}(\cos^2\alpha_2\cos^2\beta_2 + \sin^2\beta_2)\exp(\mathrm{i}kr\cos\alpha_2)\mathrm{d}\Omega_2 \tag{7.61}$$

式中：β_2 的积分范围为 $(0,2\pi)$；α_2 的积分范围为 $(0,\pi)$。式(7.61)可以化简为[73]

$$\langle E_x(0)E_x^*(\hat{z}r)\rangle = \frac{E_0^2}{2}\left\{\frac{\sin(kr)}{kr} - \frac{1}{(kr)^2}\left[\frac{\sin(kr)}{kr} - \cos(kr)\right]\right\} \tag{7.62}$$

因此可以得出 $\rho_t(r)$ 的最终结果为[73]

$$\rho_t(r) = \frac{3}{2}\left\{\frac{\sin(kr)}{kr} - \frac{1}{(kr)^2}\left[\frac{\sin(kr)}{kr} - \cos(kr)\right]\right\} \tag{7.63}$$

空间相关函数 ρ，$\rho_1(r)$ 和 $\rho_t(r)$ 具有下列三种特性：

(1)当 $r=0$ 时，三个空间相关函数都等于1；

(2)在 r 处，它们都是偶数；

(3)随着 kr 的增加，相关性呈振荡性衰减至0。第一个特性可以将空间相关函数按 kr 进行泰勒级数展开[74,75]。

$$\rho(kr) = 1 - \frac{1}{6}(kr)^2 + O(kr)^4 \tag{7.64}$$

$$\rho_1(kr) = 1 - \frac{1}{10}(kr)^2 + O(kr)^4 \tag{7.65}$$

$$\rho_t(kr) = 1 - \frac{1}{5}(kr)^2 + O(kr)^4 \tag{7.66}$$

考虑到 ρ，ρ_1，ρ_t 的定义，可以得出下面的关系式：

$$\rho(kr)=\frac{1}{3}[2\rho_t(kr)+\rho_l(kr)] \tag{7.67}$$

式(7.48)、式(7.58)和式(7.63)满足关系式(7.67)。同时泰勒展开式(7.66)也满足(7.67)。这里给出的ρ,ρ_l,ρ_t结果与文献[78]中所述的结果一致。

即使相关函数定义的场点是在z轴的原点上,但无论平移还是旋转其结果是不变的。总的相关函数结果是关于独立位置r的函数,纵向相关函数是关于纵向电场分量的函数,横向相关函数是横向电场分量的函数。其几何图形如图7.7所示。

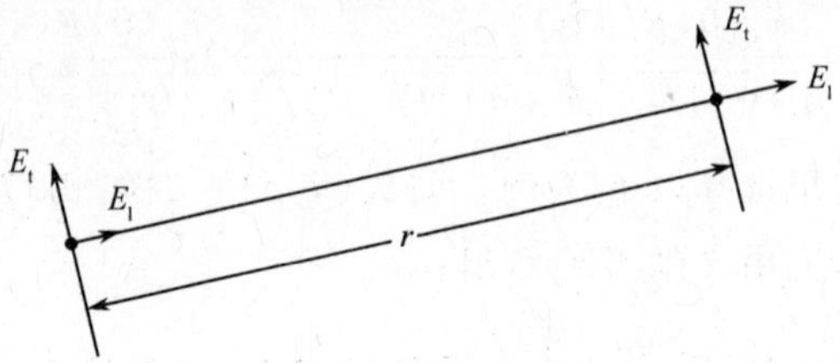

图7.7 一般位置相关函数的几何图形[73]

7.4.2 混合电场、磁场分量

大部分电磁组件是非相关的。不考虑损耗,我们将电场分量置于原点,磁场分量置于z轴上。例如,下列平均值结果都为零。

$$\begin{aligned}&\langle E_x(0)H_x^*(\hat{z}r)\rangle=\langle E_x(0)H_z^*(\hat{z}r)\rangle=\langle E_y(0)H_y^*(\hat{z}r)\rangle\\&=\langle E_y(0)H_z^*(\hat{z}r)\rangle=\langle E_z(0)H_x^*(\hat{z}r)\rangle=\langle E_z(0)H_y^*(\hat{z}r)\rangle\\&=\langle E_z(0)H_z^*(\hat{z}r)\rangle=0\end{aligned} \tag{7.68}$$

式(7.68)说明了大部分电场和磁场分量在所有位置r处都是非相关的。

但是,正交横向分量$\boldsymbol{E},\boldsymbol{H}$在$r\neq0$处是相关的,因此定义相关函数:

$$\rho_{xy}(r)=\frac{\langle E_x(0)H_y^*(\hat{z}r)\rangle}{\sqrt{\langle|E_x(0)|^2\rangle\langle|H_y(\hat{z}r)|^2\rangle}} \tag{7.69}$$

式(7.69)中的分母部分可由式(7.15)和式(7.21)中电场分量和磁场分量的均方值计算得出,即

$$\sqrt{\langle|E_x(0)|^2\rangle\langle|H_y(\hat{z}r)|^2\rangle}=\frac{E_0^2}{3\eta} \tag{7.70}$$

将式(7.11)和式(7.16)代入式(7.69),则式(7.69)的分子部分可写为

$$\begin{aligned}\langle E_x(0)H_y^*(\hat{z}r)\rangle\ =\ &\frac{1}{\eta}\iint_{4\pi}\iint_{4\pi}\langle[\cos\alpha_1\cos\beta_1F_{\alpha1}(\Omega_1)-\sin\beta_1F_{\beta1}(\Omega_1)]\cdot\\&[\cos\alpha_2\sin\beta_2F_{\beta2}^*(\Omega_2)-\cos\beta_2F_{\beta2}^*(\Omega_2)]\exp(ikr\cos\alpha_2)\rangle\mathrm{d}\Omega_1\mathrm{d}\Omega_2\end{aligned} \tag{7.71}$$

式(7.71)中的平均值可由式(7.8)估算。Ω_1积分部分可由δ函数采样性质处理,

则式(7.71)可化简为

$$\langle E_x(0)H_y^*(\hat{z}r)\rangle = \frac{-E_0^2}{8\pi\eta}\iint_{4\pi}\cos\alpha_2\exp(\mathrm{i}kr\cos\alpha_2)\,\mathrm{d}\Omega_2 \tag{7.72}$$

Ω_2(β_2 和 α_2)积分部分可由下式得到:

$$\langle E_x(0)H_y^*(\hat{z}r)\rangle = \frac{-\mathrm{i}E_0^2}{2\eta(kr)^2}[\sin(kr)-kr\cos(kr)] \tag{7.73}$$

将式(7.70)和式(7.73)代入式(7.69)中,可得出 $\rho_{xy}(r)$ 的最终结果:

$$\rho_{xy}(r) = \frac{-3\mathrm{i}}{2(kr)^2}[\sin(kr)-kr\cos(kr)] \tag{7.74}$$

对于较小的 kr,式(7.74)可化简为

$$\rho_{xy}(r) \approx \frac{-\mathrm{i}kr}{2} \tag{7.75}$$

方程(7.75)表明:$\rho_{xy}(0)=0$。因此下列两个关系式为零:

$$\langle E_x(0)H_y^*(0)\rangle = \langle E_y(0)H_x^*(0)\rangle = 0 \tag{7.76}$$

方程(7.68)和方程(7.76)表明:同一观测点的所有电场分量和磁场分量都是不相关的。

7.4.3 场分量的平方

本节考量各个场分量平方之间的关系,这些场量与功率和能量有关。处理场量平方最简单的方法就是将场量写为实部和虚部的平方。例如,任意位置 $\boldsymbol{r}$ 处电场幅值的平方可写为

$$|E(\boldsymbol{r})|^2 = E_{xr}^2(\boldsymbol{r}) + E_{xi}^2(\boldsymbol{r}) + E_{yr}^2(\boldsymbol{r}) + E_{yi}^2(\boldsymbol{r}) + E_{zr}^2(\boldsymbol{r}) + E_{zi}^2(\boldsymbol{r}) \tag{7.77}$$

如式(7.32)中所述,每一个电场分量的实部和虚部都服从高斯分布,如7.3节所述,它们都互相独立且期望为零,等方差。

纵向场分量的平方关系函数定义为

$$\rho_{ll}(r) = \frac{\langle[|E_z(0)|^2-\langle|E_z(0)|^2\rangle][|E_z(\hat{z}r)|^2-\langle|E_z(\hat{z}r)|^2\rangle]\rangle}{\sqrt{\langle[|E_z(0)|^2-\langle|E_z(0)|^2\rangle]^2\rangle\langle[|E_z(\hat{z}r)|^2-\langle|E_z(\hat{z}r)|^2\rangle]^2\rangle}} \tag{7.78}$$

式(7.78)中,减去场量的平方的平均值是通过关系函数的定义得来的[57]。这在式(7.53)、式(7.59)和式(7.69)中是不必要的,因为其中场量的均值为零。如果式(7.78)中场量幅值的平方写成实部和虚部之和,那么式(7.78)中会出现 $\langle g^2h^2\rangle$ 的形式,其中 g,h 分别代表电场分量的实部和虚部。因为场量的实部和虚部都服从均值为零的高斯分布,其关系式可由下式得出[57]:

$$\langle g^2h^2\rangle = \langle g^2\rangle\langle h^2\rangle + 2\langle gh\rangle^2 \tag{7.79}$$

$\rho_{ll}(r)$的结果为

$$\rho_{ll}(r)=\rho_l^2(r) \tag{7.80}$$

式中:$\rho_l(r)$由式(7.63)给出。因此,$\rho_{ll}(r)$与$\rho_l(r)$有相同的非负零点。

对于横向场分量的关系函数$\rho_{tt}(r)$可以定义为

$$\rho_{tt}(r)=\frac{\langle[|E_x(0)|^2-\langle|E_x(0)|^2\rangle][|E_x(\hat{z}r)|^2-\langle|E_x(\hat{z}r)|^2\rangle]\rangle}{\sqrt{\langle[|E_x(0)|^2-\langle|E_x(0)|^2\rangle]^2\rangle\langle[|E_x(\hat{z}r)|^2-\langle|E_x(\hat{z}r)|^2\rangle]^2\rangle}} \tag{7.81}$$

期望值可由式(7.79)得出:

$$\rho_{tt}(r)=\rho_t^2(r) \tag{7.82}$$

式中:$\rho_t(r)$由式(7.63)给出。

电场幅值平方的关系函数$\rho_{EE}(r)$可定义为

$$\rho_{EE}(r)=\frac{\langle[|\boldsymbol{E}(0)|^2-\langle|\boldsymbol{E}(0)|^2\rangle][|\boldsymbol{E}(\hat{z}r)|^2-\langle|\boldsymbol{E}(\hat{z}r)|^2\rangle]\rangle}{\sqrt{\langle[|\boldsymbol{E}(0)|^2-\langle|\boldsymbol{E}(0)|^2\rangle]^2\rangle\langle[|\boldsymbol{E}(\hat{z}r)|^2-\langle|\boldsymbol{E}(\hat{z}r)|^2\rangle]^2\rangle}} \tag{7.83}$$

期望值可由式(7.79)得出:

$$\rho_{EE}(r)=\frac{2\rho_{tt}(r)+\rho_{ll}(r)}{3} \tag{7.84}$$

文献[78]中的ρ_{EE}结果包含了$\rho_{tt}(r)$和$\rho_{ll}(r)$乘以一个常量。之所以存在常量,是因为电场平方的均值没有从定义式中减去,如式(7.81)。文献[78]中的结果还有一些不同,因为这些结果是基于实际单模的无搅拌场。本书中我们的结果是基于复杂的多模场,其结果来源于搅拌场以及全体量的平均。因此,本书中的电场有六个自由度[73],而不是文献[78]中的三个自由度,如图7.8所示。本节中所有的关系式也可应用于磁场。

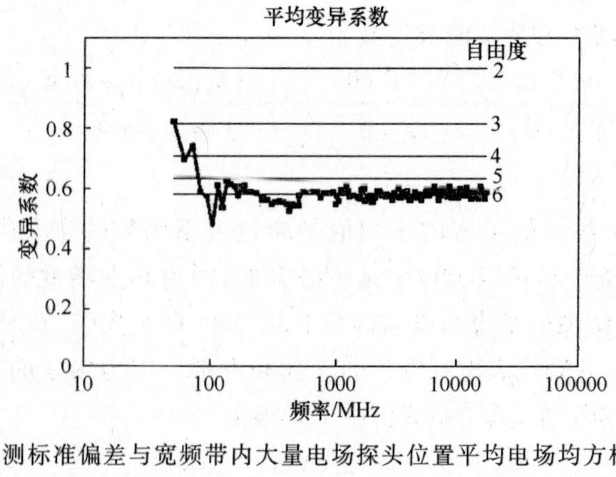

图7.8　实测标准偏差与宽频带内大量电场探头位置平均电场均方根的比率[73]

在三维腔室中测量相关性有一个不足之处，但是已经有一些单极子接收天线的相关性结果发表[79,80]。这些实验是在横向空间中测量短单极子天线的接收功率，而且对于 kr，在确定的距离 r 处，不同频率下有不同取值。因为接收功率正比于横向电场幅值的平方，则其相关函数为 ρ_{tt}。学者 Mitra 和 Trost[79,80] 利用式(7.48)中定义的相关函数 ρ^2 对比了他们的实验数据，因为那时还未知横向相关函数 $\rho_{tt}(r)$ 和 $\rho_t(r)$。实验结果和相关函数 ρ_{tt} 和 ρ^2 的对比由图 7.9 给出。即使实验数据中存在很大一部分标量，两个很重要的特征（$kr<2$ 时的斜率以及 $kr=4$ 附近的最大值）与 ρ_{tt} 的拟合一致性要好于 ρ^2。$r=1.5\text{cm}$，频率从 1.0 ~ 13.5GHz 的实验条件下的测试数据在文献[80]中给出。

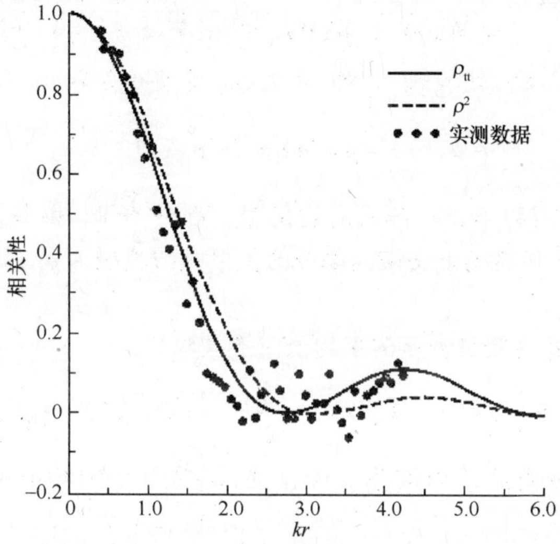

图 7.9 实测横向单极子天线接收功率与 ρ_{tt}、ρ^2 的比较[73]

7.4.4 能量密度

能量密度 W 可写为电场和磁场的能量密度之和，即

$$W(\boldsymbol{r}) = W_{\mathrm{E}}(\boldsymbol{r}) + W_{\mathrm{H}}(\boldsymbol{r}) \tag{7.85}$$

式中

$$W_{\mathrm{E}}(\boldsymbol{r}) = \frac{\xi}{2}|\boldsymbol{E}(\boldsymbol{r})|^2, W_{\mathrm{H}}(\boldsymbol{r}) = \frac{\mu}{2}|\boldsymbol{H}(\boldsymbol{r})|^2 \tag{7.86}$$

电能量密度的空间特性主要应用在加热电导体；类似地，磁能量密度的应用主要体现在加热有磁损耗的材料。不考虑损耗，还可以在 z 轴得出关系式：

电能量密度的自相关函数 $\rho_{W_{\mathrm{E}}}$ 定义为

$$\rho_{W_{\mathrm{E}}}(r) \equiv \frac{\langle [W_{\mathrm{E}}(0) - \langle W_{\mathrm{E}}(0)\rangle][W_{\mathrm{E}}(\hat{z}r) - \langle W_{\mathrm{E}}(\hat{z}r)\rangle]\rangle}{\sqrt{\langle [W_{\mathrm{E}}(0) - \langle W_{\mathrm{E}}(0)\rangle]^2\rangle\langle [W_{\mathrm{E}}(\hat{z}r) - \langle W_{\mathrm{E}}(\hat{z}r)\rangle]^2\rangle}} \tag{7.87}$$

将 W_E 代入式(7.87)中,结果就等同于式(7.84)中定义的电场的平方:

$$\rho_{W_E}(r)=\rho_{EE}(r) \tag{7.88}$$

磁能量密度相关函数(ρ_{W_H})类似地可定义为

$$\rho_{W_H}(r)\equiv\frac{\langle[W_H(0)-\langle W_H(0)\rangle][W_H(\hat{z}r)-\langle W_H(\hat{z}r)\rangle]\rangle}{\sqrt{\langle[W_H(0)-\langle W_H(0)\rangle]^2\rangle\langle[W_H(\hat{z}r)-\langle W_H(\hat{z}r)\rangle]^2\rangle}}=\rho_{EE}(r) \tag{7.89}$$

总的能量密度关系函数(ρ_W)定义为

$$\rho_W(r)\equiv\frac{\langle[W(0)-\langle W(0)\rangle][W(\hat{z}r)-\langle W(\hat{z}r)\rangle]\rangle}{\sqrt{\langle[W(0)-\langle W(0)\rangle]^2\rangle\langle[W(\hat{z}r)-\langle W(\hat{z}r)\rangle]^2\rangle}} \tag{7.90}$$

当式(7.85)和式(7.86)代入式(7.90)中时,ρ_W 结果可变为

$$\rho_W(r)=\rho_{EE}(r)+\frac{2}{3}|\rho_{xy}(r)|^2 \tag{7.91}$$

式中:$\rho_{xy}(r)$ 由式(7.74)给出。等式右边的第一部分与 W_E 和 W_H 中的关系函数相同,第二部分为电场和磁场正交横向部分的关系函数。因为 $\rho_{xy}(0)=0$,$\rho_{EE}(0)=1$,所以 $\rho_W(0)=1$。

电场、磁场以及总能量密度的平均值由下式给出:

$$\langle W_E(\boldsymbol{r})\rangle=\langle W_H(\boldsymbol{r})\rangle=\frac{\xi}{2}E_0^2 \quad \langle W_H(\boldsymbol{r})\rangle=\xi_0E_0^2 \tag{7.92}$$

式(7.92)中所示的能量平均值独立于位置,E_0^2 为电场的均方值,在式(7.14)中给出。

7.4.5 功率密度

如式(7.27)所示,功率密度或坡印亭矢量 $\boldsymbol{S}$ 的平均值为零。即使坡印亭矢量的平均值为零,但方差并不为零。坡印亭矢量的实部 $\mathrm{Re}(\boldsymbol{S})$ 给出了能流的实部,可写为

$$\mathrm{Re}(\boldsymbol{S})=\hat{x}S_{xr}+\hat{y}S_{yr}+\hat{z}S_{zr} \tag{7.93}$$

X 方向的分量 S_{xr} 可以写成电场和磁场分量的实部和虚部之和,即

$$S_{xr}=E_{yr}H_{zr}+E_{yi}H_{zi}-E_{zr}H_{yr}-E_{zi}H_{yi} \tag{7.94}$$

S_{xr} 的方差等同于 S_{yr} 和 S_{zr} 的方差,由于式(7.94)中场分量为高斯分布,因而可由式(7.79)给出。

$$\langle S_{xr}^2\rangle=\langle S_{yr}^2\rangle=\langle S_{zr}^2\rangle=\left(\frac{E_0^2}{3\eta}\right)^2 \tag{7.95}$$

式中:E_0^2 为电场的均方,独立于位置。式(7.95)分母中的因子 3 是基于三个方向场分量的分布。坡印亭矢量的空间相关性很难被推导出,由于平均值为 0,故很少

应用，在此不推导。

7.5 天线或受试设备响应

我们已经介绍了混响室中的场特性，下面可以考虑混响室中接收天线或受试设备的响应。最简单的例子是“无损耗阻抗匹配天线”。接收信号可定义为所有入射角的积分，类似于 Kern 的平面波，散射矩阵理论[81]。接收信号可以是电流、电压或者波导模式系数，但总体形势必须是一样的。这里，将接收信号考虑为阻抗负载上的电流(I)。对于放置在初始位置的天线，电流可写为角谱与接收函数 $\boldsymbol{S}_r(\Omega)$ 的点积在所有角度内的积分。

$$I = \iint_{4\pi} \boldsymbol{S}_r(\Omega) \cdot \boldsymbol{F}(\Omega)\,\mathrm{d}\Omega \tag{7.96}$$

式中的接收函数可写为两部分：

$$\boldsymbol{S}_r(\Omega) = \hat{\alpha} S_{r\alpha}(\Omega) + \hat{\beta} S_{r\beta}(\Omega) \tag{7.97}$$

通常，$S_{r\alpha}$ 和 $S_{r\beta}$ 为复数，因此天线可以任意极化，如线性或圆形。例如，z 轴方向具有线性极化的线性天线 $S_{r\beta}(\Omega)=0$；圆形极化天线满足右手或左手圆极化 $S_{r\beta}(\Omega_b) = \pm S_{r\alpha}(\Omega_b)$，其中 Ω_b 为主波束方向。

由式(7.6)和式(7.96)可知，电流的平均值为零，即

$$\langle I \rangle = \iint_{4\pi} \boldsymbol{S}_r(\Omega) \cdot \langle \boldsymbol{F}(\Omega) \rangle \mathrm{d}\Omega = 0 \tag{7.98}$$

电流绝对值的平方非常重要，因为它正比于接收功率 P_r，即

$$P_r = |I|^2 R_r = R_r \iint_{4\pi}\iint_{4\pi} [\boldsymbol{S}_r(\Omega_1) \cdot \boldsymbol{F}(\Omega_1)][\boldsymbol{S}_r^*(\Omega_2) \cdot \boldsymbol{F}^*(\Omega_2)]\,\mathrm{d}\Omega_1 \mathrm{d}\Omega_2 \tag{7.99}$$

式中：R_r 为天线的辐射阻抗，它等于匹配负载阻抗的实部。接收功率的平均值可由式(7.9)、式(7.10)和式(7.99)得出：

$$\langle P_r \rangle = \langle |I|^2 \rangle R_r = \frac{E_0^2}{2}\frac{R_r}{4\pi}\iint_{4\pi} [\,|S_{r\alpha}(\Omega_2)|^2 + |S_{r\beta}(\Omega)|^2\,]\,\mathrm{d}\Omega_2 \tag{7.100}$$

式(7.100)的物理解释就是，接收功率的整体平均值等于所有入射角(Ω_2)和极化角(α,β)的平均。

式(7.100)被积函数与各向同性天线的有效面积$\frac{\lambda^2}{4\pi}$和天线的方向性 $D(\Omega_2)$ 有关[82]：

$$\eta R_r [\,|S_{r\alpha}(\Omega_2)|^2 + |S_{r\beta}(\Omega)|^2\,] = \frac{\lambda^2}{4\pi} D(\Omega_2) \tag{7.101}$$

将式(7.101)代入式(7.100)可得

$$\langle P_r \rangle = \frac{1}{2}\frac{E_0^2}{\eta}\frac{\lambda^2}{4\pi}\frac{1}{4\pi}\iint_{4\pi} D(\Omega_2)\,d\Omega_2 \tag{7.102}$$

因为 D 的平均值为1,式(7.102)中积分部分是已知的,因此平均接收功率的最终结果为

$$\langle P_r \rangle = \frac{1}{2}\frac{E_0^2}{\eta}\frac{\lambda^2}{4\pi} \tag{7.103}$$

式(7.103)的物理解释为,平均接收功率就是标量功率密度 E_0^2/η 和各向同性天线的有效面积 $\lambda^2/(4\pi)$ 乘以极化不匹配因子的一半[83]。这个结果独立于天线方向性,并与 Corona 等的混响室分析[68]一致。一些早期的数据说明,如果1/2的极化不匹配因子被省略,式(7.103)与测试结果有很好的一致性[19]。但是,更多最近的天线接收功率与场探针数据[66]以及与受试设备[84]对比,数据更支持1/2的极化不匹配因子。因此,为了与理论以及大多数实验数据一致,极化不匹配因子应该被包含在式中。传统上,混响室中线性极化天线一般被当作参考天线,但是这个结果说明圆极化天线更合适一些。圆极化天线的实验数据可以验证此理论结果。在附录D、E中分别讨论了短电偶极子(电场探针)小环天线(磁场探针)等特殊案例。

利用 Tai 理论[83],上述分析可以被拓展到实际有损耗阻抗不匹配天线的例子。有效面积 A_e 可推导为

$$A_e(\Omega) = \frac{\lambda^2}{4\pi} D(\Omega) pm\eta_a \tag{7.104}$$

式中:p 为极化不匹配系数;m 为不匹配阻抗;η_a 为天线系数。这三个系数都为实数,范围为0~1。A_e 在所有入射角极化角的平均值可以写为

$$\langle A_e \rangle = \frac{\lambda^2}{8\pi} m\eta_a \tag{7.105}$$

平均接收功率为

$$\langle P_r \rangle = \frac{E_0^2}{\eta}\langle A_e \rangle \tag{7.106}$$

式中:$\frac{E_0^2}{\eta}$ 可同样解释为平均标量功率密度。

受试设备可看作有损耗阻抗不匹配天线,因此只要带线性负载的终端可识别,式(7.106)也可应用于受试设备。该理论已经用于预测缝隙同轴线[85],以及一个缝隙矩形腔体[38]、一条微带传输线[84,86]的耦合计算中。

当与混响室中的参考天线作对比时,每种情况都有很好的一致性。

微带线的例子是上述理论的一个很好的说明。微带线终端响应由上述方法仿

真计算和利用 NIST 混响室进行测试[86]，实验装置如图 7.10 所示。在 200 ~ 2000MHz 范围内，理论和实验对比结果如图 7.11 所示。绘制的量为参考天线的平均接收功率和微带线的平均接收功率的比值（这个比值有时会被称为"屏蔽效能"）。理论比值为 $20\lg[(\lambda^2/8\pi)/\langle A_e\rangle]$，其中 $\lambda^2/8\pi$ 为参考天线的理论平均有效面积，$\langle A_e\rangle$ 为微带线的平均有效面积。测试在三种不同物理模型下进行，其中"底部馈源"的微带线与理论值的吻合度最好。由于参考天线的阻抗不匹配，即使测试曲线有很小的误差，也不考虑在内。实际参考天线在 1000MHz 以下为对数周期双极子天线阵，在 1000MHz 以上为宽带脊喇叭天线。

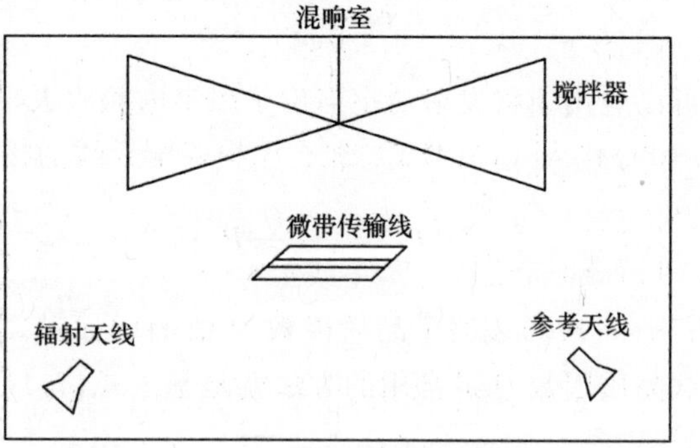

图 7.10　混响室内微带传输线辐射和抗扰度测试配置[86]

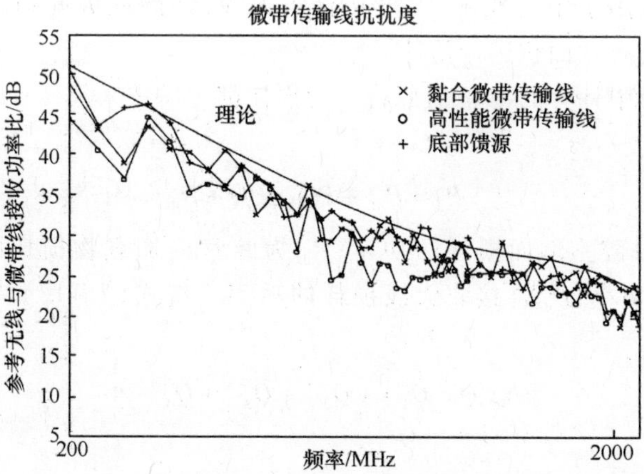

图 7.11　理论（光滑线）和实际测试到的微带传输线抗扰度[86]

7.6　损耗机理以及腔室品质因数 Q

式(7.14)中，E_0^2 被解释为电场的均方值，且独立于位置。这个常量通过功率保护[38,41]与发射功率以及腔室品质因数 Q 相关。首先定义品质因数：

$$Q = \frac{\omega U}{P_{\mathrm{d}}} \tag{7.107}$$

式中：U 为腔室存储的能量；P_{d} 为耗散功率。因为平均能量密度已经有式(7.92)说明独立于位置，所以存储能量可写为平均能量密度与腔室体积的乘积，即

$$U = \langle W \rangle V \tag{7.108}$$

对于稳定条件，功率存储要求耗散功率 P_{d} 等于发射功率 P_{t}，则由式(7.92)、式(7.107)和式(7.108)可以推出

$$E_0^2 = \frac{QP_{\mathrm{t}}}{\omega \xi V} \tag{7.109}$$

该分析过程可以应用于将发射功率与位于腔室内接收天线的接收功率联系起来。如果将式(7.109)代入式(7.103)，那么无损匹配天线的接收功率为

$$\langle P_{\mathrm{r}} \rangle = \frac{\lambda^3 Q}{16\pi^2 V} P_{\mathrm{t}} \tag{7.110}$$

方程(7.109)和方程(7.110)表明了品质因数 Q 值的增加对确定场强以及接收功率的重要性。测试品质因数 Q 最常用的方法就是基于式(7.110)：

$$Q = \frac{16\pi^2 V}{\lambda^3} \frac{\langle P_{\mathrm{r}} \rangle}{P_{\mathrm{t}}} \tag{7.111}$$

方程(7.111)应用于阻抗匹配、无损耗接收天线，耗能或失配损耗可以通过修改式(7.105)中的有效面积进行估计。

式(7.107)中计算的 Q 值需要将一切损耗都考虑进来。一项理论将损耗归为四种类型[38]：

$$P_{\mathrm{d}} = P_{\mathrm{d1}} + P_{\mathrm{d2}} + P_{\mathrm{d3}} + P_{\mathrm{d4}} \tag{7.112}$$

式中：P_{d1} 为通过腔室墙面损耗的功率；P_{d2} 为腔室内加载物损耗的功率；P_{d3} 为通过缝隙损耗的功率；P_{d4} 为接收天线损耗的功率。将式(7.112)代入式(7.107)，可得

$$Q = Q_1^{-1} + Q_2^{-1} + Q_3^{-1} + Q_4^{-1} \tag{7.113}$$

式中

$$Q_1 = \frac{\omega U}{P_{\mathrm{d1}}},\ Q_2 = \frac{\omega U}{P_{\mathrm{d2}}},\ Q_3 = \frac{\omega U}{P_{\mathrm{d3}}},\ Q_4 = \frac{\omega U}{P_{\mathrm{d4}}} \tag{7.114}$$

下面对四种损耗机理进行分析。墙面损耗通常是占主导地位的，所以重点分析墙面损耗。

对于高导体墙壁，平面波积分表示方法可以分析所有通向墙面的路径，反射场也可通过平面波的反射系数与入射场联系起来，如图 7.12 所示。式(7.112)中 P_{d1} 可通过墙面积以及墙的反射系数得出[11]。

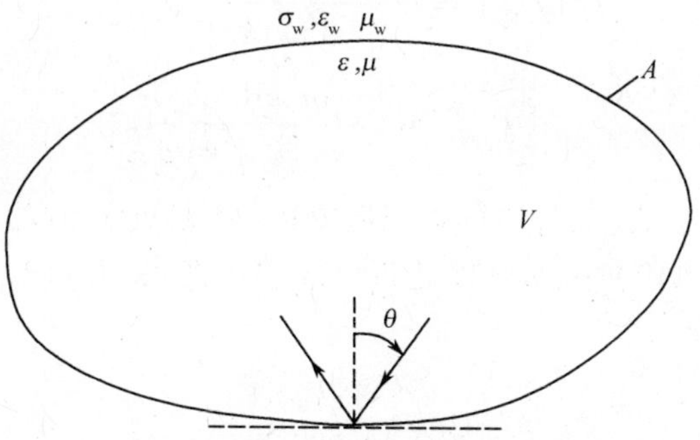

图 7.12　平面波在混响室理想导体墙壁的发射

墙壁耗散功率 P_{d1} 为

$$P_{d1} = \frac{1}{2} SA \langle (1 - |\Gamma|^2) \cos\theta \rangle_{\Omega} \tag{7.115}$$

式中：Γ 为平面波的反射系数；θ 为图 7.12 中所示的入射角；$\langle \cdot \rangle_{\Omega}$ 为入射角和偏振角的平均值；系数 1/2 是因为只有一半的平面波传播至墙面。由式(7.114)，Q_1 可被写为

$$Q_1 = \frac{\omega U}{P_{d1}} = \frac{2kV}{A \langle (1 - |\Gamma|^2) \cos\theta \rangle_{\Omega}} \tag{7.116}$$

方程(7.116)针对高反射率的墙壁，$1 - |\Gamma|^2 \ll 1$。下一步就是计算方程(7.116)分母的平均值。

垂直极化 TE 波的反射系数 Γ_{TE} 以及垂直(水平)极化的 Γ_{TM} 由文献[9]给出：

$$\Gamma_{TE} = \frac{\mu_w k \cos\theta - \mu \sqrt{k_w^2 - k^2 \sin^2\theta}}{\mu_w k \cos\theta + \mu \sqrt{k_w^2 - k^2 \sin^2\theta}} \tag{7.117}$$

$$\Gamma_{TM} = \frac{\mu k_w^2 \cos\theta - \mu_w k \sqrt{k_w^2 - k^2 \sin^2\theta}}{\mu k_w^2 \cos\theta - \mu_w k \sqrt{k_w^2 - k^2 \sin^2\theta}} \tag{7.118}$$

式中：$k_w = \omega \sqrt{\mu_w (\varepsilon_w + i\sigma_w / \omega)}$；$\sigma_w$ 为墙壁电导率；ε_w 为墙壁磁导率；μ_w 为墙壁的介电常数。为了在两种极化情况上计算式(7.115)，平均值可写为

$$\begin{aligned} \langle (1 - |\Gamma|^2) \cos\theta \rangle_{\Omega} &= \left\langle \left[1 - \frac{1}{2} (|\Gamma_{TE}|^2 + |\Gamma_{TM}|^2) \right] \cos\theta \right\rangle_{\Omega} \\ &= \int_0^{\pi/2} \left[1 - \frac{1}{2} (|\Gamma_{TE}|^2 + |\Gamma_{TM}|^2) \right] \cos\theta \sin\theta \mathrm{d}\theta \end{aligned} \tag{7.119}$$

对于 $|k_w / k| \gg 1$，反射系数的平方可以近似为

$$|\Gamma_{TE}|^2 \approx 1 - \frac{4\mu_w k \mathrm{Re}(k_w)\cos\theta}{\mu |k_w|^2} \tag{7.120}$$

$$|\Gamma_{TM}|^2 \approx 1 - \frac{4\mu_w k \mathrm{Re}(k_w)}{\mu |k_w|^2 \cos\theta} \tag{7.121}$$

式中：Re 表示实部。式(7.121)的近似值中 θ 并不趋近于 $\pi/2$，因为 $\cos\theta$ 因子在分母中，但是在式(7.119)中，θ 可以趋近于 $\pi/2$。将式(7.119)～式(7.121)代入式(7.116)中，可得

$$Q_1 \approx \frac{3|k_w|^2 V}{4A\mu_r \mathrm{Re}(k_w)} \tag{7.122}$$

式中：$\mu_r = \frac{\mu_w}{\mu}$。

方程(7.122)并不要求墙壁有很高的电导率。但是如果墙壁有很高的电导率，且传导电流比位移电流占主导地位，$\sigma_w/\omega\xi_w \gg 1$，这时 Q_1 可简化为

$$Q_1 \approx \frac{3V}{2\mu_r \delta A} \tag{7.123}$$

式中：$\delta = \frac{2}{\sqrt{\omega\mu_w\sigma_w}}$。对于金属墙混响室，墙壁损耗占主导地位，其 Q 值表达式通常就是式(7.123)。相关的推导从一开始就采用基于系宗平均的近似趋肤深度[87]。对于非磁性墙壁 $\mu_r = 1$，式(7.123)符合式(1.48)中单模的结果。对于矩形腔体 $\mu_r = 1$，其模式已知，这已经推导出激励频率附近的谐振频率的平均 Q 值[9]。一个矩形腔体修正项被推导出，这在低频处非常重要。

如果腔体内含有吸波体(区别于墙体的损耗物)，那么吸收损耗 P_{d2} 可以写为吸收截面 σ_a 形式[88]，吸收截面是关于入射角和极化角的函数。

$$P_{d2} = S\langle\sigma_a\rangle_\Omega \tag{7.124}$$

吸收截面在整个立体角范围(4π)内两种极化条件下的平均值为

$$\langle\sigma_a\rangle_\Omega = \frac{1}{8\pi}\iint_{4\pi}(\sigma_{aTE} + \sigma_{aTM})\,\mathrm{d}\Omega \tag{7.125}$$

式中，吸收截面可表示为单一物体或多重吸波材料的集合。例如，对于 M 个吸波体，$\langle\sigma_a\rangle_\Omega$ 可写为

$$\langle\sigma_a\rangle_\Omega = \sum_{m=1}^{M}\langle\sigma_{am}\rangle_\Omega \tag{7.126}$$

式中：$\langle\sigma_{am}\rangle_\Omega$ 为第 m 个吸波体的吸收截面。由式(7.114)和式(7.124)，Q_2 可写为[38]

$$Q_2 = \frac{2\pi V}{\lambda\langle\sigma_a\rangle_\Omega} \tag{7.127}$$

因为缝隙可由传输截面 σ_1 表征[89]，泄露损耗 P_{d3} 的表达式与吸收损耗类似，但是，只有传播方向朝向缝隙的平面波才会造成缝隙损耗。所以，Q_3 的表达式可由式(7.127)修正得到[38]，即

$$Q_3 = \frac{4\pi V}{\lambda \langle \sigma_1 \rangle_\Omega} \tag{7.128}$$

同样，在超过 2π 的立体角范围内($0 \leqslant \theta \leqslant \pi/2$)：

$$\langle \sigma_1 \rangle_\Omega = \frac{1}{4\pi}\iint_{2\pi} (\sigma_{TE} + \sigma_{TM}) d\Omega \tag{7.129}$$

对于有较多缝隙的情况，式(7.129)中 $\langle \sigma_l \rangle_\Omega$ 可以改为

$$\langle \sigma_l \rangle_\Omega = \sum_{n=1}^{N} \langle \sigma_{ln} \rangle_\Omega \tag{7.130}$$

式中：$\langle \sigma_{ln} \rangle_\Omega$为第 n 个缝隙的平均传输截面。对于电大尺寸缝隙，$\langle \sigma_l \rangle_\Omega$独立于频率，$Q_3$正比于频率。对于电小或谐振缝隙，频率和 Q_3的依赖关系更为复杂。对于有圆形缝隙的腔体[38]，其 Q 值将在后面章节中进行介绍。

通过接收天线加载而耗散的功率将在 7.5 节中介绍。对于无损接收天线，P_{d4} 定义为

$$P_{d4} = \frac{m\lambda^2}{8\pi} S \tag{7.131}$$

式中：m 为不匹配系数。由式(7.15)和式(7.131)可得

$$Q_4 = \frac{16\pi^2 V}{m\lambda^3} \tag{7.132}$$

如果存在多个接收天线，式(7.131)和式(7.131)可以相应地做出修改。例如，如果存在 N 个相同的接收天线，P_{d4} 可以乘以 N，Q_4 就会除以 N。对于匹配负载($m=1$)，Q_4正比于频率的立方。这就是说，Q_4在低频情况下很小，但在式(7.113)中将是最大。天线加载效应对 Q 值的影响在文献[90]中被实验观察。在高频段，Q_4会变得很大，但对总的 Q 值影响很小。

体积为 0.514m × 0.629m × 1.75 m 的矩形铝制腔体的 Q 值理论计算[38]和实际测量的对比在图 7.13 中给出。Q 值测量利用功率比值法式(7.111)和衰减时间法[91]，将在后续章节中讨论。在 12 ~ 18GHz 范围内利用标准增益的 Ku 带宽喇叭天线。测得的 Q 值低于理论计算值，但吻合性已经大大高于早期文献中的对比数据[19]。因为没有天线系数以及不匹配负载的影响，衰减时间法的测试结果比功率比值法的结果更接近理论计算值。

将 3 个半径为 0.066m 的盐水球加载到腔体中[92]，其加载效应的理论计算和测量值对比由图 7.14 给出。这种情况下，式(7.127)中描述的吸收损耗大幅度降低了 Q 值。

这项测试利用宽带脊喇叭天线，但是测试结果与理论计算值的吻合度并不理想。但是，衰减时间法比功率比值法测量有显著提高。

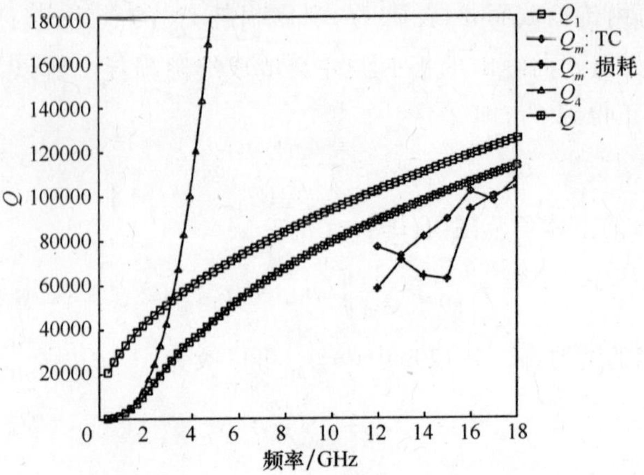

图 7.13　实测品质因数 Q(Q_m: 损耗)和衰减时间(Q_m: TC)与来自式(7.113)计算的铝材料腔体 Q 值[41],同时还给出了理论计算的墙壁损耗(Q_1)和接收天线损耗(Q_4)

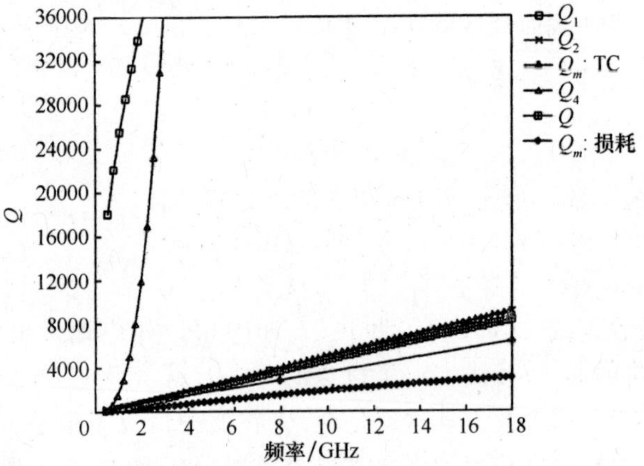

图 7.14　实测品质因数 Q(Q_m: 损耗)和衰减时间(Q_m: TC)与来自式(7.113)计算的装载吸波材料的铝材料腔体 Q 值[41]。同时还给出了理论计算的墙壁损耗(Q_1)、盐水球的吸收(Q_2)和接收天线损耗(Q_4)

7.7　互易法和辐射发射

混响室最初被用于辐射发射测试,尔后,混响室被得到越来越多的应用。但是,混响室是互易设备,并已经被用于辐射发射测试[84]。其测得的量为总的辐射功率,并且这种测量可以通过功率守恒[38]或互易[92,93]来解释。

7.7.1　辐射功率

如果受试设备(EUT)的辐射(发射)功率为 P_{tEUT},那么式(7.110)可以得出一个无损匹配参考天线接收到的平均功率。方程(7.110)可用于计算辐射功率：

$$P_{\mathrm{tEUT}}=\frac{16\pi^2 V}{\lambda^3 Q}\langle P_{\mathrm{rEUT}}\rangle \tag{7.133}$$

这个理论可以直接用于测试 P_{tEUT}。但是式(7.133)要求混响室体积以及加载后 Q 值都是已知的。同时，也要求接收天线是匹配无损耗的，或者接收功率已经校正天线效率。

一个更好地计算 P_{tEUT} 的方法是在相同的腔室条件下进行参考测试。如果输入一个已知的功率 P_{tref}，测得一个平均接收功率 $\langle P_{\mathrm{rref}}\rangle$，那么式(7.133)中右边的系数就可以被确定了。

$$\frac{16\pi^2 V}{\lambda^3 Q}=\frac{P_{\mathrm{tref}}}{\langle P_{\mathrm{rref}}\rangle} \tag{7.134}$$

然后，P_{tEUT} 可以根据比率确定：

$$P_{\mathrm{tEUT}}=\frac{P_{\mathrm{tref}}}{\langle P_{\mathrm{rref}}\rangle}\langle P_{\mathrm{rEUT}}\rangle \tag{7.135}$$

如果相同的接收天线用于受试设备测试和参考测试，那么这个方法还能消除接收天线不匹配效应带来的影响。

这是测量微带线辐射功率的结果，其测试结果与理论结果的吻合度良好，对比由图 7.15 给出。实际绘制的量为下列功率的比值：

$$\frac{\langle P_{\mathrm{rref}}\rangle}{\langle P_{\mathrm{rEUT}}\rangle}=\frac{P_{\mathrm{tref}}}{P_{\mathrm{tEUT}}} \tag{7.136}$$

因为参考天线和微带线的输入功率是相同的，图 7.15 中的比值可以解释为屏蔽效能或微带线辐射效率的倒数。

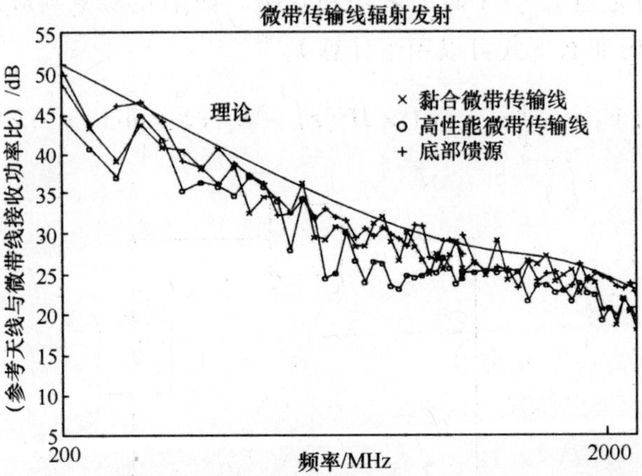

图 7.15　理论与在 NIST 混响室内测试的三种微带传输线辐射发射的比较[86]

7.7.2 辐射敏感度的互易关系

电磁互易有很多数学表达式，其可以应用于场、电路或者两者的集合[94]。自从引入了互易原则，就提供了辐射发射和辐射敏感度之间的联系。试想将一个受试设备放置在圆形测试区域的中央，如图 7.16 所示。在敏感度测试中，受试设备受到放置在测试区域之外辐照源的电场 $\boldsymbol{E}_i$、磁场 $\boldsymbol{H}_i$ 的辐照。在发射测试中，受试设备辐照出电场、磁场信号 $\boldsymbol{E}_t$ 和 $\boldsymbol{H}_t$。

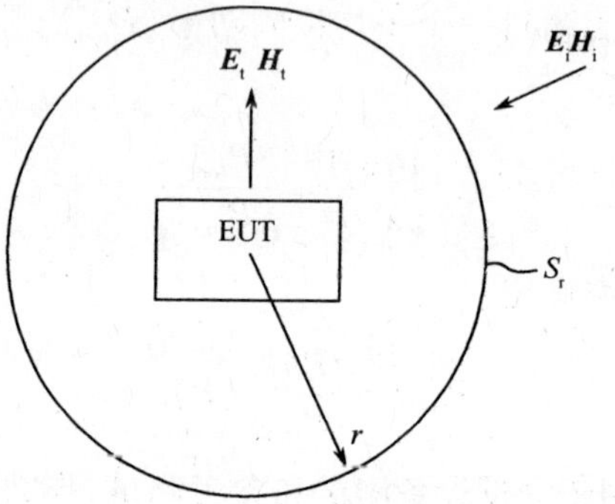

图 7.16 受试设备辐射场 $\boldsymbol{E}_t$、$\boldsymbol{H}_t$（辐射发射测试）和照射场 $\boldsymbol{E}_i$、$\boldsymbol{H}_i$（辐射抗扰度测试）

实际中，受试设备是很复杂的，de Hoop 和 Quak[92] 提出了多端口发射和敏感度互易原则。这里假设受试设备是单端口的，如图 7.17 所示。在辐射敏感度测试中，入射场可引起一个开路电压 V_i，Z_t 为戴维南等效电路的阻抗。任意加载负载 Z_l 接在终端。在发射测试中，V_i 为零，电流 I_t 流入回路中。辐射电路正比于 I_t，可以由下式进行归一化：

$$\boldsymbol{E}_t(\boldsymbol{r}) = I_t \boldsymbol{e}_n(\boldsymbol{r}),\ \boldsymbol{H}_t(\boldsymbol{r}) = I_t \boldsymbol{h}_n(\boldsymbol{r}) \tag{7.137}$$

式中：$\boldsymbol{e}_n$，$\boldsymbol{h}_n$ 分别为当 $I_t = 1\text{A}$ 时的电场和磁场。如果互易原则应用于回路终端以及测试区域边界，那么下式可以用于计算 V_i[92]：

$$V_i = -\iint_{S_r} \hat{r}[\boldsymbol{e}_n(\boldsymbol{r}) \times \boldsymbol{H}_i(\boldsymbol{r}) - \boldsymbol{E}_i(\boldsymbol{r}) \times \boldsymbol{h}_n(\boldsymbol{r})]\,\mathrm{d}S_r \tag{7.138}$$

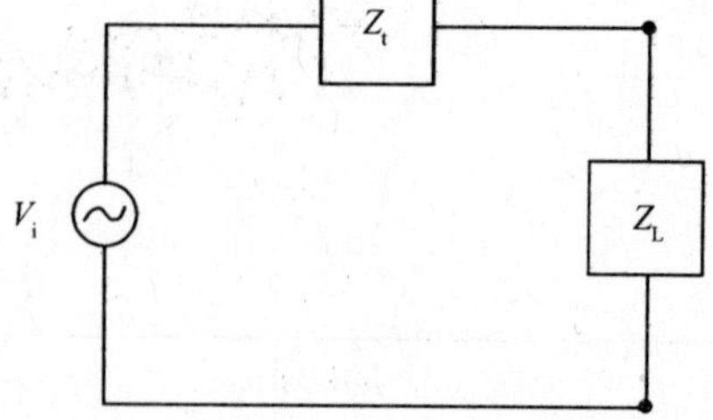

图 7.17 单端口受试设备的戴维南等效电路[18]

从这一点来看，式(7.138)是非常普遍的，因为其在球半径 $\boldsymbol{r}$ 处和入射场是没有限制的。如果式(7.138)中的曲面积分在远场对受试设备($k_r \gg 1$)进行，那么受试设备的场归一化后可写为

$$\begin{cases} \boldsymbol{e}_n(\boldsymbol{r}) = \boldsymbol{e}_t(\theta,\phi)\dfrac{\exp(ikr)}{r} \\ \boldsymbol{h}_n(\boldsymbol{r}) = \hat{r}\times\boldsymbol{e}_t(\theta,\phi)\dfrac{\exp(ikr)}{\eta r} \end{cases} \tag{7.139}$$

式中：$\boldsymbol{e}_t(\theta,\phi)\cdot\boldsymbol{r}=0$；$\theta,\phi$ 为标准球坐标。如果将式(7.139)应用在混响室测试中，入射电场和磁场利用式(7.1)和式(7.16)中表述的平面积分表达理论代替。那么式(7.138)可重写为

$$\begin{aligned} V_i = & -\iint_{S_r}\frac{\exp(ikr)}{r}\hat{r}\cdot\left\{\boldsymbol{e}_t(\theta,\phi)\times\left[\frac{1}{\eta}\iint_{4\pi}\hat{k}\times\boldsymbol{F}(\Omega)\exp(i\boldsymbol{k}\cdot\boldsymbol{r})\mathrm{d}\Omega\right]-\right. \\ & \left.\left[\iint_{4v}\boldsymbol{F}(\Omega)\exp(i\boldsymbol{k}\cdot\boldsymbol{r})\mathrm{d}\Omega\right]\times\left[\frac{1}{\eta}\hat{r}\times\boldsymbol{e}_t(\theta,\phi)\right]\right\}\mathrm{d}\Omega \end{aligned} \tag{7.140}$$

为了计算面积分，可将其更清楚地由球坐标系表示：

$$\iint_{S_r}\{\ \}\mathrm{d}S_r = \int_0^{2\pi}\int_0^{\pi}\{\ \}\ r^2\sin\theta\mathrm{d}\theta\mathrm{d}\phi \tag{7.141}$$

式(7.140)中的指数因子 $\exp(i\boldsymbol{k}\cdot\boldsymbol{r})$ 起到快速谐振的功能，除了在固定点 $\hat{r}=-\hat{k}$。文献[95]的固定相位计算式(7.140)可为

$$V_i = \frac{2\pi i}{k\eta}\iint_{4\pi}\hat{k}\cdot\{\boldsymbol{e}_t(\alpha,\beta)\times[\hat{k}\times\boldsymbol{F}(\Omega)]+\boldsymbol{F}(\Omega)\times[\hat{k}\times\boldsymbol{e}_t(\alpha,\beta)]\}\mathrm{d}\Omega \tag{7.142}$$

由于式(7.138)中的互易独立于其积分面，式(7.142)中的结果是精确的，并不是渐进结果(这与观测结果一致，式(7.142)独立于位置 r)。利用矢量可以简化式(7.142)：

$$V_i = \frac{4\pi i}{k\eta}\iint_{4\pi}\boldsymbol{e}_t(\alpha,\beta)\cdot\boldsymbol{F}(\Omega)\mathrm{d}\Omega \tag{7.143}$$

这是 V_i 的化简式。说明辐射抗扰度实验时，被辐照受试设备的开路感应电压与受试设备辐射的远场 $\boldsymbol{e}_t$ 的加权积分成正比。除了式(7.96)中的接收函数没有根据天线辐射特性推导出来之外，方程式(7.143)的另一个解释就是受试设备和天线的传输及接收模式是相同的。

平面波角谱 $\boldsymbol{F}(\Omega)$ 的统计特性在7.1节中有所讨论，它们可以被用于 V_i 的统计特性推导。例如，式(7.6)和式(7.143)可以证明 V_i 的平均值为零：

$$\langle V_i \rangle = \frac{4\pi i}{k\eta}\iint_{4\pi} \boldsymbol{e}_t(\alpha,\beta)\cdot\langle \boldsymbol{F}(\Omega)\rangle \mathrm{d}\Omega = 0 \tag{7.144}$$

这意味着 V_i 的平方是最重要的量，因为其在发射测试中与接收功率成正比。其幅值平方 $|V_i|^2$ 可写为

$$|V_i|^2 = \left(\frac{4\pi i}{k\eta}\right)^2 \iint_{4\pi}\iint_{4\pi} [\boldsymbol{e}_t(\alpha_1,\beta_1)\cdot\langle \boldsymbol{F}(\Omega_1)\rangle][\boldsymbol{e}_t^*(\alpha_2,\beta_2)\cdot\langle \boldsymbol{F}^*(\Omega_2)\rangle]\mathrm{d}\Omega_1\mathrm{d}\Omega_2 \tag{7.145}$$

幅值平方的均值 $\langle |V_i|^2\rangle$ 可由式(7.9)和式(7.10)中的角谱特性得出

$$\langle |V_i|^2\rangle = \frac{2\pi E_0^2}{k^2\eta^2}\iint_{4\pi} |\boldsymbol{e}_t(\alpha_1,\beta_1)|^2 \mathrm{d}\Omega \tag{7.146}$$

方程(7.139)表明包括辐射敏感度测试中的电压，辐射发射测试中总的辐射功率与均方值成正比。对于任意发射情况下的电流，其辐射功率为

$$P_{\mathrm{rad}} = |I|^2 R_{\mathrm{rad}} \tag{7.147}$$

式中：R_{rad} 为传输阻抗中的辐射电阻，如图 7.17 所示。对于 $I=1\mathrm{A}$，可得 $P_{\mathrm{rad}} = R_{\mathrm{rad}}$。如果替换掉 P_{rad1} 和 $k(=2\pi/\lambda)$，那么式(7.146)变为

$$\frac{\langle |V_i|^2\rangle/(4R_{\mathrm{rad}})}{E_0^2/\eta} = \frac{\lambda^2}{8\pi} \tag{7.148}$$

式中：左边的分子部分为匹配负载($Z_L = Z_t^*$)无损耗电路($\mathrm{Re}(Z_t) = R_{\mathrm{rad}}$)，如图 7.17所示；分母部分为标量功率密度。这个比值为平均有效面积，且等于 $\lambda^2/(8\pi)$，如式(7.103)所示。

如果图 7.17 中所示电路存在损耗($\mathrm{Re}(Z_t) = R_{\mathrm{rad}} + R_{\mathrm{loss}}$)，但仍然是负载匹配的($Z_L = Z_t^*$)。那么式(7.148)代入下式：

$$\frac{\{\langle |V_i|^2\rangle/[4(R_{\mathrm{rad}}+R_{\mathrm{loss}})]\}/\{E_0^2/\eta\}}{\lambda^2/8\pi} = \frac{R_{\mathrm{rad}}}{R_{\mathrm{rad}}+R_{\mathrm{loss}}} \tag{7.149}$$

式(7.149)左边，分子部分为接收功率的平均值除以标量功率密度，也就是平均有效面积；分母部分 $\lambda^2/8\pi$ 为任意天线模式搅拌场中的最大有效面积。Kraus[96]将这个比值称为"有效比率"，当入射场为一列平面波的简单情况下，这个比值可以达到接收天线的最大有效面积 $\lambda^2/4\pi$。式(7.149)右边，为辐射发射条件下的天线辐射效率。因此式(7.149)可写为

$$\alpha_i(\text{辐射敏感度}) = \eta_a(\text{辐射发射}) \tag{7.150}$$

理论值和计算值分别由图 7.11 给出，图 7.15 给出了式(7.150)在微带传输线[84]情况下的验证。在典型的电磁兼容领域，式(7.151)左边部分被称为"屏蔽效率"，单位为分贝。如果负载不匹配，式(7.150)两边可同时乘以相同的不匹配系数来对理想接收天线和接收天线进行对比。

7.8 边 界 场

因为高导电率的金属腔壁附近的电磁场边界条件(切向电场和法向磁场都为零),统计均匀性,各向同性的电磁场不能在混响室腔壁附近处建立[97]。因此,除了有些需要在地面上操作的受试设备,混响室内适合进行电磁兼容测试的区域不包括腔壁附近区域[84]。

Dunn 的理论[87]描述了电场或磁场在平界面(腔室墙壁)上过反射到自由空间中(场为统计均匀)。本节中,主要介绍 Dunn 的结果,并分析直角夹角(两个平面墙壁交界处)和直角拐角(三个平面交界处)的场分布。矩形墙体中,三个部分(平界面、直角弯、直角拐角)对确定可用测试空间都是很重要的。三种情况都可以利用 7.1 节中平面波积分表示方法来分析,并来预测场的特性和远离墙壁的受试设备的响应。一个典型的矩形混响室由图 7.18 给出。它包括了一个机械搅拌器,但是搅拌器附近的场并没有讨论。

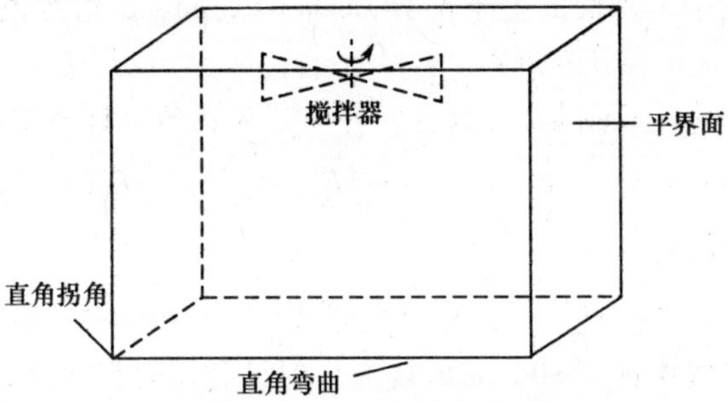

图 7.18 矩形机械搅拌式混响室[97]

7.8.1 平界面

图 7.19 中所示的平界面的几何形状应用于要分析的场距离一面墙很近,且远离其他墙壁的情况。实际上,对其他墙壁,并不需要几何形状的假设。这里假设墙壁为完全良导体,因为我们关注的是场的分布特性,而不是为了计算品质因数时墙壁的损耗。在 7.1 节中分析远离墙壁的场分布中,自由空间中的场在所有角度中都是以平面波的形式传播的。本节中,为入射场、反射场(由其他几个墙壁的边界条件决定)定义了相对于墙壁的传播角度。

对于式(7.1)自由空间中总电场,除了积分限制,$\boldsymbol{r}$ 处的入射电场 $\boldsymbol{E}^{\mathrm{i}}$ 服从平面波积分形式:

$$\boldsymbol{E}^{\mathrm{i}}(\boldsymbol{r}) = \iint_{2\pi} \boldsymbol{F}(\Omega)\exp(\mathrm{i}\boldsymbol{k}^{\mathrm{i}} \cdot \boldsymbol{r})\,\mathrm{d}\Omega \tag{7.151}$$

式中:入射波矢量 $\boldsymbol{k}^{\mathrm{i}}$ 为

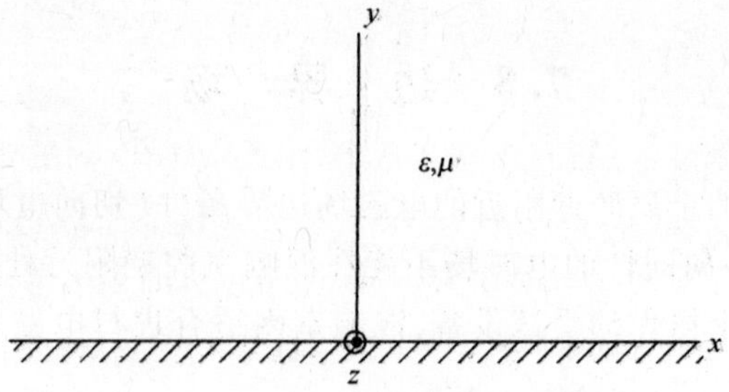

图 7.19 混响室内单个平面墙[97]

$$\boldsymbol{k}^{\mathrm{i}} = -k(\hat{x}\sin\alpha\cos\beta + \hat{y}\sin\alpha\sin\beta + \hat{z}\cos\alpha) \tag{7.152}$$

式(7.152)中的等式本质上与图 7.2 中所示的相同。式(7.151)中对 2π 立体角的积分实际上为下列的双重积分：

$$\iint_{2\pi}[\ ]\mathrm{d}\Omega = \int_{\beta=0}^{\pi}\int_{\alpha=0}^{\pi}[\ ]\sin\alpha\mathrm{d}\alpha\mathrm{d}\beta \tag{7.153}$$

因为入射角仅存在于平界面的上半部分，即 $y=0$，所以 β 角的范围是 $0\sim\pi$，而非 $0\sim2\pi$。

利用镜像原理确定反射场，可以将入射场写为直角坐标系中的正交分量：

$$\boldsymbol{E}^{\mathrm{i}}(x,y,z) = \hat{x}E_x^{\mathrm{i}}(x,y,z) + \hat{y}E_y^{\mathrm{i}}(x,y,z) + \hat{z}E_z^{\mathrm{i}}(x,y,z) \tag{7.154}$$

反射场可由镜像理论确定：

$$\boldsymbol{E}^{\mathrm{r}}(x,y,z) = -\hat{x}E_x^{\mathrm{i}}(x,-y,z) + \hat{y}E_y^{\mathrm{i}}(x,-y,z) - \hat{z}E_z^{\mathrm{i}}(x,-y,z) \tag{7.155}$$

本节中的表达式都要保证 $y\geqslant0$。总电场为入射场和反射场之和，即

$$\begin{aligned}\boldsymbol{E}^{\mathrm{t}}(x,y,z) = {}&\hat{x}[E_x^{\mathrm{i}}(x,y,z) - E_x^{\mathrm{i}}(x,-y,z)] + \hat{y}[E_y^{\mathrm{i}}(x,y,z) + E_y^{\mathrm{i}}(x,-y,z)] + \\ &\hat{z}[E_z^{\mathrm{i}}(x,y,z) - E_z^{\mathrm{i}}(x,-y,z)]\end{aligned} \tag{7.156}$$

在平界面上，$y=0$，总电场为

$$\boldsymbol{E}^{\mathrm{t}}(x,0,z) = 2\hat{y}E_y^{\mathrm{i}}(x,0,z) \tag{7.157}$$

因此，在完全良导体平面上，切向电场为零，法向入射电场加倍。

对磁场的分析类似[97]，可以利用镜像理论推导出基于正交分量的入射总磁场：

$$\begin{aligned}\boldsymbol{H}^{\mathrm{t}}(x,y,z) = {}&\hat{x}[H_x^{\mathrm{i}}(x,y,z) + H_x^{\mathrm{i}}(x,-y,z)] + \hat{y}[H_y^{\mathrm{i}}(x,y,z) - H_y^{\mathrm{i}}(x,-y,z)] + \\ &\hat{z}[H_z^{\mathrm{i}}(x,y,z) + H_z^{\mathrm{i}}(x,-y,z)]\end{aligned} \tag{7.158}$$

在平界面上，$y=0$，总磁场为

$$\boldsymbol{H}^{\mathrm{t}}(x,0,z) = 2[\hat{x}H_x^{\mathrm{i}}(x,0,z) + \hat{z}H_z^{\mathrm{i}}(x,0,z)] \tag{7.159}$$

因此，在完全良导体平面上，法向磁场为零，切向入射磁场加倍。

角谱 $\boldsymbol{F}$ 的统计特性已经在 7.2 节中给出，多个远离腔室墙壁的多种总体平均值。这里可以利用同样的方法获得腔室墙壁附近位置处的场分量的总体平均值。

例如,场的平均值为零:

$$\langle \boldsymbol{E}^{t}(x,y,z) \rangle = \langle \boldsymbol{H}^{t}(x,y,z) \rangle = 0 \tag{7.160}$$

式中的结果是依据式(7.6)中角谱的平均值$\langle \boldsymbol{F} \rangle = 0$得出的。

在7.2节中远离腔室墙壁的区域,场分量的均方值与位置无关。这里,场分量均方值由需要的边界条件在腔室墙壁处($y=0$)发展到当ky较大时是均匀的。首先考虑电场的法向分量。根据式(7.156)中两项y分量,其幅值的平方为

$$\begin{aligned} |E_y^{t}(x,y,z)|^2 = {} & |E_y^{i}(x,y,z)|^2 + |E_y^{i}(x,-y,z)|^2 + \\ & E_y^{i}(x,y,z)E_y^{i*}(x,-y,z) + E_y^{i}(x,-y,z)E_y^{i*}(x,y,z) \end{aligned} \tag{7.161}$$

确定式(7.161)的平均值,前两个部分可由式(7.15)中结果给出,后两个部分可由纵向相关函数式(7.53)~式(7.58)给出。

$$\langle |E_y^{t}(x,y,z)|^2 \rangle = \frac{E_0^2}{3}[1 + \rho_l(2y)] \tag{7.162}$$

式中:E_0^2为距离墙壁很远处(其场为空间均匀,如式(7.14)所示)的总电场的均方值。式(7.162)符合Dunn的结果[87]。如平移对称,其结果独立于x和z。对于较大的ky,ρ_l以$(ky)^2$衰减。因此,式(7.162)中对ky的限制为

$$\lim \langle |E_y^{t}(x,y,z)|^2 \rangle = \frac{E_0^2}{3},\ ky \to \infty \tag{7.163}$$

这是已知的对于远离腔室墙壁处的结果,如式(7.15)。

在墙壁处($y=0$),式(7.162)可化简为

$$\langle |E_y^{t}(x,y,z)|^2 \rangle = \frac{2E_0^2}{3} \tag{7.164}$$

因此,墙壁附近的电场法向分量的均方值为远离墙壁处的两倍。

下面,考虑电场的切向分量E_x^{t},E_z^{t}。因为两个切向分量的结果是相同的,所以以E_x^{t}为例,其幅值平方可写为

$$\begin{aligned} |E_x^{t}(x,y,z)|^2 = {} & |E_x^{i}(x,y,z)|^2 + |E_x^{i}(x,-y,z)|^2 - \\ & E_x^{i}(x,y,z)E_x^{i*}(x,-y,z) - E_x^{i}(x,-y,z)E_x^{i*}(x,y,z) \end{aligned} \tag{7.165}$$

确定式(7.165)的平均值,前两个部分可由式(7.15)中结果给出,后两个部分可由横向相关函数式(7.59)~式(7.63)给出。

$$\langle |E_x^{t}(x,y,z)|^2 \rangle = \frac{E_0^2}{3}[1 - \rho_t(2y)] \tag{7.166}$$

式(7.166)符合Dunn的结果[87],其结果独立于x和z。对于较大的ky,ρ_t以$(ky)^{-1}$衰减。因此式(7.166)中对ky的限制为

$$\lim\langle|E_x^{\mathrm{t}}(x,y,z)|^2\rangle=\frac{E_0^2}{3},\ ky\to\infty \tag{7.167}$$

在墙壁边界处($y=0$),式(7.167)可化简为

$$\langle|E_x^{\mathrm{t}}(x,0,z)|^2\rangle=0 \tag{7.168}$$

这是理想的结果,因为墙壁上横向电场必须为零。

分析磁场分量的平方与分析电场分量类似。首先以磁场法向分量 H_y^{t} 为例,其幅值的平方为

$$|H_y^{\mathrm{t}}(x,y,z)|^2=|H_y^{\mathrm{i}}(x,y,z)|^2+|H_y^{\mathrm{i}}(x,-y,z)|^2-H_y^{\mathrm{i}}(x,y,z)H_y^{\mathrm{i}*}(x,-y,z)-H_y^{\mathrm{i}}(x,-y,z)H_y^{\mathrm{i}*}(x,y,z) \tag{7.169}$$

计算式(7.169)的过程与计算电场法向分量相同。前两个部分可由式(7.21)中均匀性结果给出,后两个部分可由纵向相关函数式(7.58)给出:

$$\langle|H_y^{\mathrm{t}}(x,y,z)|^2\rangle=\frac{E_0^2}{3\eta^2}[1-\rho_1(2y)] \tag{7.170}$$

式(7.170)符合 Dunn 的结果[87],式(7.170)中对 ky 的限制为

$$\lim\langle|H_y^{\mathrm{t}}(x,y,z)|^2\rangle=\frac{E_0^2}{3\eta^2},\ ky\to\infty \tag{7.171}$$

如式(7.21)所示,这是均匀、充分搅拌的远离腔室墙壁的磁场。在墙壁边界处($y=0$),式(7.170)可化简为

$$\langle|H_y^{\mathrm{t}}(x,0,z)|^2\rangle=0 \tag{7.172}$$

因此磁场法向分量的均方值为零。

考虑电场的切向分量 H_x^{t} 和 H_z^{t}。因为两个切向分量的结果是相同的,所以以 H_x^{t} 为例,其幅值的平方可写为

$$|H_x^{\mathrm{t}}(x,y,z)|^2=|H_x^{\mathrm{i}}(x,y,z)|^2+|H_x^{\mathrm{i}}(x,-y,z)|^2+H_x^{\mathrm{i}}(x,y,z)H_x^{\mathrm{i}*}(x,-y,z)+H_x^{\mathrm{i}}(x,-y,z)H_x^{\mathrm{i}*}(x,y,z) \tag{7.173}$$

计算式(7.173),前两个部分可由式(7.21)中均匀性结果给出,后两个部分可由横向相关函数式(7.63)给出:

$$\langle|H_x^{\mathrm{t}}(x,y,z)|^2\rangle=\frac{E_0^2}{3\eta^2}[1+\rho_{\mathrm{t}}(2y)] \tag{7.174}$$

式(7.175)符合 Dunn 的结果[87],式(7.175)中对 ky 的限制为

$$\lim\langle|H_x^{\mathrm{t}}(x,y,z)|^2\rangle=\frac{E_0^2}{3\eta^2},\ ky\to\infty \tag{7.175}$$

同式(7.171)相同,这是远离腔室墙壁处均匀的良好搅拌的磁场结果。在墙壁边界处($y=0$),式(7.174)可化简为

$$\langle |H_x^t(x,0,z)|^2 \rangle = \frac{2E_0^2}{3\eta^2} \tag{7.176}$$

因此,墙壁边界处的磁场切向分量为远离墙壁处磁场分量的两倍。

7.8.2 直角弯曲

直角弯曲的几何形状由图 7.20 给出,其应用于观测点在两个互相垂直的墙壁附近、但远离其他墙壁的情况下。其入射电场的表达式与式(7.151)类似,不同的是积分的立体角为 π:

$$\boldsymbol{E}^i(\boldsymbol{r}) = \iint_{\pi} \boldsymbol{F}(\Omega)\exp(\mathrm{i}\boldsymbol{k}^i \cdot \boldsymbol{r})\,\mathrm{d}\Omega \tag{7.177}$$

式中:立体角积分实际上为下列双重积分,即

$$\iint_{\pi}[\ ]\,\mathrm{d}\Omega = \int_{\beta=0}^{\pi/2}\int_{\alpha=0}^{\pi}[\ ]\sin\alpha\,\mathrm{d}\alpha\,\mathrm{d}\beta \tag{7.178}$$

β 角的范围为 0 ~ π/2,因为入射场只包括平面波传播指向的两面墙壁的直角夹角部分。

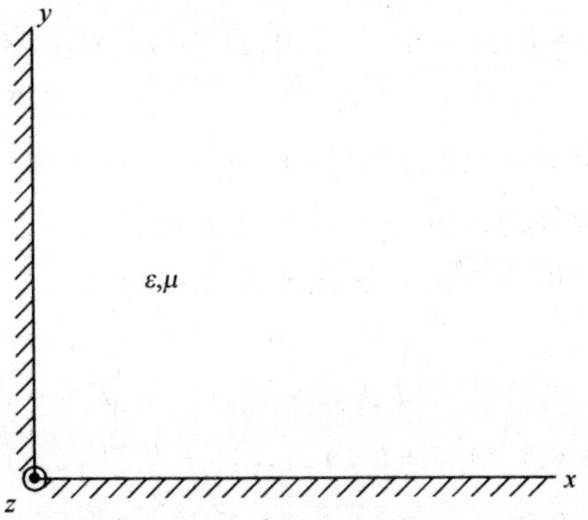

图 7.20 混响室内两个平面墙壁的交界(直角弯)[97]

如同式(7.154),入射场可写在笛卡儿坐标系下。反射场要比式(7.155)复杂,因为有三个镜像而非一个需要满足边界条件($y=0, x=0$)。因此,反射场可写为

$$\begin{aligned}\boldsymbol{E}^r(x,y,z) = {} & \hat{x}[-E_x^i(x,-y,z) - E_x^i(-x,-y,z) + E_x^i(-x,y,z)] + \\ & \hat{y}[E_y^i(x,-y,z) - E_y^i(-x,-y,z) - E_y^i(-x,y,z)] + \\ & \hat{z}[-E_z^i(x,-y,z) + E_z^i(-x,-y,z) - E_z^i(-x,y,z)]\end{aligned} \tag{7.179}$$

此表达式要求 $x, y \geqslant 0$。总电场为入射场和反射场之和,即

$$\begin{aligned}\boldsymbol{E}^t(x,y,z) = {} & \hat{x}[E_x^i(x,y,z) - E_x^i(x,-y,z) - E_x^i(-x,-y,z) + E_x^i(-x,y,z)] + \\ & \hat{y}[E_y^i(x,y,z) + E_y^i(x,-y,z) - E_y^i(-x,-y,z) - E_y^i(-x,y,z)] + \\ & \hat{z}[E_z^i(x,y,z) - E_z^i(x,-y,z) + E_z^i(-x,-y,z) - E_z^i(-x,y,z)]\end{aligned} \tag{7.180}$$

在平界面处($x=0$),总电场为

$$E^{t}(0,y,z)=2\hat{x}[E_x^{i}(0,y,z)-E_x^{i}(0,-y,z)] \tag{7.181}$$

因此,理想良导体的切向电场为零,法向电场为两个部分之差。相似的结果在$y=0$的平界面上:

$$E^{t}(x,0,z)=2\hat{y}[E_y^{i}(x,0,z)-E_y^{i}(-x,0,z)] \tag{7.182}$$

对磁场的分析类似,可以利用双镜像原理推导出总磁场的直角分量表达式:

$$\begin{aligned}H^{t}(x,y,z)=&\hat{x}[H_x^{i}(x,y,z)+H_x^{i}(x,-y,z)-H_x^{i}(-x,-y,z)-H_x^{i}(-x,y,z)]+\\&\hat{y}[H_y^{i}(x,y,z)-H_y^{i}(x,-y,z)-H_y^{i}(-x,-y,z)+H_y^{i}(-x,y,z)]+\\&\hat{z}[H_z^{i}(x,y,z)+H_z^{i}(x,-y,z)+H_z^{i}(-x,-y,z)+H_z^{i}(-x,y,z)]\end{aligned} \tag{7.183}$$

在平界面上($x=0$),总磁场为

$$\begin{aligned}H^{t}(x,y,z)=&2\hat{y}[H_y^{i}(0,y,z)-H_y^{i}(0,-y,z)]+\\&2\hat{z}[H_z^{i}(0,y,z)-H_z^{i}(0,-y,z)]\end{aligned} \tag{7.184}$$

因此,理想良导体的表面法向磁场为零,切向磁场为两个部分之差。相似的结果在$y=0$的平界面上:

$$H^{t}(x,0,z)=2\hat{x}[H_x^{i}(x,0,z)-H_x^{i}(-x,0,z)]+2\hat{z}[H_x^{i}(x,0,z)-H_z^{i}(-x,0,z)] \tag{7.185}$$

如之前分析的平整界面,因为角谱$\langle \boldsymbol{F}\rangle$的平均值为零,所以总电场、磁场的平均值为零。除非因为额外镜像的原因需要考虑更多的因素,否则可以参考之前确定场分量幅值平方的均值的方法。首先考虑总电场在z方向的切向分量E_z^{t},其幅值的平方为

$$\begin{aligned}|E_z^{t}(x,y,z)|^2=&|E_z^{i}(x,y,z)|^2+|E_z^{i}(x,-y,z)|^2+|E_z^{i}(-x,-y,z)|^2+\\&|E_z^{i}(-x,y,z)|^2+E_z^{i}(x,y,z)[-E_z^{i*}(x,-y,z)+\\&E_z^{i*}(-x,-y,z)-E_z^{i*}(-x,y,z)]-E_z^{i}(x,-y,z)[E_z^{i*}(x,y,z)+\\&E_z^{i*}(-x,-y,z)-E_z^{i*}(-x,y,z)]+\\&E_z^{i}(-x,-y,z)[E_z^{i*}(x,-y,z)-E_z^{i*}(x,-y,z)-\\&E_z^{i*}(-x,y,z)]-E_z^{i}(-x,y,z)[-E_z^{i*}(x,-y,z)+\\&E_z^{i*}(x,y,z)+E_z^{i*}(-x,-y,z)]\end{aligned} \tag{7.186}$$

估算式(7.186),前四个式子由式(7.15)的场均匀性得出,剩余式子由式(7.63)的横向相关系数得出,因此最终结果为

$$\langle|E_z^{t}(x,y,z)|^2\rangle=\frac{E_0^2}{3}[1-\rho_t(2y)-\rho_t(2x)+\rho_t(2\sqrt{x^2+y^2})] \tag{7.187}$$

式(7.187)有许多限制条件。当$x=0$或$y=0$时,有$\langle|E_z^{t}|^2\rangle=0$,因此可以预期在墙壁表面$z$方向分量幅值的平方为零。当$kx$、$ky$较大时,由于远离墙壁处场的均匀性,可得$\langle|E_z^{t}(x,y,z)|^2\rangle\to E_0^2/3$,如式(7.15)。当$kx$较大时,式(7.187)可

化简为式(7.166)中只有一面墙壁的结果。在对角线上($x=y$),式(7.187)可化简为

$$\langle |E_z^t(x,y,z)|^2\rangle=\frac{E_0^2}{3}[1-2\rho_t(2y)+\rho_t(2\sqrt{2}x)] \tag{7.188}$$

这个在对角线上的结果可由在角落中为零发展到较大距离处的 $E_0^2/3$。式(7.188)对于确定混响室中可用测试区域很有用,因为其反映了场到达渐进值的速度。为了达到这个值,要求 $2kx\geqslant 1$,当 x 大于大约 $\frac{\lambda}{2}$ 时,很容易达到。

E_x^t,E_y^t 与 E_z^t 不同,因为它们与一面墙壁相切,而垂直于其他墙壁。以 E_x^t 为例,如果将 x,y 交换位置,E_y^t 有类似的结果。E_x^t 幅度的平方为

$$\begin{aligned}|E_x^t(x,y,z)|^2=&|E_x^i(x,y,z)|^2+|E_x^i(x,-y,z)|^2+|E_x^i(-x,-y,z)|^2+\\&|E_x^i(-x,y,z)|^2+E_x^i(x,y,z)[-E_x^{i*}(x,-y,z)-\\&E_x^{i*}(-x,-y,z)+E_x^{i*}(-x,y,z)]-\\&E_x^i(x,-y,z)[E_x^{i*}(x,y,z)-E_x^{i*}(-x,-y,z)+\\&E_x^{i*}(-x,y,z)]-E_x^i(-x,-y,z)[E_x^{i*}(x,y,z)-\\&E_x^{i*}(x,-y,z)+E_x^{i*}(-x,-y,z)]+\\&E_x^i(-x,y,z)[E_x^{i*}(x,-y,z)-E_z^{i*}(x,-y,z)+\\&E_x^{i*}(-x,y,z)]\end{aligned} \tag{7.189}$$

估算式(7.189),前四个式子由式(7.15)的场均匀性特性得出,剩余式子由式(7.63)和式(7.58)的横向以及纵向相关系数得出,因此最终结果为

$$\langle |E_x^t(x,y,z)|^2\rangle=\frac{E_0^2}{3}\left[\begin{array}{l}1-\rho_t(2y)+\rho_l(2x)-\dfrac{y^2}{x^2+y^2}\rho_t(2\sqrt{x^2+y^2})\\-\dfrac{y^2}{x^2+y^2}\rho_l(2\sqrt{x^2+y^2})\end{array}\right] \tag{7.190}$$

式(7.190)有一些特殊情况,对于 $y=0$,有 $\langle |E_x^t(x,0,z)|^2\rangle=0$,因此在墙壁表面切向电场的平方为零。对于 $x=0$:

$$\langle |E_x^t(0,y,z)|^2\rangle=\frac{2E_0^2}{3}[1-\rho_t(2y)] \tag{7.191}$$

这是单个墙壁的式(7.166)中结果的两倍。对于较大的 kx 和 ky,有 $\langle |E_x^t(x,y,z)|^2\rangle\to\frac{E_0^2}{3}$,这是远离墙壁处的场。对于较大的 kx,有

$$\langle |E_x^t(x,y,z)|^2\rangle=\frac{E_0^2}{3}[1-\rho_t(2y)] \tag{7.192}$$

这与单个墙壁的式(7.166)中结果是相同的。对于较大的 ky,有

$$\langle |E_y^t(x,y,z)|^2\rangle = \frac{E_0^2}{3}[1+\rho_l(2y)] \tag{7.193}$$

这与电场垂直于单面墙壁的式(7.162)相似。

计算磁场分量幅值平方的分析方法与电场分量相似。因此可以跳过一些中间的过程和步骤,直接得出最终结果。以磁场在 z 方向上的切向分量 H_z^t 为例,其幅值的平方为

$$\langle |H_z^t(x,y,z)|^2\rangle = \frac{E_0^2}{3\eta^2}[1+\rho_t(2x)+\rho_t(2y)+\rho_t(2\sqrt{x^2+y^2})] \tag{7.194}$$

式(7.194)有一些限制。对于 $x=0$:

$$\langle |H_z^t(0,y,z)|^2\rangle = \frac{2E_0^2}{3\eta^2}[1+\rho_t(2y)] \tag{7.195}$$

这是式(7.174)结果的两倍。对于较大的 ky,式(7.195)化简为 $\langle |H_z^t(0,y,z)|^2\rangle \to \frac{2E_0^2}{3\eta^2}$,这与式(7.176)中的单面墙壁处切向磁场相同。对于 $y=0$:

$$\langle |H_z^t(x,0,z)|^2\rangle = \frac{2E_0^2}{3\eta^2}[1+\rho_t(2x)] \tag{7.196}$$

这与式(7.195)相似。对于 $x=y=0$,式(7.195)和式(7.196)为

$$\langle |H_z^t(0,0,z)|^2\rangle = \frac{4E_0^2}{3\eta^2} \tag{7.197}$$

对于较大的 kx,有

$$\langle |H_z^t(x,y,z)|^2\rangle \to \frac{E_0^2}{3\eta^2}[1+\rho_t(2y)] \tag{7.198}$$

这与式(7.174)中单面墙壁的结果相同。对于较大的 ky,有

$$\langle |H_z^t(x,y,z)|^2\rangle \to \frac{E_0^2}{3\eta^2}[1+\rho_t(2x)] \tag{7.199}$$

这与式(7.198)相似。对角线上($x=y$),有

$$\langle |H_z^t(x,x,z)|^2\rangle \to \frac{E_0^2}{3\eta^2}[1+2\rho_t(2x)+\rho_t(2\sqrt{2}x)] \tag{7.200}$$

这个在对角线上的结果可由在角落中为 $4E_0^2/(3\eta^2)$ 发展到较大距离处的 $E_0^2/(3\eta^2)$。同式(7.188)一样,式(7.200)也可用来确定混响室中的可用测试区域,因为其反映的是磁场达到渐进值的速度。同电场一样,要求 $2kx \gg 1$。

H_x^t,H_y^t 与 H_z^t 不同,因为它们与一面墙壁相切,而垂直于其他墙壁。以 H_x^t 为例,如果将 x,y 交换位置,H_y^t 有类似的结果。H_x^t 幅度的平方为

$$\langle |H_x^t(x,y,z)|^2\rangle = \frac{E_0^2}{3\eta^2}\Big[1+\rho_t(2y)-\rho_l(2x)-\frac{y^2}{x^2+y^2}\rho_t(2\sqrt{x^2+y^2})-$$

$$\left.\frac{y^2}{x^2+y^2}\rho_1(2\sqrt{x^2+y^2})\right] \tag{7.201}$$

式(7.201)有一些特殊情况,对于 $x=0$,有$\langle|H_x^t(0,y,z)|^2\rangle=0$,因此在墙壁表面法向磁场的平方为零。对于 $y=0$:

$$\langle|H_x^t(x,0,z)|^2\rangle=\frac{2E_0^2}{3\eta^2}[1-\rho_1(2x)] \tag{7.202}$$

这是法向磁场式(7.170)中结果的两倍。对于较大的 kx 和 ky,有$\langle|H_x^t(x,y,z)|^2\rangle\rightarrow E_0^2/(3\eta^2)$,这是远离墙壁处的场。对于较大的 kx,有

$$\langle|H_x^t(x,y,z)|^2\rangle\rightarrow\frac{E_0^2}{3\eta^2}[1+\rho_t(2y)] \tag{7.203}$$

这与式(7.174)中单个墙壁磁场切向分量结果是相同的。对于较大的 ky,有

$$\langle|H_x^t(x,y,z)|^2\rangle\rightarrow\frac{E_0^2}{3\eta^2}[1-\rho_t(2x)] \tag{7.204}$$

这与式(7.170)中单个墙壁上磁场法向分量结果相同。

7.8.3 直角拐角

直角拐角的几何图形由图 7.21 给出,应用于观测点位于三个墙壁交界处附近的情况。其入射电场与式(7.1)类似,除了积分立体角为 π/2:

$$\boldsymbol{E}^i(\boldsymbol{r})=\iint_{\pi/2}\boldsymbol{F}(\Omega)\exp(\mathrm{i}\boldsymbol{k}^i\cdot\boldsymbol{r})\mathrm{d}\Omega \tag{7.205}$$

式(7.205)中积分立体角为 π/2,实际为一个双重积分:

$$\iint_{\pi/2}[\ \ ]\mathrm{d}\Omega=\int_{\beta=0}^{\pi/2}\int_{\alpha=0}^{\pi/2}[\ \ ]\sin\alpha\mathrm{d}\alpha\mathrm{d}\beta \tag{7.206}$$

角度 α,β 的范围都为 $0\sim\frac{\pi}{2}$,因为入射场只包括平面波传播指向的三面墙壁的直角夹角部分。

入射场可以如式(7.154)写为直角坐标系形式。反射场更为复杂些,由于在边界条件($x=0,y=0,z=0$)上有 7 个镜像条件需要满足,因此每个总电场的直角分量都包含 8 个因式。因为每个场分量都是垂直于一面墙而相切于另一面墙,所以三个方向的分量都有此性质。因此,这里只分析一个电场分量 E_z^t:

$$\begin{aligned}E_z^t(x,y,z)=&E_z^i(x,y,z)-E_z^i(x,-y,z)+E_z^i(-x,-y,z)-E_z^i(-x,y,z)+\\&E_z^i(x,y,-z)-E_z^i(x,-y,-z)+\\&E_z^i(-x,-y,-z)-E_z^i(-x,y,-z)\end{aligned} \tag{7.207}$$

本节中,要求表达式中 $x\geqslant0,y\geqslant0,z\geqslant0$。在 $x=0$ 平面上,有切向分量 $E_z^t(0,y,z)=0$。

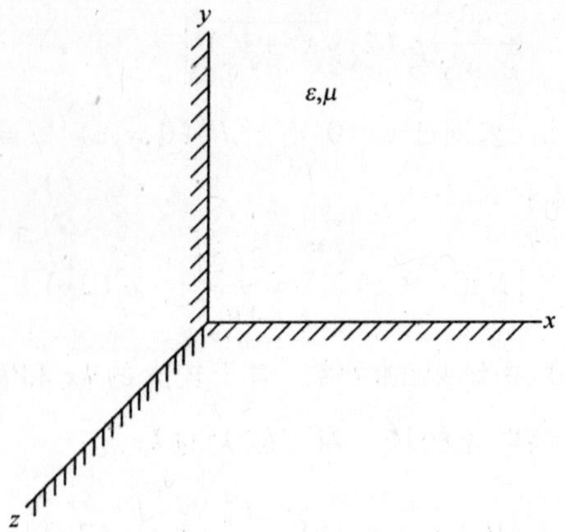

图 7.21 混响室内三个平面墙壁交界(直角拐角)[97]

类似地,在 $y=0$ 平面上,有切向分量 $E_z^t(x,0,z)=0$。z 方向上电场分量垂直于平面 $z=0$,有

$$E_z^t(x,y,0)=2[E_z^i(x,y,0)+E_z^i(-x,-y,0)-E_z^i(x,-y,0)-E_z^i(-x,y,0)] \tag{7.208}$$

与式(7.181)和式(7.182)类似。

对于磁场,只分析一个分量 H_z^t,有

$$\begin{aligned}H_z^t(x,y,z)=&H_z^i(x,y,z)+H_z^i(x,-y,z)+H_z^i(-x,-y,z)+H_z^i(-x,y,z)-\\&H_z^i(x,y,-z)-H_z^i(x,-y,-z)-\\&H_z^i(-x,-y,-z)-H_z^i(-x,y,-z)\end{aligned} \tag{7.209}$$

在 $z=0$ 平面上,有磁场的法向分量 $H_z^t(x,y,0)=0$。在 $x=0$ 平面上,有

$$H_z^t(0,y,z)=2[H_z^i(0,y,z)+H_z^i(0,-y,z)-H_z^i(0,y,-z)-H_z^i(0,-y,-z)] \tag{7.210}$$

它是 4 个双重因式之和。在 $y=0$ 平面上,有

$$H_z^t(x,0,z)=2[H_z^t(x,0,z)+H_z^t(-x,0,z)-H_z^t(x,0,-z)-H_z^t(-x,0,-z)] \tag{7.211}$$

与式(7.210)类似。可以看出如果一个坐标系被设置为零,式(7.208)、式(7.210)和式(7.211)与之前章节中的结果一致。

在前两种情况下(平界面、直角夹角、两个墙壁交界处),每个标量场分量的平均值都为零,因为角谱的平均值为零。利用前文中的方法计算电场、磁场在 z 方向分量的均方值。因为式(7.207)和式(7.209)中含有太多因式,在计算平方中会有更多的项。简便起见,这里跳过场分量平方的表达式,直接给出其幅值平方的平均值。对于 E_z^t 幅值平方的表达式,有

$$\langle |E_z^t(x,y,z)|^2\rangle = \frac{E_0^2}{3}\Big[1-\rho_t(2x)-\rho_t(2y)+\rho_t(2\sqrt{x^2+y^2})+\rho_1(2z)-$$
$$\frac{z^2}{x^2+z^2}\rho_t(2\sqrt{x^2+z^2})-\frac{z^2}{x^2+z^2}\rho_1(2\sqrt{x^2+z^2})-$$
$$\frac{y^2}{y^2+z^2}\rho_t(2\sqrt{y^2+z^2})-\frac{y^2}{y^2+z^2}\rho_1(2\sqrt{y^2+z^2})+$$
$$\frac{x^2+y^2}{x^2+y^2+z^2}\rho_t(2\sqrt{x^2+y^2+z^2})+$$
$$\frac{z^2}{x^2+y^2+z^2}\rho_1(2\sqrt{x^2+y^2+z^2})\Big] \tag{7.212}$$

式(7.212)如此复杂,可以设置一些限制条件。若 x 或 y 为零,则有 $\langle |E_z^t|^2\rangle=0$,因此在墙壁表面 z 方向切向电场分量的平方为零。对于 $z=0$,有

$$\langle |E_z^t(x,y,0)|^2\rangle = \frac{2E_0^2}{3}[1-\rho_t(2y)-\rho_t(2x)+\rho_t(2\sqrt{x^2+y^2})] \tag{7.213}$$

式(7.187)为垂直墙壁交界处量值的两倍。当 kx、ky 和 kz 较大时,有 $\langle |E_z^t(x,y,z)|^2\rangle \to E_0^2/3$,此时远离墙壁处的场分布应该是均匀的。当 kz 较大时,有

$$\langle |E_z^t(x,y,\infty)|^2\rangle = \frac{E_0^2}{3}[1-\rho_t(2y)-\rho_t(2x)+\rho_t(2\sqrt{x^2+y^2})] \tag{7.214}$$

这与式(7.187)相同,对于较大的 kx,有

$$\langle |E_z^t(\infty,y,z)|^2\rangle = \frac{E_0^2}{3}\Big[1-\rho_t(2y)+\rho_1(2z)-$$
$$\frac{y^2}{z^2+y^2}\rho_t(2\sqrt{x^2+y^2})-$$
$$\frac{z^2}{z^2+y^2}\rho_1(2\sqrt{z^2+y^2})\Big] \tag{7.215}$$

这与两个墙壁夹角处的结果类似。在角落的对角线处 $x=y=z=r/\sqrt{3}$,式(7.212)可简化为

$$\left\langle \left|E_z^t\left(\frac{r}{\sqrt{3}},\frac{r}{\sqrt{3}},\frac{r}{\sqrt{3}}\right)\right|^2\right\rangle = \frac{E_0^2}{3}\Big[1-2\rho_t\left(\frac{2r}{\sqrt{3}}\right)+\rho_t\left(\frac{2\sqrt{2}r}{\sqrt{3}}\right)+\rho_1\left(\frac{2r}{\sqrt{3}}\right)-$$
$$2\rho_t\left(\frac{2\sqrt{2}r}{\sqrt{3}}\right)-2\rho_1\left(\frac{2\sqrt{2}r}{\sqrt{3}}\right)+\frac{2}{3}\rho_t(2r)+\frac{1}{3}\rho_t(2r)\Big] \tag{7.216}$$

式中,方括号内的所有因式都包含 ρ_t 或 ρ_1,它们会随着 kr 的增加而衰减至零。衰减最慢的因式为 ρ_t 中的 $(2kr)^{-1}$。因此当 $r\approx\lambda/2$ 时,式(7.216)达到较大 kr 所限制的 $\frac{E_0^2}{3}$。这与本章中直角夹角处(两墙壁交界处)以及 Dunn 对于平面墙的结

果[87]相一致。电场在 x, y 分量上的结果是一样的。

下面开始处理磁场,由式(7.209)开始,可以获得下列关于磁场幅度平方的表达式:

$$\begin{aligned}\langle |H_z^{\mathrm{t}}(x,y,z)|^2\rangle = \frac{E_0^2}{3\eta^2}\Big[&1+\rho_{\mathrm{t}}(2x)+\rho_{\mathrm{t}}(2y)+\rho_{\mathrm{t}}(2\sqrt{x^2+y^2})-\rho_{\mathrm{l}}(2z)-\\&\frac{z^2}{x^2+z^2}\rho_{\mathrm{t}}(2\sqrt{x^2+z^2})-\frac{z^2}{x^2+z^2}\rho_{\mathrm{l}}(2\sqrt{x^2+z^2})-\\&\frac{y^2}{y^2+z^2}\rho_{\mathrm{t}}(2\sqrt{y^2+z^2})-\frac{z^2}{y^2+z^2}\rho_{\mathrm{l}}(2\sqrt{y^2+z^2})-\\&\frac{x^2+y^2}{x^2+y^2+z^2}\rho_{\mathrm{t}}(2\sqrt{x^2+y^2+z^2})-\\&\frac{z^2}{x^2+y^2+z^2}\rho_{\mathrm{l}}(2\sqrt{x^2+y^2+z^2})\Big]\end{aligned} \tag{7.217}$$

如同式(7.212),对式(7.217)可以有一些条件限制。当 $z=0$ 时,有 $\langle |H_z^{\mathrm{t}}|^2\rangle=0$,因此法向磁场的平方在墙壁表面处为零。对于 $x=0$,有

$$\begin{aligned}\langle |H_z^{\mathrm{t}}(0,y,z)|^2\rangle = \frac{2E_0^2}{3\eta^2}[&1+\rho_{\mathrm{t}}(2y)-\rho_{\mathrm{l}}(2z)-\\&\frac{y^2}{z^2+y^2}\rho_{\mathrm{t}}(2\sqrt{z^2+y^2})-\\&\frac{z^2}{z^2+y^2}\rho_{\mathrm{l}}(2\sqrt{z^2+y^2})]\end{aligned} \tag{7.218}$$

式(7.218)为类似式(7.201)直角夹角处(两墙壁交界处)量值的两倍。对于 $y=0$,可以得出相同的结果。当 kz 较大时,有

$$\langle |H_z^{\mathrm{t}}(x,y,\infty)|^2\rangle = \frac{E_0^2}{3\eta^2}[1+\rho_{\mathrm{t}}(2x)+\rho_{\mathrm{t}}(2y)+\rho_{\mathrm{t}}(2\sqrt{x^2+y^2})] \tag{7.219}$$

这与直角夹角处(两墙壁交界处)式(7.194)相同。对于较大的 kx,有

$$\begin{aligned}\langle |H_z^{\mathrm{t}}(\infty,y,z)|^2\rangle = \frac{E_0^2}{3\eta^2}\Big[&1+\rho_{\mathrm{t}}(2y)-\rho_{\mathrm{l}}(2z)-\\&\frac{y^2}{z^2+y^2}\rho_{\mathrm{t}}(2\sqrt{z^2+y^2})-\\&\frac{z^2}{z^2+y^2}\rho_{\mathrm{l}}(2\sqrt{z^2+y^2})\Big]\end{aligned} \tag{7.220}$$

式(7.220)与式(7.201)垂直墙壁交界处相似。对于较大的 ky,也可以得到类似结果。在顶角处角线上($x=y=z=r/\sqrt{3}$),磁场的结果与式(7.216)的电场相似,因此当 $r\approx\lambda/2$ 时,$\left\langle\left|H_z^{\mathrm{t}}\left(\frac{r}{\sqrt{3}},\frac{r}{\sqrt{3}},\frac{r}{\sqrt{3}}\right)\right|^2\right\rangle$ 达到较大 kr 所限制的 $\frac{E_0^2}{3\eta^2}$。磁场的 x、y 分

量可得到相同的结果。

7.8.4 概率密度函数

在本章之前的部分，讨论了角谱[69]的统计特性，以及墙壁处、弯角处或角落处的边界条件得到了一些有用的总体均值。这些结果不作为概率密度函数特殊形式的要求。但是，这些结果对于分析测量数据是很有用的，尤其是对于一些有限数量的样本值。

以电场的 z 方向分量为例，但是分析方法对于电场或磁场的其他分量是一样的。首先，将电场分量 E_z^t 写成实部和虚部之和的形式，即

$$E_z^t(x,y,z)=E_{zr}^t(x,y,z)+iE_{zi}^t(x,y,z) \tag{7.221}$$

因为角谱的均值为零[69]，那么式(7.221)中实部和虚部的平均值也为零。

$$\langle E_{zr}^t(x,y,z)\rangle=\langle E_{zi}^t(x,y,z)\rangle=0 \tag{7.222}$$

实部和虚部的方差是相同的，由本节中之前三种几何情况给出：

$$\langle E_{zr}^{t2}(x,y,z)\rangle=\langle E_{zi}^{t2}(x,y,z)\rangle\equiv\sigma^2 \tag{7.223}$$

例如，忽略掉 x,y,z 对 σ^2 的影响。式(7.222)和式(7.223)中的平均值和方差均可以由假设的角谱性质以及墙壁边界条件推导得出。根据最大熵法[64,65]，可以得出 E_z^t 的实部和虚部的概率密度函数 f 都为高斯分布，即

$$\begin{cases} f[E_{zr}^t(x,y,z)]=\dfrac{1}{\sqrt{2\pi}\sigma}\exp\left[-\dfrac{E_{zr}^{t2}(x,y,z)}{2\sigma^2}\right] \\ f[E_{zi}^t(x,y,z)]=\dfrac{1}{\sqrt{2\pi}\sigma}\exp\left[-\dfrac{E_{zr}^{t2}(x,y,z)}{2\sigma^2}\right] \end{cases} \tag{7.224}$$

式(7.35)中说明 $\boldsymbol{E}^t$ 的实部和虚部是不相关的。因为它们是高斯分布，同样也是互相独立的[57]。因为电场在 z 方向上的实部和虚部服从平均值为零、方差相等的高斯分布，且是独立的，电场 E_z^t 幅度或幅度的平方为 χ 分布或有两个自由度的卡方分布。因此，电场 E_z^t 服从瑞利分布，即

$$f[|E_z^t(x,y,z)|]=\frac{|E_z^t(x,y,z)|}{\sigma^2}\exp\left[-\frac{|E_z^t(x,y,z)|^2}{2\sigma^2}\right] \tag{7.225}$$

电场 E_z^t 幅度的平方服从指数分布[57]，即

$$f[|E_z^t(x,y,z)|^2]=\frac{1}{2\sigma^2}\exp\left[-\frac{|E_z^t(x,y,z)|^2}{2\sigma^2}\right] \tag{7.226}$$

式(7.225)和式(7.226)中的概率密度函数与文献[69,72]中的一致。电场、磁场分量的幅值或幅值的平方服从瑞利分布和指数分布。但是它们的方差不同，方差是位置的函数。因此，不能认为总电场磁场的幅值、幅值平方的概率密度函数服从 χ 分布或有六个自由度的卡方分布，如文献[69]。但是，当距离墙壁很远时，

方差会变得一样，因此概率密度函数与文献[69]中的一致。

7.9 增强发射天线的后向散射

混响室中的一对天线在7.5节中已经介绍。当接收天线（定义为天线2）放置在距离发射天线（定义为天线1）、腔室墙壁、搅拌器足够远时，接收功率的总体均值独立于接收天线的位置和方向，如式（7.103）和式（7.110）所示。接收天线也被称为“参考天线”，因为其接收功率的平均值$\langle P_2 \rangle$可以用来计算腔室内场强，如式（7.103）所示。发射天线通常会有反向散射和接收到功率P_1。为了评估参考天线，如何理解P_1和P_2的关系以及腔室内散射场强显得尤为必要。这些关系已经在文献[98]中通过传输参数进行了理论研究和实验研究。传输参数S_{21}绝对值的平方正比于P_2，即

$$|S_{21}|^2 \propto P_2 \tag{7.227}$$

同样的比例也适用于总体平均值，即

$$|S_{21}|^2 \propto \langle P_2 \rangle \tag{7.228}$$

比例常数并不在此讨论范围之内，总体上，其取决于接收天线以及腔室的特性。

7.9.1 几何光学公式

对比散射参数S_{11}（其平方正比于发射天线的后向散射功率）和S_{12}最简单的方法就是采用几何光学的方法。这也提供了一个很好的近似，因为相关尺寸（如腔室尺寸、搅拌器尺寸、天线间距）都是电大尺寸的。散射参数S_{21}可以由大量的但有限列波模拟：

$$S_{21} = \sum_{p=1}^{N} A_p \frac{\exp(\mathrm{i}kr_p)}{r_p} \tag{7.229}$$

式中：r_p为第p列电磁波的波长；A_p为考虑了天线辐射方向、腔室墙壁以及搅拌器的反射特性的复系数。典型的由天线1到天线2的电磁波如图7.22所示。腔室墙壁以及搅拌器的非理想导电性考虑进来[99]，因此电磁波的数量是有限的。因为假设了理想的搅拌场，散射参数S_{21}的平均值为零：

$$\langle S_{21} \rangle = 0 \tag{7.230}$$

由中心极限定理[57]或最大熵法[69]，可以确定S_{21}的实部和虚部都服从高斯分布。

利用式（7.229）可得到S_{21}绝对值的平方：

$$|S_{21}|^2 = S_{21}S_{21}^* = \sum_{p=1}^{N} A_p \frac{\exp(\mathrm{i}kr_p)}{r_p} \sum_{q=1}^{N} A_p^* \frac{\exp(-\mathrm{i}kr_q)}{r_q} \tag{7.231}$$

因为电磁波路径的随机性，当$p \neq q$时两列波不相关。因此式（7.231）的平均值为

$$\langle |S_{21}|^2 \rangle = \left\langle \sum_{p=1}^{N} \frac{|A_p|^2}{r_p^2} \right\rangle = N \left\langle \frac{|A_p{}^2}{r_p^2} \right\rangle \tag{7.232}$$

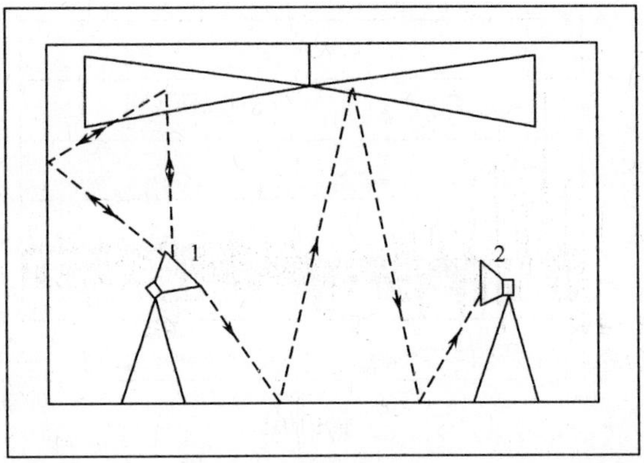

图 7.22　混响室内从天线 1 传播到天线 2 的典型射线以及天线 1 的散射和反射[98]

式(7.232)中第二个〈·〉实际上是所有搅拌位置和电磁波数量的平均。如同接收功率，$|S_{21}|^2$的概率密度函数为指数函数。

对于散射参数 S_{11}，发射和接收的位置是一样的。因此，互易性[94]要求每列电磁波都有一列经过相同路径但方向相反的电磁波，如图 7.22 所示。因此，S_{11}为 S_{21}独立电磁波数量的一半，但是每列电磁波的贡献都是双倍的，因为两列互易电磁波的相位叠加：

$$S_{11} = \sum_{p=1}^{N/2} 2A_p \frac{\exp(\mathrm{i}kr_p)}{r_p} \tag{7.233}$$

如同 S_{21}，S_{11}的平均值也为零：

$$\langle S_{11} \rangle = 0 \tag{7.234}$$

由中心极限定理[57]或最大熵[69]，可以确定 S_{11}的实部和虚部都服从高斯分布。

利用式(7.233)，可以得到 S_{11}绝对值的平方：

$$|S_{11}|^2 = S_{11}S_{11}^* = 4\sum_{p=1}^{N/2} A_p \frac{\exp(\mathrm{i}kr_p)}{r_p} \sum_{q=1}^{N/2} A_q^* \frac{\exp(-\mathrm{i}kr_q)}{r_q} \tag{7.235}$$

因为电磁波路径的随机性，当 $p \neq q$ 时两列波不相关。因此式(7.235)的平均值为

$$\langle |S_{11}|^2 \rangle = 4\left\langle \sum_{p=1}^{N/2} \frac{|A_p|^2}{r_p^2} \right\rangle = 2N\left\langle \frac{|A_p|^2}{r_p^2} \right\rangle \tag{7.236}$$

对比式(7.232)和式(7.236)，可得下列结果：

$$\langle |S_{11}|^2 \rangle = 2\langle |S_{21}|^2 \rangle \tag{7.237}$$

式(7.237)中结果与文献[100,102]中加强后向散射类似，文献[100,102]分析了随机介质的散射，同时也产生了一个参数 2，用以提高后向散射的强度。后向散射方向上的互易电磁波的相干叠加的物理机理，与混响室和随机介质散射相同。

图 7.23 给出了式(7.237)的验证实验。实验数据[66]在 NASA 的混响室中提取，超过 200MHz 以后数据和因子 2 的拟合度已经很好了，因为这时腔室内有足够多的模密度。每个频率的采样数为 225。

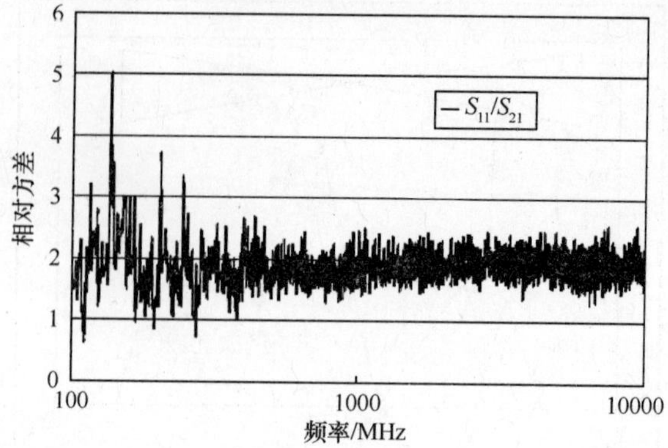

图 7.23 100 ~ 10000MHz 频率范围内 S_{11} 与 S_{21} 方差的比值

7.9.2 平面波积分公式

加强后向散射几何光学公式很好地解释了式(7.237)中的因子2,但是并没有说明增强后向散射发生的区域。为了得到这个,回到描述混响室中场空间和统计特性的平面波积分表示方法[69]。

$$\boldsymbol{E}(\boldsymbol{r}) = \iint_{4\pi} \boldsymbol{F}(\Omega)\exp(\mathrm{i}\boldsymbol{k}\cdot\boldsymbol{r})\,\mathrm{d}\Omega \tag{7.238}$$

角谱的统计特性在7.1节中已经介绍。

式(7.238)中的场适用于无源自由空间,在有源区域表示增强后向散射时需要做出修改。在有源区域表示增强后向散射,将式(7.238)中的 $\boldsymbol{E}$,$\boldsymbol{F}$ 变成 $\boldsymbol{E}_{\mathrm{e}}$,$\boldsymbol{F}_{\mathrm{e}}$:

$$\boldsymbol{E}_{\mathrm{e}}(\boldsymbol{r}) = \iint_{4\pi} \boldsymbol{F}_{\mathrm{e}}(\Omega)\exp(\mathrm{i}\boldsymbol{k}\cdot\boldsymbol{r})\,\mathrm{d}\Omega \tag{7.239}$$

式中:$\boldsymbol{F}_{\mathrm{e}}(\alpha,\beta) = \boldsymbol{F}(\alpha,\beta) + \boldsymbol{F}(\alpha',\beta')$,$\alpha' = \pi - \alpha$,$\beta' = \beta + \pi$。$\alpha$,$\beta$ 的范围为 $0 \leqslant \alpha < \pi/2$,$0 \leqslant \beta < 2\pi$。因此式(7.237)中的积分范围减少到 2π 的立体角。平面波的几何图形由图7.24给出。每列平面波都有传播方向 $\boldsymbol{k}$ 和一列互易电磁波在 $-\boldsymbol{k}$ 方向传播。$\langle \boldsymbol{E}_{\mathrm{e}} \rangle$ 为零,因为角谱的平均值 $\langle \boldsymbol{F}_{\mathrm{e}} \rangle$ 为零。

$\boldsymbol{E}_{\mathrm{e}}$ 幅值的平方为

$$|\boldsymbol{E}_{\mathrm{e}}(\boldsymbol{r})|^2 = \iint_{2\pi}\iint_{2\pi} \boldsymbol{F}_{\mathrm{e}}(\Omega_1)\boldsymbol{F}_{\mathrm{e}}^*(\Omega_2)\exp[\mathrm{i}(\boldsymbol{k}_1 - \boldsymbol{k}_2)]\,\mathrm{d}\Omega_1\mathrm{d}\Omega_2 \tag{7.240}$$

式(7.240)的总体平均值为

$$\langle |\boldsymbol{E}_{\mathrm{e}}(\boldsymbol{r})|^2 \rangle = \iint_{2\pi}\iint_{2\pi} \langle \boldsymbol{F}_{\mathrm{e}}(\Omega_1)\boldsymbol{F}_{\mathrm{e}}^*(\Omega_2) \rangle \exp[\mathrm{i}(\boldsymbol{k}_1 - \boldsymbol{k}_2)\cdot\boldsymbol{r}]\,\mathrm{d}\Omega_1\mathrm{d}\Omega_2 \tag{7.241}$$

计算式(7.241)的数学过程在7.2节和7.4节中已经给出,这里不再重复。式(7.241)的最终结果为

$$\langle |\boldsymbol{E}_{\mathrm{e}}(\boldsymbol{r})|^2 \rangle = E_0^2\left[1 + \frac{\sin(2kr)}{2kr}\right] \tag{7.242}$$

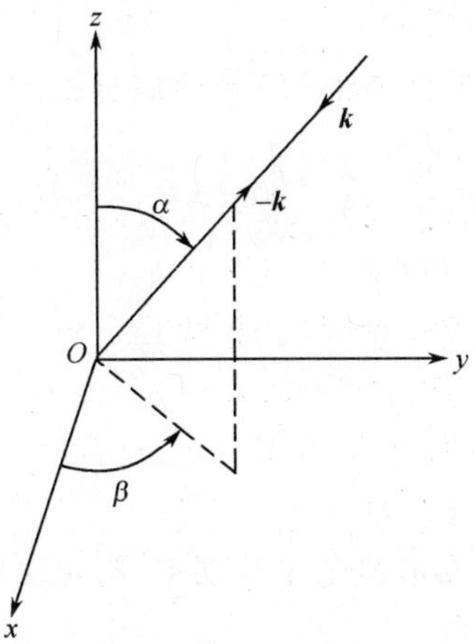

图 7.24　反射增强平面波的几何图形

在较大的 kr 处，电场的均方值降低至 E_0^2，这与式(7.14)中统计均匀场一致。对于 $kr=0$，式(7.242)简化为

$$\langle |\boldsymbol{E}_e(0)|^2 \rangle = 2E_0^2 \tag{7.243}$$

因为接收天线接收到的平均功率正比于式(7.103)中的电场均方值，式(7.243)中的因子2与式(7.237)中的因子2一致。

在距离初始位置为 r 时，可任意定义加强后向散射的区域，此时式(7.242)的值降低至 E_0^2：

$$2kr_e = \pi \quad \text{或} \quad r_e = \frac{\pi}{2k} = \frac{\lambda}{4} \tag{7.244}$$

因此，加强后向散射的区域非常小(半径为 $\lambda/4$ 的球)。除此之外，场强的均方值快速达到均匀性要求的场值 E_0^2。因此，接收天线可以放置于统计均匀场区域中，并不会有加强后向散射的效应。

问　题

7-1　由式(7.6)~式(7.8)推导式(7.9)和式(7.10)。

7-2　推导式(7.15)。是否与式(7.14)一致？

7-3　推导式(7.20)。证明任意平面波满足该公式，且与传播方向无关。

7-4　按照式(7.33)~式(7.35)给出的一般方法，证明下式为0：
$\langle E_{yr}(\boldsymbol{r})E_{yi}(\boldsymbol{r})\rangle = \langle E_{yr}(\boldsymbol{r})E_{zi}(\boldsymbol{r})\rangle = \langle E_{xr}(\boldsymbol{r})E_{yr}(\boldsymbol{r})\rangle = \langle E_{xi}(\boldsymbol{r})E_{yi}(\boldsymbol{r})\rangle = 0$。

7-5　假设混响室 xy 平面的电场为 $\boldsymbol{E}_p = \hat{x}E_x + \hat{y}E_y$。$\boldsymbol{E}_p$ 有多少个自由度？求解的 $|\boldsymbol{E}_p|$(χPDF)和 $|\boldsymbol{E}_p|^2$(χ^2PDF)的概率密度函数。

7-6　由式(7.50)推导式(7.52)。

7-7 由式(7.61)推导式(7.62)。

7-8 证明式(7.48)、式(7.58)和式(7.63)满足式(7.67)。

7-9 推导式(7.68)。

7-10 由式(7.72)推导式(7.73)。推导由式(7.74)近似式(7.75)。

7-11 由式(7.78)、式(7.79)推导式(7.80)。

7-12 由式(7.81)、式(7.79)推导式(7.82)。

7-13 由式(7.83)、式(7.79)推导式(7.84)。

7-14 式(7.85)中的功率密度 W 有多少个自由度？求解 W 的概率密度函数？

7-15 由式(7.90)推导式(7.91)。

7-16 推导混响室内天线接收到的平均功率，写出由式(7.99)推导到式(7.103)的详细步骤。

7-17 假设两个混响室有相同的几何尺寸和形状：一个是铜介质墙壁($\sigma_W = 5.7 \times 10^7$S/m，$\mu_r = 1$)，一个是钢介质墙壁($\sigma_W = 10^6$S/m，$\mu_r = 2000$)。(钢的性能变化很大，取决于特定的合金。)采用公式(7.123)计算由于两个混响室墙壁损耗的比率 Q_1。

7-18 NIST 的矩形混响室的几何尺寸为 2.74m × 3.05m × 4.57m。对于一个匹配的接收天线($m = 1$)，比较 200MHz ~ 10GHz 频率范围内式(7.132)的 Q_4。

7-19 由式(7.145)推导式(7.146)。

7-20 由式(7.161)推导墙壁边界的法向电场式(7.162)。

7-21 由式(7.165)推导式(7.166)。由式(7.166)推导 $\langle |E_x^t(x,y,z)|^2 \rangle$ 小参数(ky)展开的第一个非 0 部分。

7-22 由式(7.169)推导式(7.170)。由式(7.170)推导 $\langle |E_y^t(x,y,z)|^2 \rangle$ 小参数(ky)展开的第一个非 0 部分。

7-23 由式(7.173)推导式(7.174)。

7-24 由式(7.186)推导式(7.187)。证明 $\langle |E_z^t(0,y,z)|^2 \rangle = \langle |E_z^t(x,0,z)|^2 \rangle = 0$。

7-25 由式(7.189)推导式(7.190)。

7-26 由式(7.191)推导 $\langle |E_x^t(0,y,z)|^2 \rangle$ 小参数(ky)展开的第一个非 0 部分。

7-27 推导式(7.194)。依据式(7.194)，证明 $\langle |E_z^t(0,0,z)|^2 \rangle = \dfrac{4E_0^2}{3\eta^2}$。

7-28 推导式(7.201)。依据式(7.201)，证明 $\langle |H_x^t(0,y,z)|^2 \rangle = 0$。

7-29 推导式(7.212)。证明 $\langle |E_z^t(0,y,z)|^2 \rangle = \langle |E_z^t(x,0,z)|^2 \rangle = 0$。

7-30 推导式(7.217)。证明 $\langle |H_z^t(x,y,0)|^2 \rangle = 0$。

7-31 由式(7.241)推导式(7.242)。证明磁场的平方满足下述公式：$\langle |\boldsymbol{H}_e(\boldsymbol{r})|^2 \rangle = \dfrac{E_0^2}{\eta^2}\left[1 + \dfrac{\sin(2kr)}{kr}\right]$。

第8章　电大有损腔体的缝隙激励

在许多电磁干扰问题中，重要的电子系统被放置在有缝隙的金属腔室内。这种情况下，获得腔室的屏蔽性能显得很重要，通过屏蔽效能可以将内部场与外部场联系起来。本章的主要目的就是介绍文献[38]中含有缝隙和内部加载的电大尺寸腔体屏蔽效能的数学模型。我们利用功率平衡的方法，大多数数学公式的推导与第7章中介绍的相同，主要区别就是辐照源在缝隙之外而非一个内部天线。

8.1　缝隙激励

考虑到功率密度为 S_{i} 的时谐平面波，辐照有缝隙的屏蔽腔体，如图8.1所示（S_{i} 为入射矢量功率密度的幅度）。图中：V 为腔体的体积；S_{i} 为辐射场的功率密度；S 为腔体表面的功率密度；S_{c} 为腔体内部的功率密度。如果缝隙总的传输截面为 σ_{t}，那么进入腔体的功率 P_{t} 为

$$P_{\mathrm{t}} = \sigma_{\mathrm{t}} S_{\mathrm{i}} \tag{8.1}$$

毫无疑问，功率会通过缝隙泄露出去，但是我们已经在7.6节缝隙损耗 P_{d3} 对腔室 Q 值的影响中对此效应进行了总结。对于有 N 个缝隙的情况，σ_{t} 可写为多个之和：

$$\sigma_{\mathrm{t}} = \sum_{i=1}^{N} \sigma_{\mathrm{t}i} \tag{8.2}$$

式中：$\sigma_{\mathrm{t}i}$ 为第 i 个缝隙的传输截面。一般来说，$\sigma_{\mathrm{t}i}$ 和 σ_{t} 与辐射场的频率、入射角和极化有关。

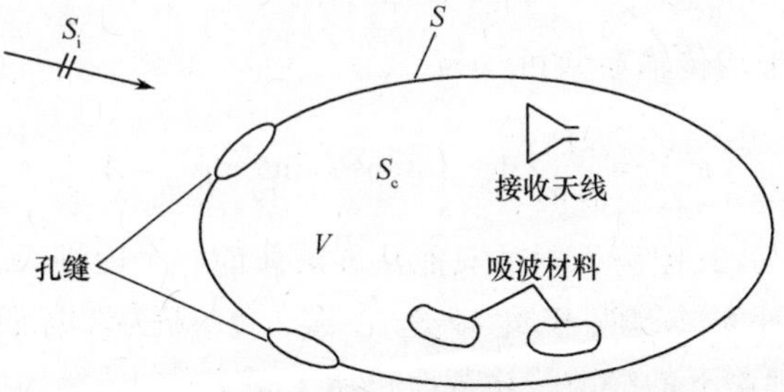

图8.1　含有吸波材料和天线的腔体孔缝激励[41]

在实际应用中,入射角和极化角是未知且随机的。这种情况可以利用混响室对腔体进行实验[38]。发射功率可以写为

$$P_t = \langle \sigma_t \rangle S_i/2 \tag{8.3}$$

式(8.3)中的因子1/2是由于电大腔室对入射场的遮蔽,也是一个凸形屏蔽室的良好近似。平均项$\langle \sigma_t \rangle$是基于混响室内测试时的所有搅拌器位置或所有入射角极化角计算的。N个缝隙的平均传输界面由(8.2)直接得出:

$$\langle \sigma_t \rangle = \sum_{i=1}^{N} \langle \sigma_{ti} \rangle \tag{8.4}$$

8.1.1 任意形状的缝隙

平面波通过理想良导体腔室上的缝隙进入腔室,如图8.2所示。简便起见,用下标i表示屏蔽体上的第i个缝隙。缝隙理论对平面上的缝隙已经有了初步发展,理想导体可以看作无限拓展以及厚度为零[103]。这里,假设屏蔽体为平面以及屏蔽厚度很小。缝隙理论可以分为三种情况:缝隙尺寸小于入射波长,与入射波长相当和大于入射波长。

对于电大缝隙,几何光学公式为

$$\sigma_t = A\cos\theta^i \tag{8.5}$$

式中:A为缝隙的面积;θ^i为入射角。因此σ_t独立于入射波的频率、极化角和方位角。

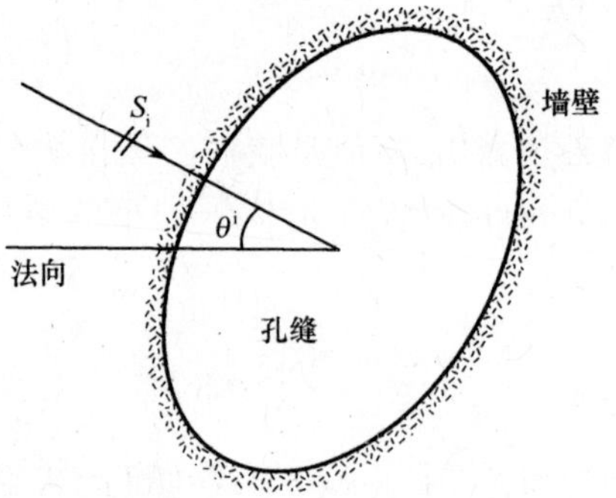

图8.2 任意形状孔缝的外场入射[41]

这种情况下,平均传输参数可写为

$$\langle \sigma_t \rangle = \frac{1}{2\pi}\int_0^{2\pi} d\phi^i \int_0^{\pi/2} A\cos\theta^i \sin\theta^i \, d\theta^i = A/2 \tag{8.6}$$

式中,限制θ^i小于$\pi/2$,因为入射波只能从屏蔽体的一个面进入。

对于电小尺寸的缝隙,极化理论中称入射场为"电偶极矩""磁偶极矩[103,104]"。这个理论下的缝隙传输截面正比于频率:

$$\sigma_t = Ck^4 \tag{8.7}$$

式中：C 依赖于入射角和极化角，以及缝隙的尺寸和形状，但独立于频率；波数 $k=\omega/c$。对于圆形缝隙，具体 C 的形式将在下面章节给出。

在谐振领域，缝隙的尺寸和波长相当，σ_t 与频率的依赖关系取决于缝隙的形状。数值的计算方法[89]可用于这种情况的仿真，但本章的重点并不在此。

8.1.2 圆形缝隙

圆形缝隙是非常特殊的例子，因为其有一套分析方法，并且容易进行实验。半径为 a 的圆形缝隙的几何图形如图 8.3 所示。一个确切的传输系数解决方案是球形方程[104]，但是对于电大或电小尺寸圆形缝隙，这里选择一个基于近似的简单方法。

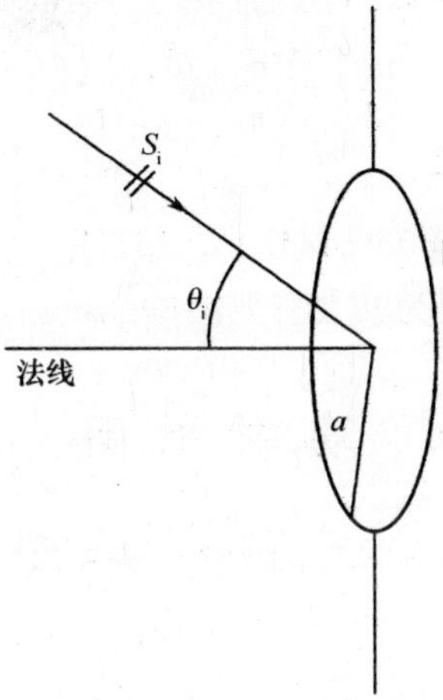

图 8.3 半径为 a 的圆形孔缝的外场入射[41]

对于电大圆形缝隙，可根据式(8.5)和式(8.6)中的几何光学近似得到其传输截面以及平均传输截面：

$$\sigma_t = \pi a^2 \cos\theta^i, \ \langle \sigma_t \rangle = \pi a^2/2 \tag{8.8}$$

对于电小尺寸圆形缝隙，极化理论[103]可用于确定电偶极矩或磁偶极矩效应以及缝隙的传输截面。细节推导过程在附录 I 中给出。传输截面取决于入射场的极化角度和仰角。对于电场极化方向平行于入射平面，由入射波矢量和孔缝的法线定义。传输截面的定义为

$$\sigma_{tpar} = \frac{64}{27\pi} k^4 a^6 \left(1 + \frac{1}{4}\sin^2\theta^i\right) \tag{8.9}$$

对于垂直极化，传输截面的定义为

$$\sigma_{tperp} = \frac{64}{27\pi} k^4 a^6 \cos^2\theta^i \tag{8.10}$$

无论 θ_{tpar} 或 θ_{tperp}，式(8.7)中都有因子 k^4，当垂直入射($\theta^i=0$)时，它们是相等的。假设入射场随机，无论平行波还是垂直波，都有相同的功率密度。因此，平均

传输截面为

$$\langle\sigma_t\rangle = \frac{1}{2}\int_0^{\pi/2}(\sigma_{tpar}+\sigma_{tperp})\sin\theta^i\,d\theta^i \tag{8.11}$$

实际情况是传输截面独立于入射方位角。如果将式(8.9)和式(8.10)代入式(8.11)中,可去掉 θ^i,得到

$$\langle\sigma_t\rangle = \frac{16}{9\pi}k^4a^6 \tag{8.12}$$

在谐振领域,并没有一个很简单的传输截面表达式,这是因为在圆形缝隙中不存在很强的谐振[105]。因此,只选择利用电小尺寸和电大尺寸缝隙来覆盖整个频率范围。通过解式(8.8)和式(8.12)可得到平均传输截面 k_c:

$$\frac{\pi a^2}{2} = \frac{16}{9\pi}k^4a^6 \tag{8.13}$$

式(8.13)的解为

$$k_c a = (9\pi^2/32)^{1/4} \approx 1.29 \tag{8.14}$$

该技术不能应用于长、窄缝隙,因为其会有典型的强谐振。

8.2 功率平衡

本节中,我们利用"功率平衡技术"来确定屏蔽效能以及带缝隙腔体的衰减时间。该技术是近似的,因为其假设腔室内标量功率密度 S_c 独立于位置。这与7.2节混响室分析是一致的,并将利用式(7.18)中的标量功率密度表达式。

8.2.1 屏蔽效能

如图8.1所示,一列入射波入射进入带缝隙的屏蔽腔体。要想确定腔体内部的标量功率密度 S_c。对于稳定条件下,要求通过缝隙传输进入腔室内的功率 P_t 等于7.6节中介绍的通过其他四种衰减途径耗散掉的功率 P_d,即

$$P_t = P_d \tag{8.15}$$

如果将式(7.107)、式(7.108)、式(7.28)以及式(8.1)代入式(8.15)中,可以解出腔体内部的标量功率密度 S_c:

$$S_c = \frac{\sigma_t\lambda Q}{2\pi V}S_i \tag{8.16}$$

因为假设腔体内部的标量功率密度 S_c 是均匀的,可以定义屏蔽效能(SE)为入射功率密度和腔室功率密度的比值,即

$$SE = 10\lg(S_i/S_c) = 10\lg\left(\frac{2\pi V}{\sigma_t\lambda Q}\right)\quad dB \tag{8.17}$$

式(8.16)和式(8.17)中的结果与测试该问题的文献[106]中的结果一致。当腔室内功率密度小于入射功率密度时,定义 SE > 1(或以 dB 为单位时为正)。根据

式(8.17)计算得到的 SE 取决于腔室体积、品质因数 Q 以及传输截面 σ_t。文献[41]给出了 SE 和 Q 的计算程序。

式(8.16)和式(8.17)中的结果应用于单列入射电磁波,传输截面 σ_t 取决于入射方向和极化方向。对于均匀随机入射情况,需要将式(8.16)和式(8.17)中的 σ_t 替换为平均值 $\langle\sigma_t\rangle/2$。

功率密度对品质因数 Q 的改善在式(8.16)和式(8.17)中表达很清楚,可以看到一个有损(低 Q 值)腔体比高 Q 值腔体的屏蔽效能要高。除了泄漏,考虑到具体损耗腔体的例子($P_{d1}=P_{d2}=P_{d4}=0$),最大损耗因素可以得出。这种情况下,Q 值为

$$Q = Q_3 = \frac{4\pi V}{\lambda\langle\sigma_l\rangle} \tag{8.18}$$

如果将式(8.18)代入式(8.16),可得

$$S_c = S_i\frac{2\sigma_t}{\langle\sigma_1\rangle} \tag{8.19}$$

对于均匀随机激励情况,传输截面由平均传输截面的一半代替。但是,平均传输截面等于平均泄漏截面($\langle\sigma_t\rangle=\langle\sigma_1\rangle$),式(8.19)可简化为

$$S_c = S_i \quad \text{或} \quad \mathrm{SE}=0\mathrm{dB} \tag{8.20}$$

因此,泄漏损耗等于传输功率,腔室屏蔽效能为零。此结果独立于缝隙的尺寸和形状。物理上来讲,这与混响室中的开缝腔体(但没有其他损耗)是一致的。我们期望:真实腔体含有其他损耗(如墙壁损耗)以及大于零(dB)的屏蔽效能。

8.2.2 时间常数

对于时间常数,我们只考虑稳定状态,单频激励。因为脉冲在一些应用领域很重要,需要考虑到暂态效应。整体上,这是一个复杂的问题,最好使用"傅里叶积分"技术。但是,可以用导通或关断正弦这种简单的方式来分析特殊情况。

首先考虑场的衰减情况,激励源(入射功率)突然关闭。在 dt 时间内将强势能量 U 替换为负的耗散功率,可得到差分方程:

$$\mathrm{d}U = -P_d\mathrm{d}t \tag{8.21}$$

利用式(7.108)替换掉式(8.21)中的 P_d:

$$\mathrm{d}U = -(\omega U/Q)\mathrm{d}t = -\frac{U}{\tau}\mathrm{d}t \tag{8.22}$$

式中:时间常数 $\tau=Q/\omega$;初始条件为当 $t=0$ 时,$U=U_s$。加上初始条件,式(8.22)的解为

$$U = U_s\exp(-t/\tau),\quad t>0 \tag{8.23}$$

在文献[38,41]中对时间常数 τ 进行了测量,并与式(8.23)中进行曲线拟合。一旦确定了时间常数 τ,依赖于频率的 Q 也将被确定:

$$Q = \omega\langle\tau\rangle \tag{8.24}$$

其中,时间常数平均值$\langle\tau\rangle$用来测量 Q 值,方程(8.24)用于测量 Q 值,其余理论计算值的对比如图 7.13 和图 7.14 所示。

与之密切相关的情况是一个导通(阶梯调制)的入射功率密度,涉及相同的指数函数和时间常数:

$$U = U_s[1 - \exp(-t/\tau)],\quad t > 0 \tag{8.25}$$

腔体能量密度和标量功率密度符合同样的指数变化和同样的时间常数,式(8.23)、式(8.25)与文献[91]相符。如果一束雷达脉冲的持续时间与时间常数 τ 相当,腔室内的场将会达到稳定值。但是,如果脉冲长度小于时间常数 τ,腔室内的场在脉冲消失之前达不到稳定状态。一些常见的雷达以及它们的脉冲特征在文献[41]中有所描述。

一个高 Q 值(长时间常数 τ)会有很低的屏蔽效能稳定值,但是会需要一个较长的时间以使腔室内的场达到稳定状态。物理上来讲,高 Q 值(长时间常数 τ)意味着在电磁波衰减之前在腔室内部有更多的反射。

8.3 屏蔽效能的实验结果

实验在两个带有缝隙的腔体内进行。两个腔体都为矩形,墙壁材料为铝。选择铝是因为其有较高的电导率以及比较容易焊接。因为手册中铝的电导率不确定性,在 NIST 利用平行板介质谐振器技术进行电导率测量。测量结果为 8.83×10^6S/m。这个测量值比手册中略低,但是比手册中在直流中测得的更可信。给出了与理论计算的 Q 值拟合度较好的结果如图 7.13 和图 7.14 给出。

矩形腔体的尺寸为 0.514m × 0.629m × 1.75m,在 NIST 建造[41]。腔室在 1GHz 以上频率时有充足的模密度,但是足够轻移动方便。腔体几何尺寸如图 8.4 所示。圆形缝隙的半径为 1.4cm。搅拌器使用与腔室墙壁同样的铝材料。多个盐水球的半径为 6.6cm,用于腔室加载。盐的浓度与海水相同,那么文献[107]中描述的海

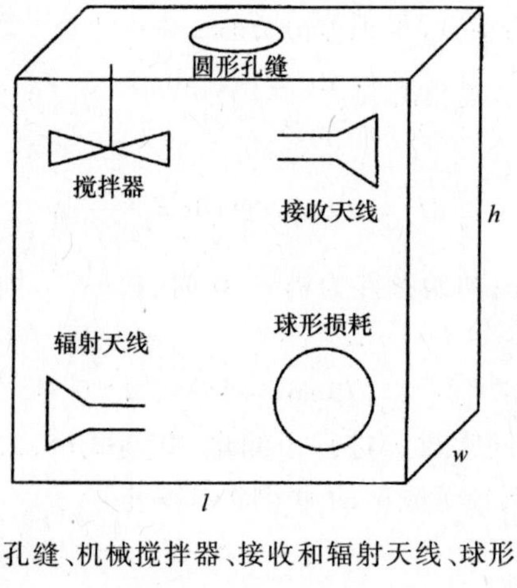

图 8.4 内部有圆形孔缝、机械搅拌器、接收和辐射天线、球形损耗的矩形腔体[38]

水的电性质可以用于此理论。

文献[19]将腔体放置在 NIST 的混响室内部进行 SE 的测试。混响室和腔体内部的场都得到了搅拌，混响室内部的平均接收功率减去腔体内部的平均接收功率即可得到以 dB 为单位的 SE。并将该结果与式(8.17)的理论值做了比较。

图 8.5 中测量值与文献[41]中理论值的对比是在单一盐水球加载情况下。有损球的吸收截面理论在附录 H 中给出。混响室和小腔体内都使用了双脊喇叭，其带宽为 1~18GHz。在 8GHz 以下，理论值和测量值的吻合度很好，但是在 8GHz 以上，不吻合度会比期望值大。

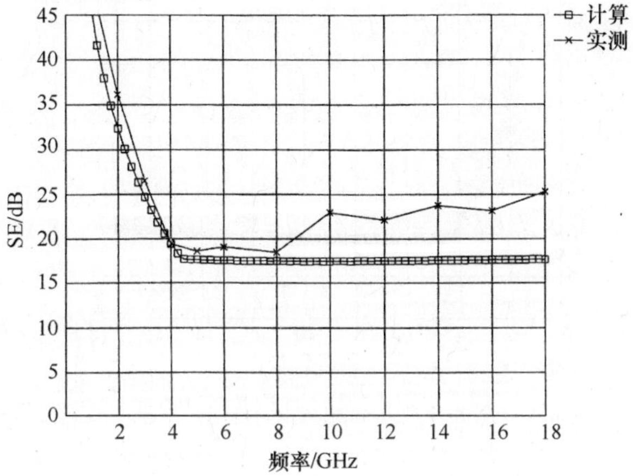

图 8.5　图 8.4 所示矩形腔体的理论计算和试验测量 SE 值，表面圆形孔的半径为 0.014m，内置 2 个天线和 1 个半径为 0.066m 装满盐水的球体作为增加吸收加载[41]

在图 8.6 中，腔体内加载了 3 个盐水球。在高频段的吻合度比图 8.5 中的要好。因此，因为较低的 Q 值，如式(8.17)所述的屏蔽效能也会较大。实际结果就

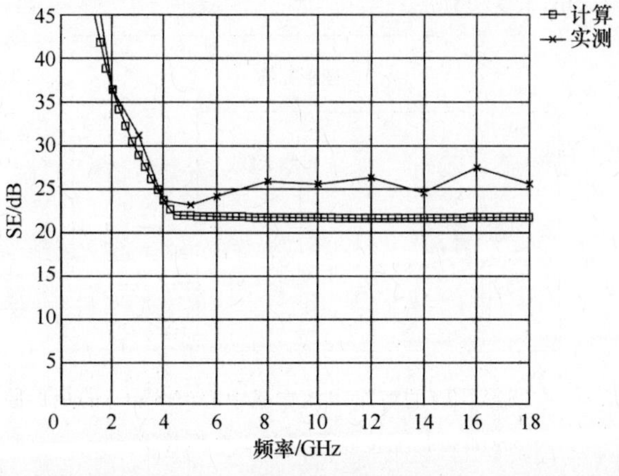

图 8.6　图 8.4 所示矩形腔体的理论计算和试验测量 SE 值，表面圆形孔的半径为 0.014m，2 个天线，3 个半径为 0.066m 装满盐水的球体作为增加的吸收加载[41]

是腔体的屏蔽效能会随着腔体加载损耗材料而增大。

一系列相关测试利用标准增益,Ku 喇叭天线。这些天线的效率达到 98%。由于宽带双脊喇叭天线的效率较低,因而需要进行一些对比实验。屏蔽效能的测量值和计算值对比如图 8.7 所示。其吻合度比图 8.5 和图 8.6 中使用双脊喇叭的要好。但是屏蔽效能的值会小一些,因为没有加载损耗盐水球。因此腔室的 Q 值会高一些。

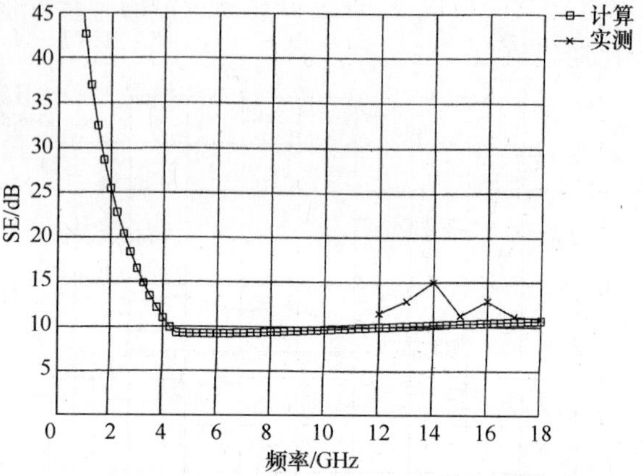

图 8.7　图 8.4 所示矩形腔体的计算和测量 SE 值,圆形孔半径为 0.014m,2 个 Ku 波段天线[41]

Hatfield 利用海军水面作战中心(NSWC)的混响室中放置有圆形缝隙的矩形腔室,也进行了屏蔽效能测试[41]。腔体内含有宽带双脊喇叭接收天线和 1 个模式搅拌器,如图 8.8 所示。没有吸波损耗加载物。腔室材料为铝(介电常数为 8.83×10^6S/m),尺寸为 $l=1.213$m,$w=0.603$m,$h=0.937$m。两种不同半径的圆形缝隙,$a=2.94$cm,3.51cm。

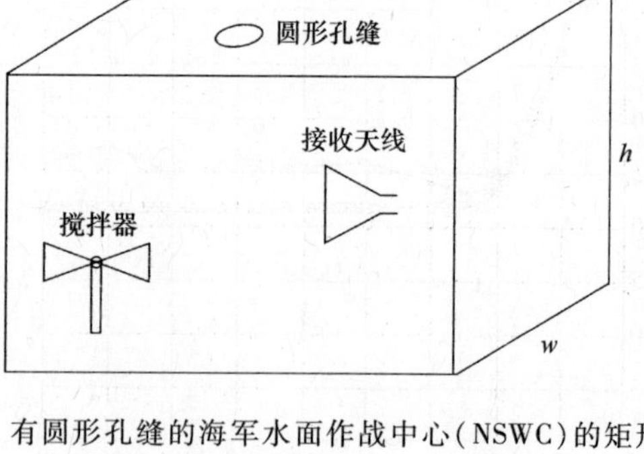

图 8.8　有圆形孔缝的海军水面作战中心(NSWC)的矩形腔体。内部装载了接收天线和 1 个搅拌器[41]

在 200MHz ~ 18GHz 范围分别对两种缝隙的屏蔽效能进行测试。计算值和测试值的对比曲线如图 8.9 所示。低于 400MHz 的理论计算值是无效的,因为此时腔体不是电大尺寸的(模密度太低)。测试值随着频率的变化快速变化,不会像理论计算值那样平缓,但是随着频率快速变化的正是典型的混响室测试[19]。对于两种圆形缝隙,当频率大于400MHz时,其理论计算值和测试值的吻合度都很好。较小的缝隙产生较大的屏蔽效能,但是高频段,理论计算的屏蔽效能值低于这两种缝隙的结果。屏蔽效能随着频率的上升而降低的原因是因为腔体Q值的增大以及传输横截面的增加。方程(8.17)体现出了屏蔽效能和两个变量的依赖关系。

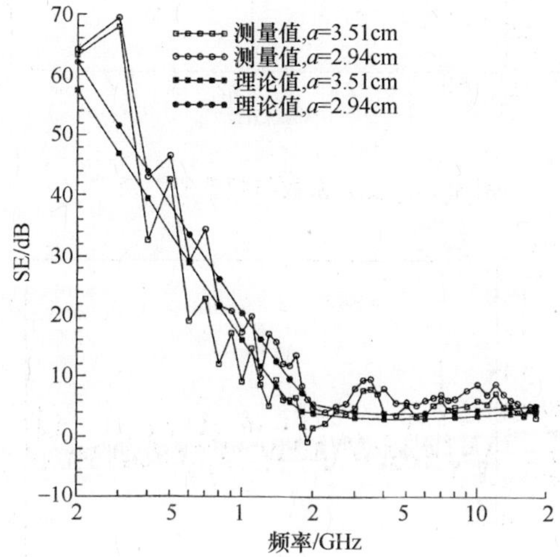

图8.9　有两个不同半径(a)的圆形孔缝的海军水面作战中心(NSWC)的矩形腔体的屏蔽效能(理论和实测)[41]

文献[108]给出了一个铝质腔体这一最新装置的数据,其几何尺寸为0.73m×0.93m×1.03m,在腔体6个侧面中每个侧面的任一位置随机打直径为1.6cm的圆孔(合计30个孔)。腔室内部有平行板搅拌器以及一个接收天线。利用单一平面波辐照,盒子可以自行转动用以改变入射角。实验数据与本章中的理论一致,此外,统计理论也证明小腔室内部的行为是一个混响室。这意味着接收功率概率密度函数应该是指数函数[18],如式(7.37)。对于指数概率密度函数,其变异系数、方差与平均值之比都等于1。图8.10给出了对于固定入射角和极化角,变异系数随着频率的变化曲线,其结果也集中在1附近。图8.11给出了对于固定频率3GHz,变异系数随着入射方位角的变化曲线,其结果也集中在1附近。这些结果至少部分证明了混响室理论可以应用于一个开缝腔体受到外部辐射源辐照的情况[108]。

本章中的测试数据可以按比例扩大其尺寸和频率,以符合实际腔体(如飞行器)。但是其墙壁和吸收体的电性能也要按比例扩大。所需的比例关系在附录J中讨论。

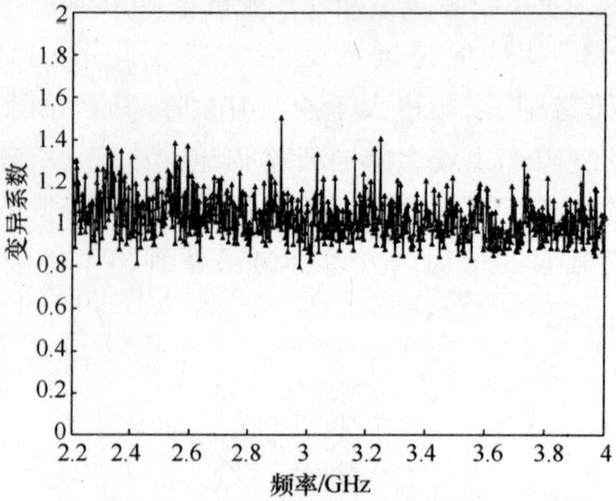

图 8.10　变异系数与频率的关系[108]

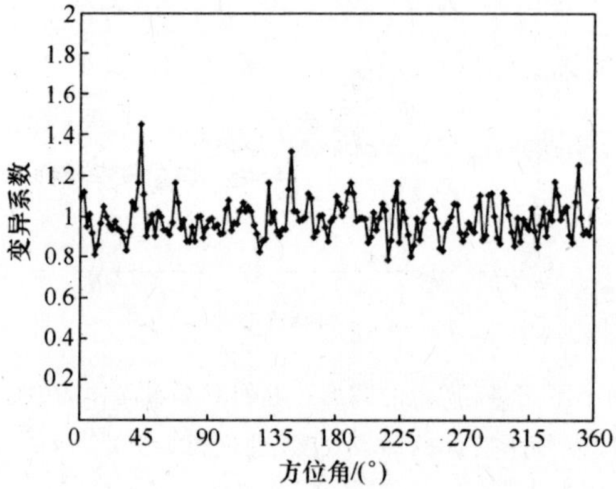

图 8.11　变异系数与方位角的关系[108]

问　　题

8-1　由式(8.9)~式(8.11)推导式(8.12)。

8-2　由式(7.107)、式(7.108)、式(7.28)、式(8.1)和式(8.2)推导式(8.16)。

8-3　假设一个空的立方体,边长为1m,有一个半径为1cm的圆形孔,Q 值为 10^4。计算在均匀随机电磁辐照下的屏蔽效能。

8-4　假设有一个近似为空的立方体,品质因数 Q 取决于墙壁损耗。腔体材料为铜($\sigma_W = 5.7 \times 10^7 S/m, \mu_W = \mu_0$)。计算关闭频率为10GHz的正弦波的持续时间。

8-5　当品质因数 Q 取决于墙壁损耗时,计算时间常数与频率的关系?

8-6　假设腔体如题8-4所述。如果将腔体的几何尺寸增加10倍,为了得到同样的电磁特性，频率应如何变化？（参考附录J的比例关系。）增大后腔体墙壁的电导率为多少？

8-7 比较题8-4和题8-6中腔体的趋肤深度。趋肤深度是否增加10倍？

8-8 证明题8-4和题8-6中腔体的品质因数 Q 相等。

8-9 比较题8-4和题8-5中腔体的时间常数。它们是否满足式(8.22)？

第9章　均匀场模型的扩展

在前两章有关混响室和电大、耗散腔体的孔缝激励的内容中，分析了其内部统计均匀的场环境，并从中得到了一些重要参数的概率密度函数。本章将对一些非统计均匀场环境的情况进行分析。

9.1　频率搅拌

机械搅拌方式十分有效[19,61]，但却相当缓慢。Wu 和 Chang 在对机械搅拌的分析中指出，旋转的机械搅拌器不停地改变腔体内模的谐振频率，这与调制信号源的工作频率有一定的相似作用。Loughry[90] 对频率搅拌的场均匀性做了统计预测，并采用带限白噪声信号源进行了比较实验。Crawford 等人[49] 在混响室中采用带限高斯白噪声信号对多种被测设备进行了辐射抗扰度测试。本章将在一个采用线源激励的理想二维腔体中，对频率搅拌的相关理论进行研究。

9.1.1　格林函数

在图 9.1 中，在一个二维矩形腔体（$a \times b$）中，线源 I_0 位于（x_0，y_0）处，腔体内的介电常数为 ε，磁导率为 μ（通常为自由空间的值）。将腔体壁视为理想导体时腔体壁的切向电场为零。

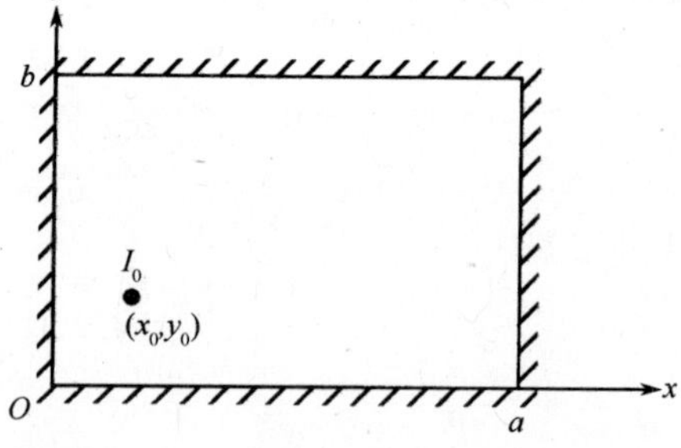

图 9.1　二维矩形腔体线源激励图[48]

电场在 z 方向是独立的（$\partial/\partial z = 0$），并且在时域上的变化为 $\exp(-\mathrm{i}\omega t)$（之后会介绍频率搅拌所需的非零带宽）。实际上，在三维腔体（$a \times b \times c$）中，实际信号源将在 z 变量上激励出高次模式，这里的分析暂不做考虑。

非零场分量分别为 E_z，H_x 和 H_y，磁场分量可由 z 方向的电场 E_z 获得：

$$H_x = \frac{-1}{\mathrm{i}\omega\mu}\frac{\partial E_z}{\partial y} \quad 和 \quad H_y = \frac{1}{\mathrm{i}\omega\mu}\frac{\partial E_z}{\partial x} \tag{9.1}$$

格林函数(E_z)必须满足以下标量方程：

$$\left(\frac{\partial^2}{\partial x^2} + \frac{\partial^2}{\partial y^2} + k^2\right)E_z = -\mathrm{i}\omega\mu I_0 \delta(x - x_0)\delta(y - y_0) \tag{9.2}$$

式中：$k^2 = \omega^2\mu\varepsilon$；$\delta$ 为狄拉克方程。(E_z 不是通常的格林函数中的 G 符号，因为没有必要为了获得电场 E_z 而对延伸的场源区域求积分。)为了保证等式(9.2)成立，腔体边界条件处的电场必须满足 $E_z = 0$。

应用标准变量分离的方法[110]，E_z 通过式(9.2)可以用以下求和公式得到：

$$E_z = \frac{-4\mathrm{i}\omega\mu I_0}{ab}\sum_{m=1}^{\infty}\sum_{n=1}^{\infty}\frac{\sin(m\pi x_0/a)\sin(m\pi x/a)\sin(n\pi y_0/b)\sin(n\pi y/b)}{k^2 - (m\pi/a)^2 - (n\pi/b)^2} \tag{9.3}$$

式(9.3)中的分母在腔体谐振频率 f_{mn} 下的值为零，谐振频率 f_{mn} 可由下式得到：

$$f_{mn} = (v/2)\sqrt{(m/a)^2 + (n/b)^2} \tag{9.4}$$

式中：速度 $v = 1/\mu\varepsilon$；m 和 n 为所有的正整数。在逐项基础上，式(9.3)的解由在腔体壁处满足边界条件的正弦项组成。

式(9.3)中对 n(或 m)项求和是可能的，并且可以获得如下 E_z 的另一种表达式：

$$E_z = \frac{2\mathrm{i}\omega\mu I_0}{a}\sum_{m=1}^{\infty}\frac{\sin(m\pi x_0/a)\sin(m\pi x/a)}{k_m\sin(k_m b)} \times \begin{cases}\sin(k_m y_0)\sin[k_m(b - y)], & y > y_0 \\ \sin[k_m(b - y_0)]\sin(k_m y), & y < y_0\end{cases} \tag{9.5}$$

式中：$k_m = \sqrt{k^2 - (m\pi/z)^2}$。在文献[110]中式(9.3)和式(9.5)服从相关的标量格林函数。

因为式(9.3)和式(9.5)服从边界为理想导体的无耗散腔体，根据式(9.4)可知它们在谐振频率处存在奇点。对于物理上的实际耗散腔体，还没有准确的求解方法，但是对于高 Q 值的腔体，可以通过简单修改式(9.3)和式(9.5)来获得一个非常近似的求解方法。对于有限的 Q 值，存在几种差别很小的表达形式，但是对于高 Q 值的情况是近似相等的。可将式(9.3)和式(9.5)中的 k 用 k_c 代替来引入耗散的影响[3,7,34,111]：

$$k_c = k\left(1 + \frac{\mathrm{i}}{2Q}\right) \tag{9.6}$$

在以下章节中，将在腔体耗散的基础上对 Q 值的表达式进行推导。尽管如此，正如7.6节中所述，其他耗散机制同样会导致一个有限的 Q 值；所以式(9.6)可以用于其他耗散形式中。

在计算效率方面，式(9.5)是非常完美的，因为它只包含一个单一的求和。对于有限的 Q 值，求和是有限的，因为 k_m 随着式(9.6)中的替代变得复杂：

$$k_m = \sqrt{k^2\left(1+\frac{\mathrm{i}}{2Q}\right)^2 - \left(\frac{m\pi}{a}\right)^2} \tag{9.7}$$

这里 k_m 和 $\sin(k_m b)$ 相对于所有的工作频率均是非零的，以便式(9.5)仍是有限的。式(9.3)的分母表明任何给定模式的 3dB 带宽近似为 f_{mn}/Q，其中 f_{mn} 由式(9.4)给出。已经根据式(9.3)与式(9.5)编写了程序用来估计 E_z，并且程序计算表明它们在数值上是一致的。基于式(9.5)的程序运行更快，因为它只是一个单一的求和，并且当 $m > ka/\pi$ 时各项是指数衰减的。这种更快的速度对于后面的不同工作频率与不同测试点的计算来说是非常重要的。

9.1.2 场均匀性估计

在之前的章节中，采用模理论计算电磁场表达之前，根据统计均匀场在声学室与第 7 章混响室中的应用，得到了腔体 Q 值与标量能量密度的近似表达式。第一个假设是线源在耗散腔体内与在无限大空间中的辐射功率相等。如果采用辐射条件而不用腔体壁的边界条件通过式(9.2)求解 E_z，那么 E_z 可以表达为[3]

$$E_z = -\frac{\omega\mu I_0}{4}\mathrm{H}_0^{(1)}(k\rho) \tag{9.8}$$

式中：$\rho = \sqrt{x^2+y^2}$；$\mathrm{H}_0^{(1)}$ 为零阶汉开尔方程的第一项[25]。如果 $k\rho$ 较大时，$\mathrm{H}_0^{(1)}(k\rho)$ 用渐进表达式表示，那么单位长度上的辐射功率密度为

$$S_{\mathrm{r}} = \frac{|E_z|^2}{\eta} = \frac{|I_0|^2\eta k}{8\pi\rho} \tag{9.9}$$

式中：$\eta = \sqrt{\mu/\varepsilon}$。单位长度上的辐射功率 P_{r} 可通过 S_{r} 乘以圆周长 $2\pi\rho$ 得到：

$$P_{\mathrm{r}} = 2\pi\rho S_{\mathrm{r}} = |I_0|^2\eta k/4 \tag{9.10}$$

第二个假设是：对于一个搅拌效果良好的腔体，其内部的标量功率密度 $S(=|E_z|^2/\eta)$ 和能量密度 $W(=\eta|E_z|^2)$ 都是统计均匀的。根据能量守恒定律，辐射功率等于腔体内耗散的功率，Q 可以表达为

$$Q = \omega U/P_{\mathrm{r}} \tag{9.11}$$

式中：U 为腔体内每单位长度存储的能量，可以写为

$$U = \langle W\rangle A = \varepsilon|E_z|^2 A \tag{9.12}$$

式中：正交面积 $A = ab$。在式(9.12)的推导过程中，假设腔体中存储的电场和磁场能量相等，这种相等假设适用于在谐振情况的耗散腔体或近似适用于经过搅拌的高 Q 值腔体。将式(9.10)和式(9.11)代入式(9.12)，可得电场均值的平方为

$$|E_z|^2 = |I_0|^2 \eta^2 Q/(4ab) \tag{9.13}$$

式(9.13)中缺失的参数为 Q。总之,因为对 7.6 节中描述的所有腔体耗散计算非常困难,所以 Q 值的计算并不容易。尽管如此,如果只考虑一个理想二维腔体的墙体损耗,可以通过 7.6 节中的方法获得类似的结果:

$$Q = \frac{2A}{\mu_r \delta L} \tag{9.14}$$

式中:μ_r 为腔体的相对磁导率;δ 为腔体的趋肤深度;$L = 2(a+b)$。

9.1.3 非零带宽

如果通过式(9.5)计算 E_z(或 H_x,H_y),其值将会因驻波随 x,y 快速变化,或因模结构随频率快速变化。模密度(正如第一部分中对不同腔体所讨论的)是对理解腔体中频率对场作用的重要参数。三维腔体的模密度表达式是众所周知的(第 1 章已经给出),但是这里需要一个二维腔体的模表达式,下面给出了小于谐振频率的近似模式数:

$$N = \pi abf^2/v^2 \tag{9.15}$$

模密度为模式数对频率的微分:

$$\frac{\mathrm{d}N}{\mathrm{d}f} = 2\pi abf/v^2 \tag{9.16}$$

精确的模密度(N_s)定义为对一个有限的 Q,在 3dB 带宽 f/Q 内的模式数[36]:

$$N_s = \frac{f}{Q}\frac{\mathrm{d}N}{\mathrm{d}f} = \frac{2\pi abf^2}{Qv^2} \tag{9.17}$$

通常通过模式搅拌,带宽 f/Q 内不足以产生足够多的模式数来提供一个均匀的场环境。机械模式搅拌通过有效地改变谐振频率来提供一个良好搅拌的场环境[19,109]。

如果激励源提供了一个非零的带宽 BW,那么激励的模式数 N_{BW} 为

$$N_{BW} = 2\pi abf\mathrm{BW}/v^2 \tag{9.18}$$

这里假设 BW 要比 f/Q 大一些,而为了得到采用非零带宽方式的一些优势,这是必需的。为了得到带宽所使用的信号类型是相对随意的,Loughry[90] 选用一个带限的高斯白噪声。这里假设信号频谱覆盖带宽 BW,并假设两个不同的频率对场的贡献是正交的(这种假设与 Loughry 的源是一致的)。

所以任一点的场均值的平方可以写为

$$|E_z|^2 = \frac{1}{\mathrm{BW}}\int_{f-\mathrm{BW}/2}^{f+\mathrm{BW}/2} |E_z(f')|^2 \,\mathrm{d}f' \tag{9.19}$$

假设能够得到一个完美的均匀场,并且线源辐射的功率与在自由空间中的一样,那么在腔体中的任一点,式(9.19)符合式(9.13)。这意味着式(9.13)是对理想情况下式(9.19)的归一化,并且归一化的场可表达为

$$|E_{zn}|^2 = \frac{1}{C_n^2 \mathrm{BW}} \int_{f-\mathrm{BW}/2}^{f+\mathrm{BW}/2} |E_z(f')|^2 \mathrm{d}f' \tag{9.20}$$

式中：$C_n^2 = |I_0|^2 \eta^2 Q/(4ab)$。从随后的计算可以看到，随着带宽 BW 的增加，结果越来越接近理想情况（$|E_{zn}|^2 = 1$）。

图 9.2～图 9.5 给出了固定 y 值时，归一化电场（用 dB 表示）与 x 之间的函数关系。对于腔体的维数，二维模型的尺寸与 NIST 的混响室一样：$a = 4.57\mathrm{m}$，$b = 3.05\mathrm{m}$。线源的位置在 $x_0 = y_0 = 0.5\mathrm{m}$ 处，这与实际发射天线位于混响室的一角但不太靠近墙体的实际使用情况相一致。图 9.2 中其他参数：$f = 4\mathrm{GHz}$，$Q = 10^5$，

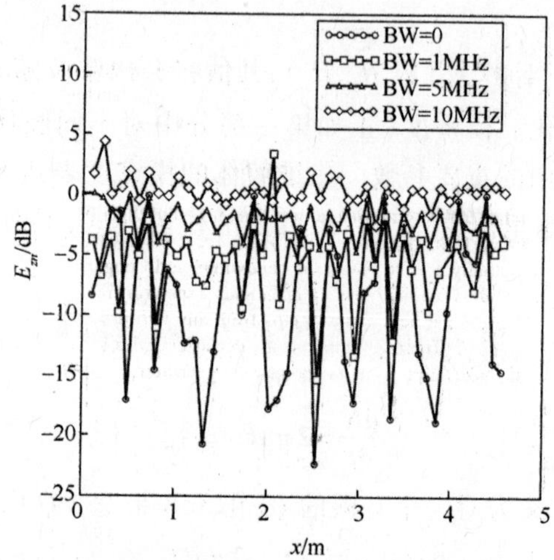

图 9.2 在不同带宽下 x 值对应的归一化电场值，其他参数：
$f = 4\mathrm{GHz}, Q = 10^5, y = 1.5\mathrm{m}, x_0 = y_0 = 0.5\mathrm{m}$[168]

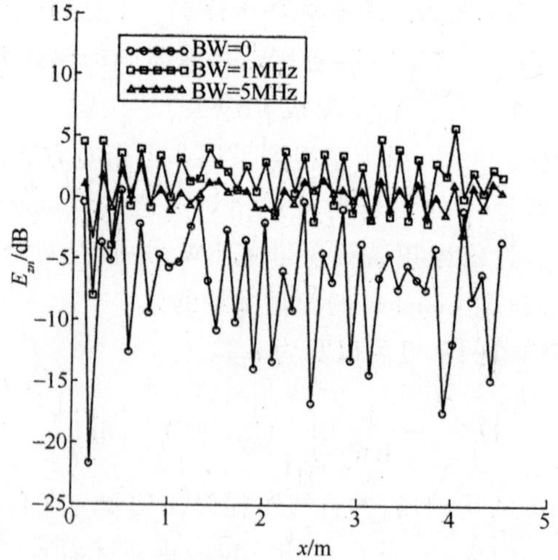

图 9.3 高频率（8GHz）和 Q 值（1.5×10^5）下的归一化电场值[48]

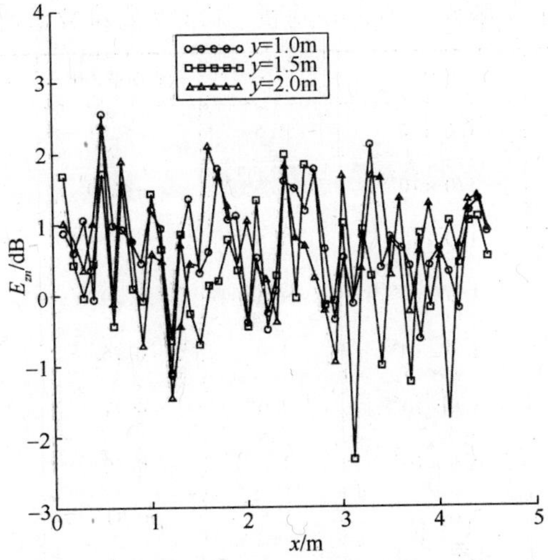

图 9.4　不同 y 值下的归一化电场值，其他参数：$f=4\text{GHz}$，$Q=10^5$，$x_0=y_0=0.5\text{m}$[48]

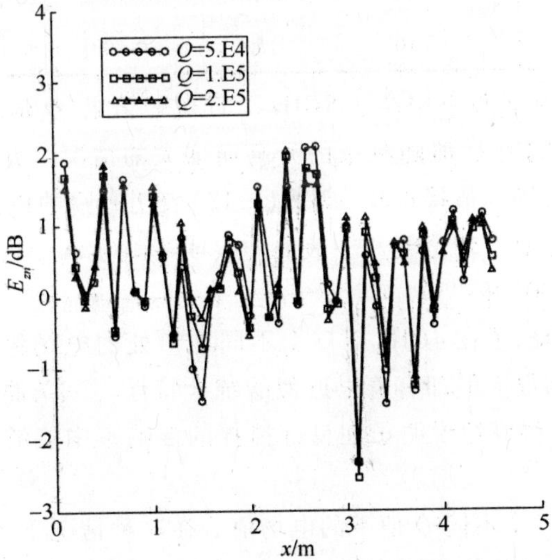

图 9.5　不同 Q 值下的归一化电场值[48]

$y=1.5\text{m}$。Q 值的选取与 NIST 的混响室的实验值一致[19]。随着带宽的增加，图 9.2 给出了两个很明显的趋势，电场变化量作为 x 的函数降低，场均值趋于 0，这意味着频率搅拌对提高电场空间的均匀性与减小线源与墙壁的相互作用是十分有效的。第二个作用等同于为发射天线提供了自由空间，减小了阻抗失配的影响。表 9.1给出了图 9.2 ~ 图 9.5 中每一条曲线的电场均值，归一化电场的标准偏差及激励的模式数。式(9.18)计算得到的模式数并不是整数，因为该式只是一个估计的渐进表达式。如果如文献[9]中一样采用离散模式，那么模式数将会是一个整数。

表 9.1 不同带宽下的电场均值、标准方差和激励的模式数[48]

f/GHz	BW/MHz	Q	y/m	平均值/dB	标准方差/dB	N_{BW}
4	0.0	1.0×10^5	1.5	-5.81	6.20	0.0
4	1.0	1.0×10^5	1.5	-4.90	3.04	3.9
4	5.0	1.0×10^5	1.5	-1.95	1.54	19.5
4	10.0	1.0×10^5	1.5	0.49	0.88	38.9
4	10.0	1.0×10^5	1.0	0.76	0.72	38.9
4	10.0	1.0×10^5	2.0	0.71	0.89	38.9
4	10.0	5.0×10^4	1.5	0.46	0.98	38.9
4	10.0	2.0×10^5	1.5	0.51	0.85	38.9
8	0.0	1.5×10^5	1.5	-4.83	5.13	0.0
8	1.0	1.5×10^5	1.5	2.04	2.69	7.8
8	5.0	1.5×10^5	1.5	0.30	1.27	38.9

图 9.3 给出了在工作频率高达 8GHz 下近似的结果，Q 值增大到 1.5×10^5 反映了实际使用的混响室 Q 值随频率的升高而增大的情况。并且场均匀性随搅拌带宽的增大而提高，场均值接近 0。等式(9.18)表明激励的模式数 N_{BW} 与 f_{BW} 成正比，所以频率越高需要的带宽越小。表 9.1 表明模式数 N_{BW} 是决定场均匀性的重要参数，这与文献[90]相一致。

在图 9.4 中，给出了在 4GHz 下三个不同 y 值处的电场值。正如表 9.1 看到的，这三条曲线区别很大但却有着很近似的统计特性。三条曲线的平均值与标准方差均小于 1dB，这很好地说明了在良好搅拌的混响室中能够得到期望的空间统计均匀的场环境。

图 9.5 给出了三个不同 Q 值下的电场值。在这种情况下，实际的曲线是十分相似的。尽管如此，必须注意到在式(9.20)的归一化中包含 Q，所以 Q 值越高未归一化的场值越高。并且不同曲线的均值与均方差均小于 1dB。

如果将表 9.1 与 Loughry 的结果进行比较，在理想二维模型中为了得到一定程度均匀的场环境，需要更少的模式数。这也是期望得到的，因为在三维腔体中需要更多的模式数混合在一起。如果考虑这个因素，表 9.1 中的结果与 Loughry 的相一致。

文献[48]对两个信号源在同一腔体中激励同一频率的电磁波的情况进行了分析，这并没有改善场均匀性，甚至在信号源不一致或相位不同的情况下仍旧得不到改善。为了激励更多的模式来实现场均匀，还需要一些附加的机械或频率搅拌方式。

9.2 未搅拌的能量

术语“未搅拌的能量”这个词用来指混响室内一个确定的场(该场没有与搅拌器发生相互作用)[111]。将未搅拌的场认为是各向同性天线的直射场,并且常用场的表达式来描述搅拌场[112],这种情况之前已经进行过简单的分析。在决定辐射抗扰度测试中辐射天线与被测 EUT 的距离以及腔室品质因数 Q 的大小等方面,这种比较是有用的,因此对大部分腔室来说,搅拌场决定着非搅拌场。

这里首先描述各向同性天线在自由空间中直接辐射功率为 P_t 时的功率密度 S_d 的大小:

$$S_d = \frac{P_t}{4\pi r^2} \tag{9.21}$$

式中:r 为距离辐射天线的位置。因为激励天线的主瓣是偏离被测物体的(朝向一个角落或搅拌器),所以选择一个理想的各向同性天线。因此,直射场来自天线的旁瓣,定向可以取得对这种场的一个很好的估计。同时,各向同性天线的假设使得分析结果与激励天线的朝向无关。式(9.21)中其他理想情况的假设为未搅拌场不包含腔体壁的任何反射,这种假设使得分析变得简单并且是正确的,因为反射路径要比直射路径长。

现在考虑搅拌场,根据文献[38],腔体内的平均标量功率密度为

$$\langle S_r \rangle = \frac{\lambda Q P_t}{2\pi V} \tag{9.22}$$

式中:V 为腔体的体积;λ 为自由空间中的波长。当半径为 r_e 时,式(9.21)与式(9.22)中的功率密度应该相等,由此可得半径为

$$r_e = \sqrt{\frac{V}{2\lambda Q}} \tag{9.23}$$

半径 r_e 对应一个球形体积:

$$V_{re} = \frac{4}{3}\pi r_e^3 = \frac{4}{3}\pi\left(\frac{V}{2\lambda Q}\right)^{3/2} \tag{9.24}$$

值得注意的是,Q 基本与体积成正比(见 7.6 节),所以式(9.24)的右边项基本与体积 V 无关。对于一个高效的混响室,该体积 V_{re} 必须远小于实际的混响室体积 V:

$$V \gg V_{re} \tag{9.25}$$

V_{re}可以用来作为评价混响室性能的一个指标。如果混响室的体积远大于 V_{re},混响

室可认为是高效的，因为对于大多数混响室，搅拌能量超过了未搅拌能量，所以有效测试区域的体积是比较大的。

混响室 Q 值的下限可以通过式(9.24)获得，并且(9.25)同样表明

$$Q \gg Q_{\text{thr}} \tag{9.26}$$

式中

$$Q_{\text{thr}} = \left(\frac{4}{3}\pi\right)^{2/3} \frac{V^{1/3}}{2\lambda} \tag{9.27}$$

混响室的 Q 值必须超过该值，混响室才是有效的，式(9.27)中的右边项 $1/\lambda$ 并不意味着 λ 能够无限增大，与混响室的尺寸相比较 λ 仍需要足够小，以便模式密度是足够的。

我们在一个 1.213m × 0.603m × 0.937m 的铝制材料的混响室内对式(9.26)和式(9.27)进行了验证，当工作频率为 12GHz 时，式(9.27)的计算值 $Q_{\text{thr}} \approx 40$，该混响室测得的 Q 值大约为 8×10^4，因此很容易满足式(9.26)的条件。

在 NIST 的混响室内通过加载 500ml 装有耗散液体的瓶子，进行了相关实验的测试[113]。图 9.6 给出了 Q 值与瓶子数之间的函数关系。图 9.7 表明随着瓶子数的增加，场均匀性降低(Q 值降低)。

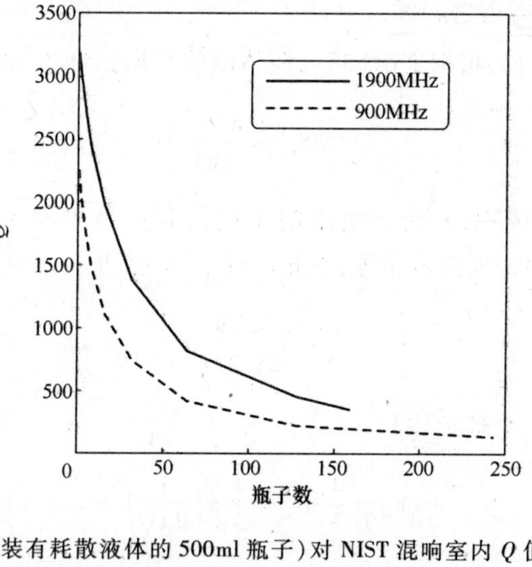

图 9.6　加载(装有耗散液体的 500ml 瓶子)对 NIST 混响室内 Q 值的影响[112]

虽然本节中的理论主要用于研究混响室的相关特性，但其同样适用于研究通过孔缝激励的大尺寸腔体内部场的特性[38]。如果腔体孔缝激励满足式(9.27)和式(9.26)，那么文献[38]中的场均匀性的理论可用于解决孔缝泄漏的问题，此时透射过腔体内的电磁场(远离孔缝处)是均匀的，并且可以通过第 8 章中的理论进行计算。

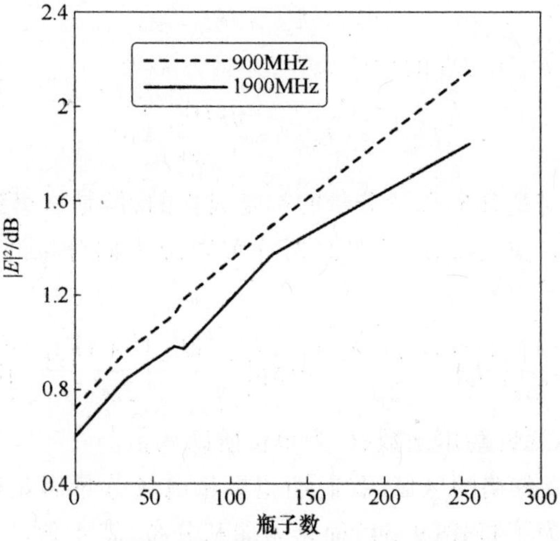

图 9.7　加载(装有耗散液体的 500ml 瓶子)对 NIST 混响室内电场均值平方的标准方差的影响[112]

9.3　其他可选择的概率密度函数

在之前的章节中,我们介绍了直射场(未搅拌场)与搅拌场之间的关系,当直射场不能被忽视时,分析直射场与搅拌场的概率密度函数的差别同样是十分必要的。

为了简化分析,假设直射场在 θ 方向是线性极化的,并将球形分量的电场表示为 $E_{d\theta}$(以发射天线处为原点),功率密度的大小可以写为

$$S_d = \frac{|E_{d\theta}|^2}{\eta} = \frac{P_t}{4\pi r^2} \tag{9.28}$$

式中:η 为自由空间的磁导率(这里再次假设发射天线各向同性)。对于搅拌场,功率密度可以写为

$$\langle S_r \rangle = \frac{<|E_s|^2>}{\eta} = \frac{\lambda Q P_t}{2\pi V} \tag{9.29}$$

如果只考虑 θ 方向的搅拌场分量 $E_{s\theta}$,理想混响室下 $E_{s\theta}$ 的均值平方为式(9.29)的总值的 1/3:

$$\langle |E_{s\theta}|^2 \rangle = \frac{1}{3}\frac{\eta\lambda Q P_t}{2\pi V} \tag{9.30}$$

电场的总 θ 方向分量可以写为搅拌场与直射场分量的和,即

$$E_\theta = E_{s\theta} + E_{d\theta} \tag{9.31}$$

将搅拌场写成实部与虚部的和的形式:

$$E_{s\theta} = E_{s\theta r} + \mathrm{i}E_{s\theta i} \tag{9.32}$$

如在 7.2 节中所示，$E_{s\theta r}$和 $E_{s\theta i}$的均值为零，并且方差为

$$\langle E_{s\theta r}^2 \rangle = \langle E_{s\theta i}^2 \rangle = \frac{\eta\lambda QP_t}{12\pi V} \equiv \sigma^2 \tag{9.33}$$

实际上等式(9.33)对$\boldsymbol{E}_s$任何标量分量的都是成立的，但是这里只考虑 θ 分量。

正如 7.3 节所示，$E_{s\theta r}$和 $E_{s\theta i}$均是高斯分布的，θ 方向分量的电场幅值服从瑞斯分布概率密度函数[57,111,112]：

$$f(|E_\theta|) = \frac{|E_\theta|}{\sigma^2} I_0\left(\frac{|E_{s\theta}||E_{d\theta}|}{2\sigma^2}\right)\exp\left(-\frac{|E_{s\theta}|^2 + |E_{d\theta}|^2}{2\sigma^2}\right)U(|E_\theta|) \tag{9.34}$$

式中：I_0 为修正的零阶贝塞尔函数；U 为单位阶跃函数。

在直射分量可以忽略的区域，我们期望标量电场分量满足瑞利分布概率密度函数（见 7.3 节）。为了将式(9.34)简化为瑞利分布，需要满足

$$|E_{d\theta}|^2 \ll 2\sigma^2 \tag{9.35}$$

故式(9.35)可简化为瑞利分布概率密度函数：

$$f(|E_\theta|) = \frac{|E_\theta|}{\sigma^2}\exp\left(-\frac{|E_\theta|^2}{2\sigma^2}\right)U(|E_\theta|) \tag{9.36}$$

因为假设直射场只存在 θ 方向的分量，所以 ϕ 与 r 方向分量的幅值满足瑞利分布概率密度函数。另外，尽管这里只考虑了电场在 θ 方向的分量 E_θ，然而分析 ϕ 方向的磁场分量 H_ϕ 会得到同样的结果。

不满足不等式(9.35)造成的结果可以通过测量混响室内两个天线之间的散射参数 S_{21}得到。如果式(9.35)得到满足（搅拌能量大于未搅拌的能量），测试的 S_{21}参数的实部与虚部的散射图应该是一个成群的圆形，圆心在原点，正如图 9.8(a)所示。当直射能量与搅拌能量变得差不多时，群点的圆心偏离原点，如图 9.8(b)所示。例如，图 9.8(d)呈现的情况为很强的直射场耦合到天线中。如果混响室的性能很好，这种情况是不会发生的。图 9.8 的数据是在 NIST 的混响室中，在 2GHz 工作频率下，通过测量两个喇叭天线得到的。

根据之前章节的推导，式(9.35)意味着一个高效的混响室体积有如下要求：

$$V_{rep} \ll V, V_{rep} = \frac{4}{3}\pi\left(\frac{3V}{2\lambda Q}\right)^{3/2} \tag{9.37}$$

上述关系是通过确定有效半径和该半径对应的球形体积得到的，有效半径是通过将式(9.28)除以式(9.35)的左边项和式(9.33)除以式(9.35)的右边项获得的，其表达式为

$$r_{ep} = \sqrt{\frac{3V}{2\lambda Q}} \tag{9.38}$$

我们在式(9.37)与式(9.38)的下标中加了 p 来表示这些量是基于概率密度函数

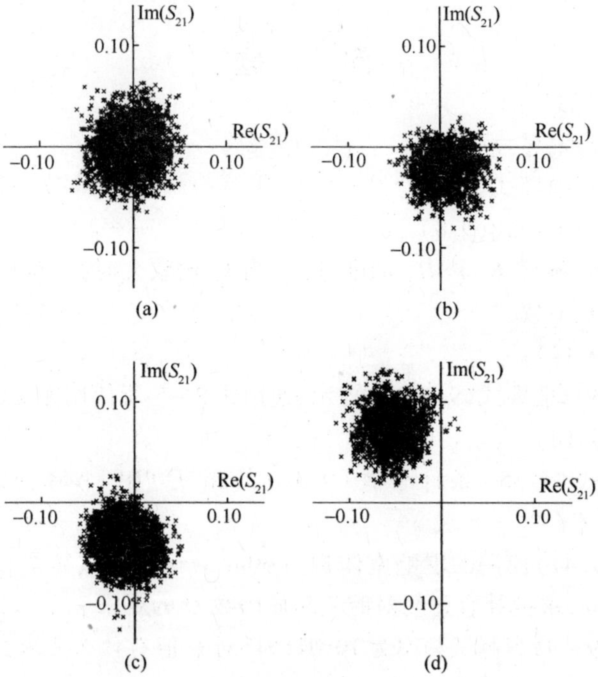

图 9.8　在 NIST 的混响室内部使用两个天线测量的 S_{21} 的散射图，频率为 2GHz[112]

的，而不是功率密度。式(9.24)与式(9.37)之间的差别为参数 $3^{3/2}$。这个差别在近似分析中的差别并不大，但是将这个参数保留以说明基于概率密度函数的结果比式(9.24)给出的要大，主要原因是由于假设直射场为线性极化，这是最苛求的情况。

按照上述章节的推导，可以利用式(9.35)得到一个有效的混响室的 Q 值应满足

$$Q \gg Q_{\mathrm{thr}p} \tag{9.39}$$

式中

$$Q_{\mathrm{thr}p}=\left(\frac{4}{3}\pi\right)^{2/3}\frac{3V^{1/3}}{2\lambda} \tag{9.40}$$

这里同样增加一个下标 p 指明这个结果是基于概率密度函数而不是功率密度的。式(9.27)与式(9.40)之间的区别是参数 3，因此基于概率密度函数得到的结果更大。

根据式(9.21)、式(9.33)和式(9.35)，可以得到 Q 的另一种表达式：

$$Q \gg \frac{6\pi V}{\lambda}\frac{S_{\mathrm{d}}}{P_{\mathrm{t}}} \tag{9.41}$$

很明显，这种表达式的 Q 值以直射场的功率密度来表示，解释该表达式的一种方法是因为 S_{d} 反比于 r^2，这说明测试越接近发射天线需要混响室的品质因数越高。

问　　题

9-1　由式(9.2)推导式(9.3)。

9-2　由式(9.3)推导式(9.5)。

9-3　由式(9.2)推导式(9.8)。

9-4　由式(9.8)推导 $\boldsymbol{E}_z$ 和 $\boldsymbol{H}_\phi$ 的渐进式(当 k_ρ 比较大时)。证明渐进式的结果与式(9.9)一致。

9-5　推导式(9.14)。

9-6　由式(9.40)推导式(9.15)。提示:使用题 2-5 所使用方法的二维类推。

9-7　推导式(9.18)。

9-8　证明在式(9.35)条件下式(9.34)的瑞斯 PDF 下降为式(9.36)的瑞利 PDF。

9-9　假设式(9.41)使用的混响室体积为 $30\mathrm{m}^3$。如果测试频率为 1GHz,距离测试天线 1m,求搅拌直射场对腔室品质因数 Q 的要求?

9-10　对于题 9-9,当测试频率为 10GHz 时,对 Q 值有什么要求?如果墙壁损耗占主要地位,求频率与品质因数 Q 的关系?

第10章 混响室的进一步应用

混响室在传统意义上一直用做电磁抗扰度与辐射发射的测试场地，但是近些年它作为其他测试应用（屏蔽效能、天线效率和吸收横截面积）的场地同样也十分便利高效，这些在本章会做重点介绍。混响室在其他方面（如无线通信）有着许多应用，将在第11章进行分析。

10.1 嵌套混响室测试屏蔽效能

从简单的金属网到复杂的合成材料都可用作电磁屏蔽材料，如今复合材料越来越流行，因为复合材料既有着金属材料的性质，同时相比于金属材料又有着一定的优势（如质量轻，高硬度和强度，抗腐蚀，低加工成本，易制作）。尽管具有这些优点，但复合材料的电导率更低，因此其电磁屏蔽效能（SE）相比金属的更低一些，即使是强化碳纤维合成物的电导率还要比金属的低一些。因此，某些合成物因为其结构太过复杂而无法计算得到其屏蔽效能值，必须通过测试方法得到。

SE用来描述材料的电磁屏蔽能力，通常定义为透射过材料的功率 P_i 与辐射到材料的功率 P_t 的比值。即

$$SE = 10\lg\left(\frac{P_i}{P_t}\right) \tag{10.1}$$

式(10.1)的计算结果一般为正值。同轴法[113]通常用来测试材料对远场的屏蔽效能，同样还有其他一些测试方法[114]。这些测试方法通常仅仅局限于某一列电磁波入射的情况，但是大多数情况下屏蔽材料直接暴露在复杂的电磁环境下，不同极化与入射方向的电磁波直接照射在屏蔽材料上，因此在复杂电磁环境下对材料SE的测试是十分有意义的。混响室提供了这样一个测试环境，其场环境是由不同极化和入射方向电磁波的叠加组成的。

本节首先描述嵌套混响室（两个混响室）屏蔽效能的测试方法，然后介绍一种经过修正的测量方法[115]。改进的方法充分考虑了测试窗口，小混响室体积和加载效应的影响，这些在原始测试方法中是没有考虑的。

10.1.1 原始测试方法

图10.1给出了典型的嵌套混响室法屏蔽效能测试的实验配置图。在每一个

混响室内均配置有搅拌器和两个天线，在小混响室的测试窗口中放置了被测试样来对其 SE 进行测试。在此试验配置的基础上，屏蔽效能（这里标记为 SE_1）的计算方法可采用如下公式计算：

$$SE_1 = 10\lg\left(\frac{\langle P_{oc,s}\rangle}{\langle P_{ic,s}\rangle}\right) \tag{10.2}$$

式中：$\langle P_{ic,s}\rangle$ 为窗口加载测试材料时，小混响室内的平均接收功率；$\langle P_{oc,s}\rangle$ 为窗口加载测试材料时，大混响室内的平均接收功率。但是任何测试方法必须满足一个限制条件，那就是在没有加载测试材料时测得的 SE 应该为零。然而这里注意到，由于混响室和测试窗口的影响，这种情况下得到的 SE 并不为零。

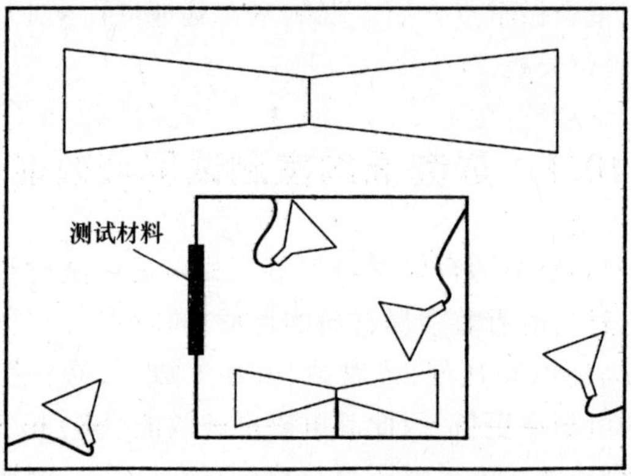

图 10.1 加载测试材料的嵌套混响室法测试图

一种方法考虑了耦合进小混响室的电磁波对测试结果的影响[117]，其计算公式如下：

$$SE_2 = 10\lg\left(\frac{\langle P_{oc,s}\rangle}{\langle P_{ic,s}\rangle}\right) + CF \tag{10.3}$$

式中：CF 称为“测试装置影响因子”或“耗散因子”，它是加载了试样时小混响室内的接收功率与辐射功率的比值，即

$$CF = 10\lg\left(\frac{\langle P_{rQ,in,s}\rangle}{\langle P_{tx,in,s}\rangle}\right) \tag{10.4}$$

式中：$\langle P_{rQ,in,s}\rangle$ 为加载测试材料时，小混响室内测得的平均接收功率；$\langle P_{tx,in,s}\rangle$ 为位于小混响室内的发射天线向外辐射的功率。根据式（7.112）可知式（10.4）的计算结果与小混响室的品质因数有关。但是这种方法在没有测试材料时同样不能使 SE 的值为零。

10.1.2 改进的测试方法

为了得到改进的方法，首先对材料屏蔽效能的定义如下：

$$\mathrm{SE}_3 = 10\lg\left(\frac{\dfrac{\langle P_{\mathrm{t,ns}}\rangle}{\langle S_{\mathrm{ns}}^{\mathrm{inc}}\rangle}}{\dfrac{\langle P_{\mathrm{t,s}}\rangle}{\langle S_{\mathrm{s}}^{\mathrm{inc}}\rangle}}\right) \tag{10.5}$$

式中：$\langle P_{\mathrm{t,s}}\rangle$为有测试材料时透过测试窗口的平均功率；$\langle P_{\mathrm{t,ns}}\rangle$为没有测试材料时透过测试窗口的平均功率；$\langle S_{\mathrm{s}}^{\mathrm{inc}}\rangle$和$\langle S_{\mathrm{ns}}^{\mathrm{inc}}\rangle$分别对应为有、无测试材料时的标量功率密度。这与 IEEE 通过比较有、无测试材料时的两个量值进而得到屏蔽效能的定义方法近似相同。采用这种定义方法，可以去除外部的影响因素或者将其归一化，只需要考虑测试窗口上的被测试样。

透过窗口的平均功率可以用平均等效横截面表示：

$$\langle P_{\mathrm{t,s}}\rangle = \langle \sigma_{\mathrm{t,s}}\rangle\langle S_{\mathrm{s}}^{\mathrm{inc}}\rangle,\ \langle P_{\mathrm{t,ns}}\rangle = \langle \sigma_{\mathrm{t,ns}}\rangle\langle S_{\mathrm{ns}}^{\mathrm{inc}}\rangle \tag{10.6}$$

式中：$\langle \sigma_{\mathrm{t,s}}\rangle$和$\langle \sigma_{\mathrm{t,ns}}\rangle$分别为有、无试样时的平均等效入射截面积。必须注意的是，此处的等效入射截面积为不同极化与入射方向上的平均值，正如式(7.130)一样。将式(10.6)代入式(10.5)可得

$$\mathrm{SE}_3 = 10\lg\left(\frac{\langle \sigma_{\mathrm{t,ns}}\rangle}{\langle \sigma_{\mathrm{t,s}}\rangle}\right) \tag{10.7}$$

上式说明 SE_3 仅仅为有、无试样时的等效入射截面积的比值。很明显，在没有测试材料时的 SE_3 为 0。这种定义方法的计算结果仅仅与被测材料是一种函数关系。

下一步就是确定如何获取嵌套混响室中的$\langle \sigma_{\mathrm{t,s}}\rangle$和$\langle \sigma_{\mathrm{t,ns}}\rangle$，利用式(8.16)等效入射横截面积可以写为

$$\begin{cases} \langle \sigma_{\mathrm{t,s}}\rangle = \dfrac{\langle S_{\mathrm{in,s}}\rangle}{\langle S_{\mathrm{o,s}}\rangle}\dfrac{2\pi V}{\lambda Q_{\mathrm{in,s}}} \\ \langle \sigma_{\mathrm{t,ns}}\rangle = \dfrac{\langle S_{\mathrm{in,ns}}\rangle}{\langle S_{\mathrm{o,ns}}\rangle}\dfrac{2\pi V}{\lambda Q_{\mathrm{in,ns}}} \end{cases} \tag{10.8}$$

式中：$\langle S_{\mathrm{in,s}}\rangle$和$\langle S_{\mathrm{in,ns}}\rangle$分别对应有、无被测材料时小混响室内的平均功率密度；$\langle S_{\mathrm{o,s}}\rangle$和$\langle S_{\mathrm{o,ns}}\rangle$对应有、无被测材料时大混响室的平均功率密度；$Q_{\mathrm{in,s}}$与$Q_{\mathrm{in,ns}}$对应有、无测试材料时小混响室的品质因数；$V$为小混响室的体积，$\lambda$为电磁波的波长。根据式(7.104)，功率密度可以用天线的接收功率与其有效面积的比值$\lambda^2/(8\pi)$来表示：

$$\langle S\rangle = \frac{8\pi}{\lambda^2}\langle P\rangle \tag{10.9}$$

将式(10.8)和式(10.9)代入式(10.7)，SE_3 可变为

$$\mathrm{SE}_3 = 10\lg\left(\frac{\langle P_{\mathrm{r,in,ns}}\rangle}{\langle P_{\mathrm{r,in,s}}\rangle}\frac{\langle P_{\mathrm{r,o,s}}\rangle}{\langle P_{\mathrm{r,o,ns}}\rangle}\frac{Q_{\mathrm{in,s}}}{Q_{\mathrm{in,ns}}}\right) \tag{10.10}$$

式中：$\langle P_{\mathrm{r,in,s}}\rangle$和$\langle P_{\mathrm{r,in,ns}}\rangle$分别为有、无测试材料时小混响室内测得的平均接收功

率；$\langle P_{r,o,s}\rangle$与$\langle P_{r,o,ns}\rangle$分别为有、无测试材料时大混响室内测得的平均接收功率。这四个参数均是在发射天线位于大混响室时测得的。

根据式(10.10)可知，SE 为小混响室的两个 Q 值的比值（有、无测试材料时）的函数，并不是小混响室有测试材料时的单一的比值。根据式(7.111)，$Q_{in,s}$与$Q_{in,ns}$可表述为

$$\begin{cases} Q_{in,s} = \dfrac{16\pi^2 V}{\lambda^2}\dfrac{\langle P_{rQ,in,s}\rangle}{P_{tx,in,s}} \\ Q_{in,ns} = \dfrac{16\pi^2 V}{\lambda^2}\dfrac{\langle P_{rQ,in,ns}\rangle}{P_{tx,in,ns}} \end{cases} \tag{10.11}$$

式中：$\langle P_{rQ,in,s}\rangle$为有测试材料时小混响室内测得的平均接收功率，此时发射天线在小混响室内的辐射功率为$\langle P_{tx,in,s}\rangle$；$\langle P_{rQ,in,ns}\rangle$为无测试材料时小混响室内测得的平均接收功率，此时发射天线在小混响室内的辐射功率为$\langle P_{tx,in,ns}\rangle$。所以 SE_3 可表达为

$$SE_3 = 10\lg\left(\frac{\langle P_{r,in,ns}\rangle}{\langle P_{r,in,s}\rangle}\frac{\langle P_{r,o,s}\rangle}{\langle P_{r,o,ns}\rangle}\frac{\langle P_{rQ,in,s}\rangle}{\langle P_{rQ,in,ns}\rangle}\frac{P_{tx,in,ns}}{P_{tx,in,s}}\right) \tag{10.12}$$

很明显，在没有试样时，式(10.12)中的四个功率比值均为 1，SE 的值为 0。图 10.2 给出了 SE_1、SE_2 和 SE_3 在没有测试材料时的计算结果，可以看到只有 SE_3 的值为 0。

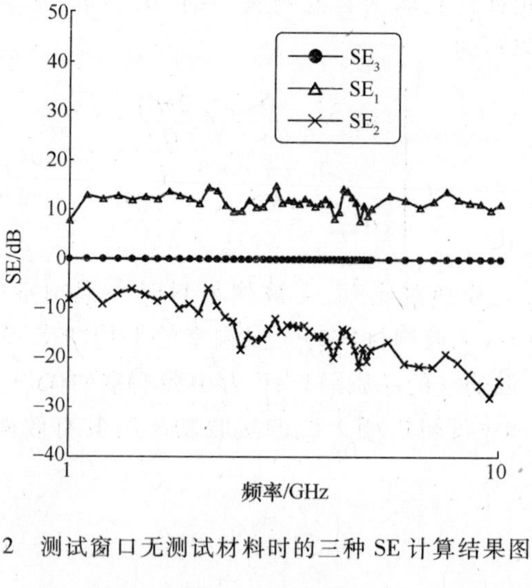

图 10.2 测试窗口无测试材料时的三种 SE 计算结果图[115]

式(10.12)可以认为是屏蔽效能的一阶测试方法，当假设墙体损耗为两个混响室的主要损耗时，可以得到屏蔽效能的零阶测试方法，在这种情况下：

$$\frac{\langle P_{r,o,s}\rangle}{\langle P_{r,o,ns}\rangle}\approx 1,\quad \frac{Q_{in,s}}{Q_{in,ns}}\approx 1 \tag{10.13}$$

将式(10.13)代入式(10.10),可以得到零阶屏蔽效能 SE_4 的计算方法:

$$SE_4 = 10\lg\left(\frac{\langle P_{r,in,ns}\rangle}{\langle P_{r,in,s}\rangle}\right) \tag{10.14}$$

式(10.14)的计算方法与 IEEE 对屏蔽效能的定义方法一致[118]831,但是忽略了小混响室 Q 值的变化。一阶测试方法考虑了这个变化,但是仍没有考虑两个混响室之间的多重耦合效应的影响(该影响是期望被忽略的)。

10.1.3 测试结果

采用图 10.1 给出的测试方法对不同类型的材料进行了测试,其中外部混响室的尺寸为 2.76m×3.05m×4.57m,小混响室的尺寸为 1.46m×1.17m×1.41m,测试窗口的尺寸为 0.25m×0.25m。发射天线和接收天线均为脊形喇叭天线,小混响室放置在大混响室中央的地板上。

表 10.1 描述了研究所用的复合材料。图 10.3～图 10.6 给出了表 10.1 中 4 种材料在式(10.2)、式(10.3)和式(10.12)3 种方法下的屏蔽效能。有趣的是,SE_1 与 SE_3 的结果相近,SE_2 在几吉赫以上频段的屏蔽效能要低 20dB。

表 10.1　文献[115]中使用的测试材料性能描述

材料	类型	厚度
材料 1	碳化纤维	1mm
材料 2	夹层:外部玻璃纤维内部碳化纤维	4mm
材料 3	碳化纤维	1.5mm
材料 4	外部涂覆橡胶涂料的碳化纤维	0.5mm

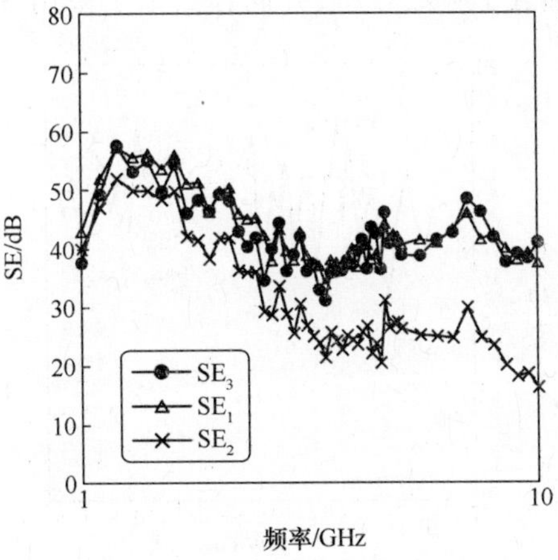

图 10.3　材料 1 在 3 种测试方法下的 SE[115]

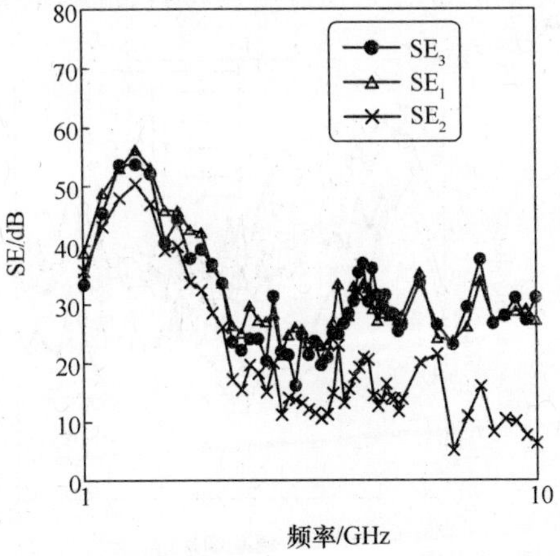

图 10.4　材料 2 在 3 种测试方法下的 SE[115]

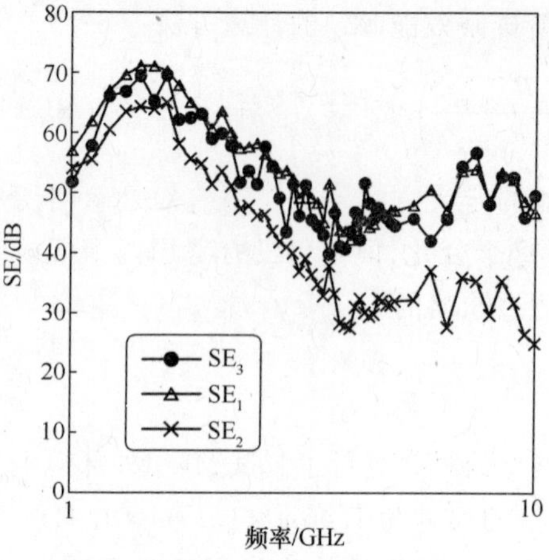

图 10.5　材料 3 在 3 种测试方法下的 SE[115]

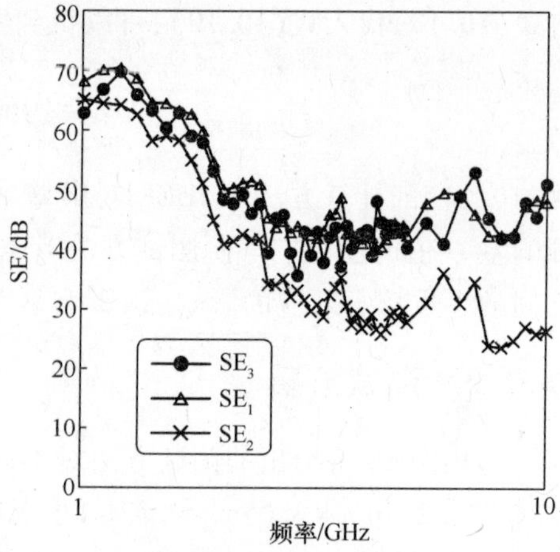

图 10.6　材料 4 在 3 种测试方法下的 SE[115]

图 10.7 给出了 4 种不同材料采用 SE_3 方法时测得的屏蔽效能，比较结果说明材料 3 的屏蔽效能最好，而材料 2 的最差。

如果式(10.12)给出的 SE_3 能够正确地解决箱体和测试窗口大小的影响，那么在不同的箱体大小和开窗大小下测得的 SE 应该是相同的。为了证明这一点，分别在两个不同的混响室内对 4 种不同的材料进行了测试，但是只有一个混响室开有测试窗口，因此为了得到一个不同的混响室，将吸波材料放置在小混响室内来降低其 Q 值。图 10.8 给出了小混响室内有、无吸波材料时的品质因数比值。可以看到，在整个频带内 Q 比值改变了 10 ~ 15dB。图 10.9 ~ 图 10.12 给出了在小混响室内加载吸波材料前、后，利用 SE_3 测试方法对四种材料的测试结果。在这些图中，混响室 A 未加载吸波材料，混响室 B 加载了吸波材料，并同样给出了采用 SE_1

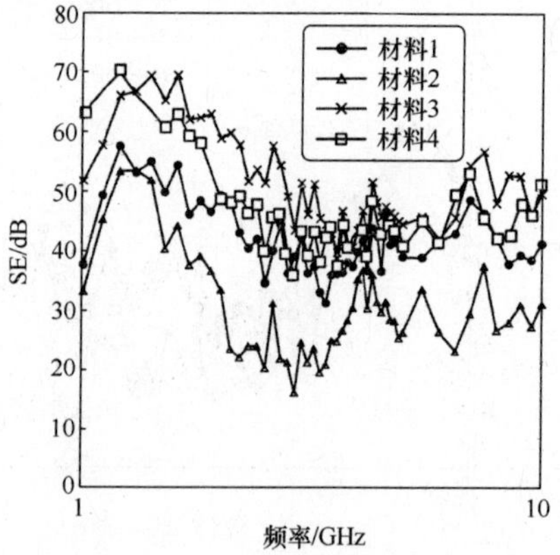

图 10.7　SE_3 测试方法下 4 种材料的 SE 结果[115]

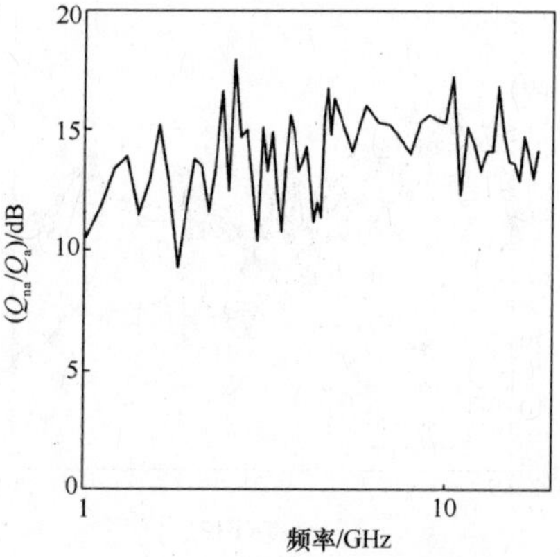

图 10.8　小混响室有、无吸波材料时的 Q 比值[115]

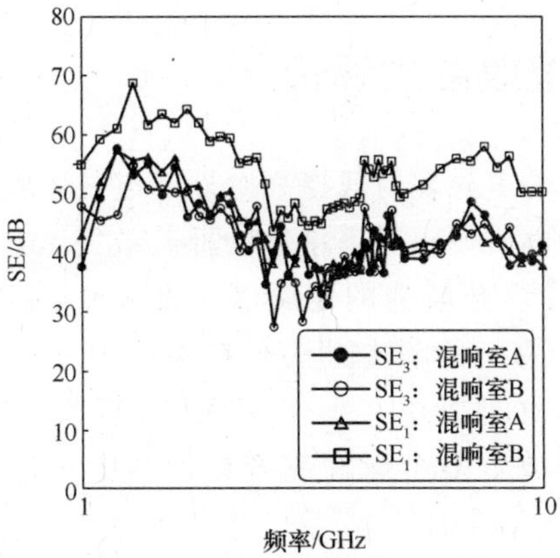

图 10.9　材料 1 在两个不同混响室内的 SE 测试结果[115]

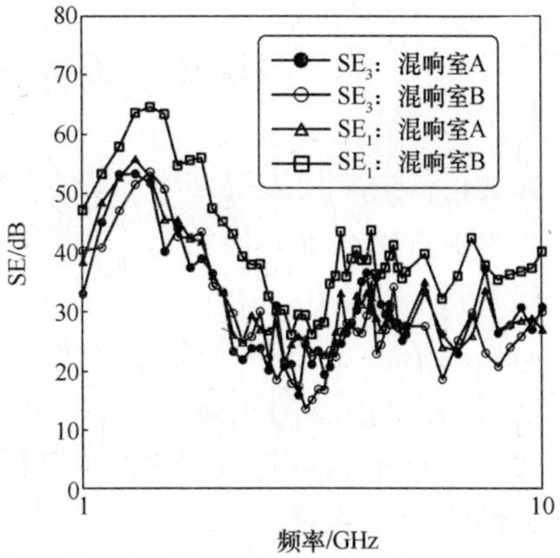

图 10.10　材料 2 在两个不同混响室下的 SE 测试结果的比较[115]

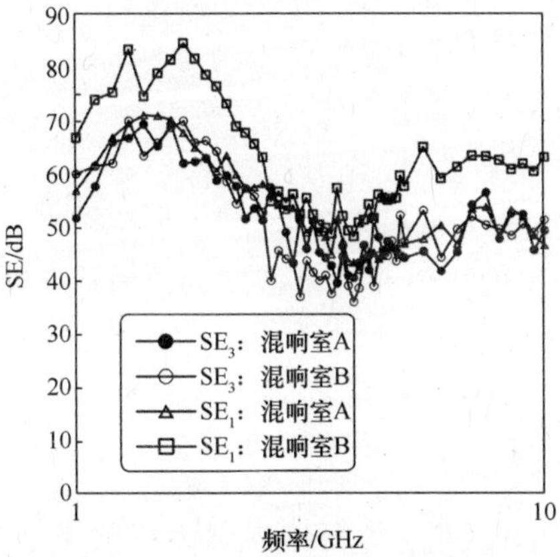

图 10.11　材料 3 在两个不同混响室下的 SE 测试结果的比较[115]

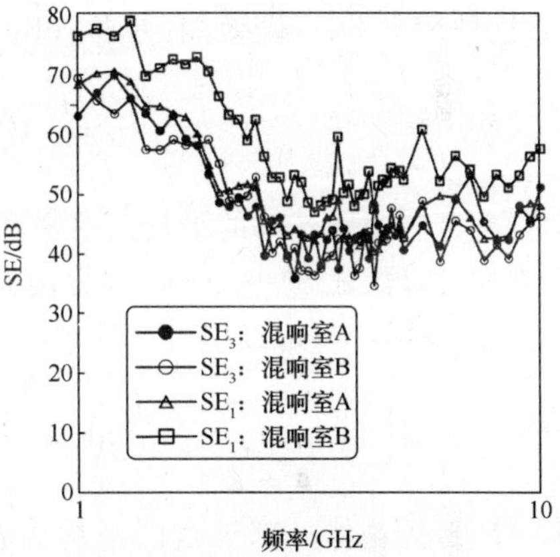

图 10.12　材料 4 在两个不同混响室下的 SE 测试结果的比较[115]

方法的测试结果。可以看出，在两个不同的混响室中，采用 SE_1 方法测得的 SE 差 10dB，而采用 SE_3 方法测得的结果相当一致。

然而，采用 SE_3 方法测得的结果仍有一定差别，这是因为测量的接收功率是采用的最大值而非平均功率。尽管从理论上来说，最大值和平均功率的比值应该相等，但结果却表明采用最大值的测试结果比采用平均功率的测试结果的差异性更大[66]。一般来说，基于最大接收功率的测试结果具有更大的不确定性。对于每一次均采用最大接收功率的测试，文献[66]给出的典型测试不确定度是 ±2dB（标准偏差是 ±1dB）。由于每一个 SE 值都是基于最大接收功率的多次测试，因此 SE 评估的不确定度将会更大。文献[119]进一步讨论了混响室测试的不确定度。

10.2 箱体屏蔽效能的评价

屏蔽箱体通常用来屏蔽电子设备向外的电磁辐射或提高对外部电磁环境的抗扰度。为了得到在不同极化与入射方向的电磁波辐射下箱体的屏蔽效能(SE),可以将其放到混响室中进行测试。在对箱体屏蔽效能的定义及其测量中,必须要解决箱体内部谐振和存在驻波的情况,其中一种解决方法是在箱体内部选取多个测试点,并将这些测试点进行平均。但这种方法需要多个探针(接收天线),并且这并不是十分可行的,因为在箱体内放置多个探针或者移动其中一个是相当困难的。

10.2.1 嵌套混响室方法

在该方法中,将被测屏蔽箱体视为一个混响室,并将其内部的电磁场充分搅拌,在这种情况下,屏蔽效能(单位:dB)可以写为

$$\mathrm{SE}=10\lg\left(\frac{\langle S_{\mathrm{out}}\rangle}{\langle S_{\mathrm{in}}\rangle}\right) \tag{10.15}$$

式中:$\langle S_{\mathrm{out}}\rangle$为箱体外部的平均功率密度;$\langle S_{\mathrm{in}}\rangle$为箱体内部的平均功率密度。这种定义方式可以保证 SE 为正值,因为接收功率的均值和功率密度的均值成正比(见7.5 节),式(10.15)可以用天线的平均接收功率来表示:

$$\mathrm{SE}=10\lg\left(\frac{\langle P_{\mathrm{out}}\rangle}{\langle P_{\mathrm{in}}\rangle}\right) \tag{10.16}$$

式中:$\langle P_{\mathrm{out}}\rangle$为箱体外部天线的平均接收功率;$\langle P_{\mathrm{in}}\rangle$为箱体内部天线的平均接收功率。

10.2.2 实验配置和测试结果

对于一个足够大的屏蔽箱体,采用公式(10.16)进行屏蔽效能的测试时,一般是在混响室与测试箱体内部均采用机械搅拌的方式,这样可由测试箱体内、外的喇叭接收天线测量其内、外的功率值。如果测试箱体太小,而无法在其中安装搅拌器与接收天线,那么可以采用其他方法进行测量[120]。

例如,将一个小单极子天线安装在混响室的墙壁上(不能靠近混响室的角落),在这种情况下,电场法向分量 E_n 的平方为远离墙体的电场直角分量 $E_{x,y,z}$ 的两倍[97]:

$$\langle |E_n|^2\rangle=2\langle |E_{x,y,z}|^2\rangle \tag{10.17}$$

该测得值与一个固定在底盘上并将其远离混响室墙体的单极子天线所测得的值相同。因此,安装在混响室腔体壁上的单极子天线所测得的接收功率与远离混响室

墙壁的单极子天线所测得的接收功率相等。因此将一个单极子天线安装在腔体壁上测量屏蔽效能值时,式(10.16)仍是适用的。采用单极子接收天线具有馈给性好(通过混响室的墙壁)和占用空间小的优点。

当测试腔体因太小而无法放置搅拌器时,可以采用频率搅拌的方式进行测试。接收天线仍旧可以采用喇叭天线或是安装在腔体壁上的单极子天线。在频率搅拌方式下采用安装在腔体壁上的单极子天线,是测量 SE 方法中最节省空间的方案[120]。

为了证明四种组合方式(两种搅拌方式和两种接收天线)能够获得一致的 SE 测试结果,图 10.13 给出了实验测试的配置图。测试过程中采用一个多端口矢量网络分析仪,其端口 1 连接外部混响室中的喇叭发射天线,端口 2 连接外部混响室中的喇叭接收天线,端口 3 连接箱体(内部小混响室)内的喇叭接收天线,端口 4 连接安装在箱体内壁上的单极子天线,该矢量网络分析仪可以视为三台相互独立的矢量网络分析仪,并且分别对端口 1 和 2,端口 1 和 3,端口 1 和 4 进行校准。根据不同的 S 参数,按照四种不同的方案,可以获得式(10.16)定义下的 SE。这里还对单极子天线影响较大的阻抗失配问题进行了考虑。

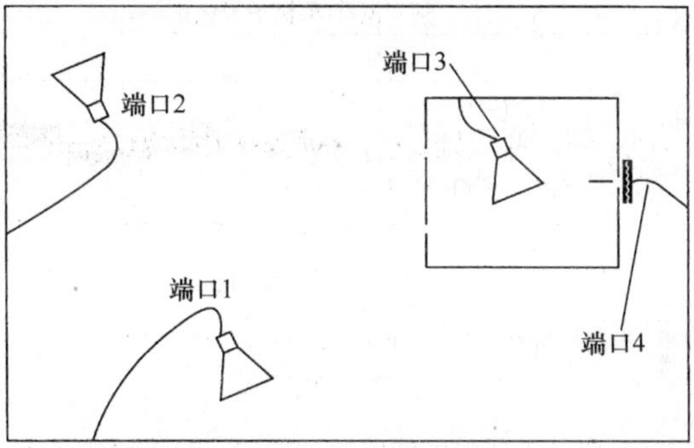

图 10.13　SE 测试配置图[120]

实验用外部混响室的尺寸为 4.06m × 3.04m × 2.76m,测试箱体(内部混响室)的尺寸为 1.49m × 1.45m × 1.16m,测试箱体开有边长为 25.3cm 的方孔。将四个开有不同大小孔缝的金属盘分别安装到测试箱体的方孔上,可以得到四组不同的屏蔽效能值。图 10.14 ~ 图 10.17 给出了不同测试方式下的测试结果:①喇叭模式搅拌,测试箱体内采用喇叭天线,并且内、外均采用机械搅拌;②单极子模式搅拌,测试箱体内采用单极子天线,并且内、外均采用机械搅拌;③喇叭频率搅拌,测试箱体内采用喇叭天线,并且内、外均采用频率搅拌;④单极子频率搅拌,测试箱体内采用单极子天线,并且内、外均采用频率搅拌。

图 10.14 给出了测试窗口为一个很窄的缝时,四种不同测试方法下得到的 SE 结果。通过对比可以看出,四种方法给出了基本一致的测试结果(约为 13dB),这说明在频率搅拌方式下采用单极子天线能够得到和其他方案一致的测试结果。这

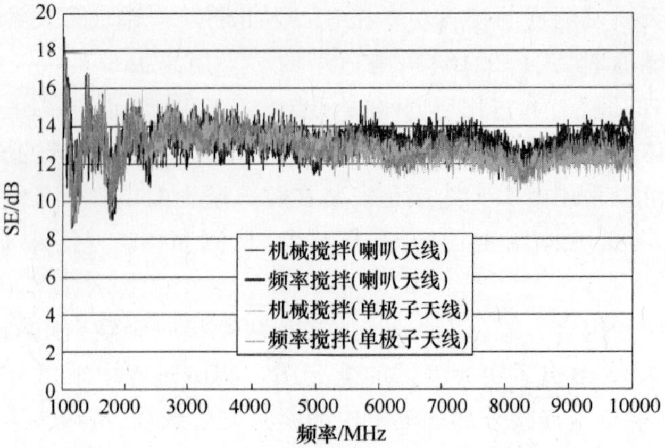

图 10.14　四种不同的混响室测试方法下窄缝的 SE[120]

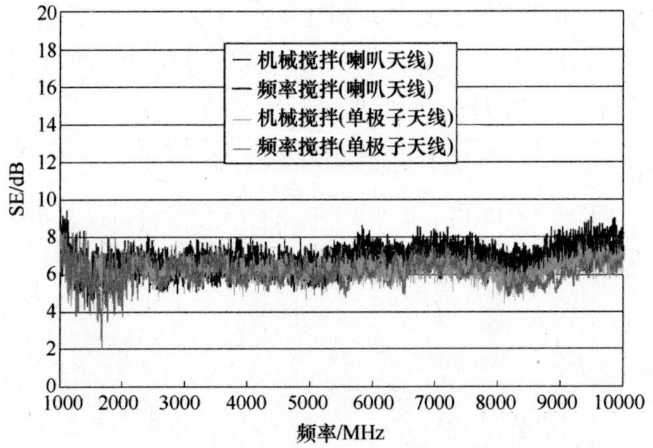

图 10.15　四种不同的混响室测试方法下半个缝隙的 SE[120]

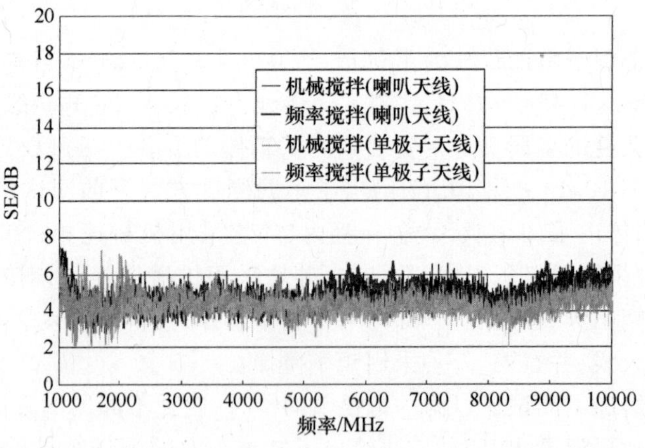

图 10.16　四种不同的混响室测试方法下整个缝隙的 SE[120]

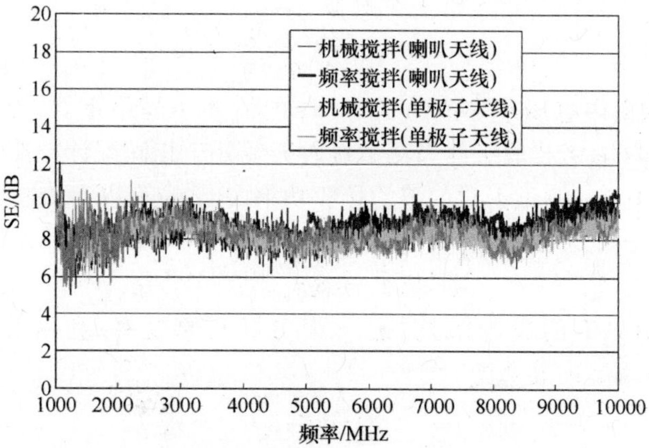

图 10.17 四种不同的混响室测试方法下普通缝隙的 SE[120]

在实际应用方面具有十分重要的意义，因为频率搅拌方式下采用单极子天线占用了最小的箱体内部体积，而这在测量小腔体的屏蔽效能方面是很理想的。

图 10.15 ~ 图 10.17 给出了另外三种孔缝在四种测试方案下的 SE 结果。图 10.15 给出了测试窗口半开（25.3cm × 12.65cm）下的屏蔽值 SE，其大小约为 6.5dB，四种测试方法给出了基本一致的结果。图 10.16 给出了测试窗口全开（23.5cm × 23.5cm）的情况下，四种测试方法给出的 SE 值（约为 4dB）。图 10.17 给出了测试孔为圆形与方形下四种测试方法得到的 SE 结果[120]，结果基本均为 8.5dB。

因此，基于频率搅拌与一个小型的、安装在腔体壁上的单极子天线的测试方案在屏蔽效能测试中证明是可行的，但是必须注意，即使频率搅拌的方法对物理尺寸很小的箱体屏蔽效能是十分有效的，但仍要求该箱体的电学尺寸非常大。

10.3 天线接收效率的测量

因为接收功率的测量是混响室的一种典型应用方式，所以非常适合用来测试天线效率。本节的结果与 7.7 节的结果相近，但却特别适合天线而非其他普通设备的测试。因为不需要假设天线是互易的，这里将分别测试发射天线和接收天线。

10.3.1 接收天线的效率

接收天线的效率测量配置如图 10.18 所示，混响室内装有一个发射天线、一个参考接收天线和一个测试接收天线（RAUT），两个接收天线同时进行接收，参考接收天线要具有较高的效率和较低的失配阻抗（这两个参数都假定为 1）。如式（7.104），参考接收天线的平均接收功率 $\langle P_{\mathrm{rref}} \rangle$ 可由式（10.18）来表示：

$$\langle P_{\mathrm{rref}}\rangle=\frac{E_0^2}{\eta}\frac{\lambda^2}{8\pi} \tag{10.18}$$

式中：E_0^2 为混响室内电场平均值的平方，E_0^2 的值并不是很重要，因为在之后的计算中将会被消掉（参考接收天线与测试接收天线处于相同统计特性的场环境中）。

根据式（7.105），测试天线的平均接收功率 $\langle P_{\mathrm{RAUT}}\rangle$ 可以写为

$$\langle P_{\mathrm{RAUT}}\rangle=\frac{E_0^2}{\eta}\frac{\lambda^2}{8\pi}m_{\mathrm{RAUT}}\eta_{\mathrm{RAUT}} \tag{10.19}$$

式中：m_{RAUT} 为 RAUT 的失配阻抗；η_{RAUT} 为 RAUT 的效率，利用等式（10.18）和式（10.19）可以求解该效率为

$$\eta_{\mathrm{RAUT}}=\frac{\langle P_{\mathrm{RAUT}}\rangle}{\langle P_{\mathrm{rref}}\rangle m_{\mathrm{RAUT}}} \tag{10.20}$$

式中：$\langle P_{\mathrm{RAUT}}\rangle$ 和 $\langle P_{\mathrm{rref}}\rangle$ 为测得的平均功率；失配阻抗因子 m_{RAUT} 同设计良好的天线的失配因子相近，但是正如前面章节中提到的，该因子可以通过矢量网络分析仪来测量，其他一系列复杂天线的相关效率同样可以在混响室中进行测试[121]。

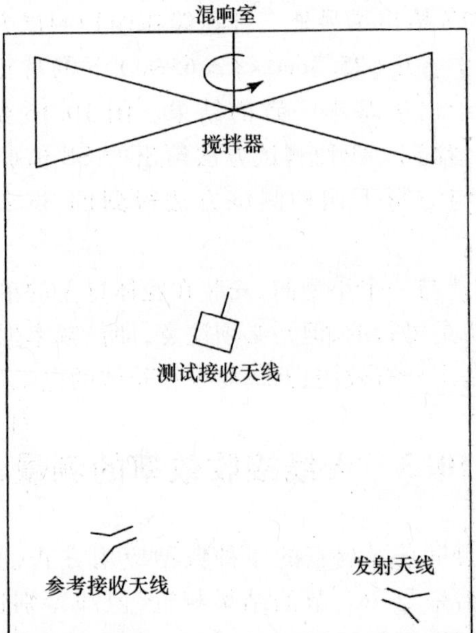

图 10.18　接收天线的效率测量配置图

10.3.2　发射天线的效率

发射天线的效率测量配置如图 10.19 所示，混响室内安装有参考接收天线、参考发射天线和一个测试发射天线（TAUT），其中参考发射天线的效率和失配阻抗因子基本相同，在这种情况下，参考发射天线和待测试发射天线的输入功率相同，待测试发射天线的效率 η_{TAUT} 与式（10.20）类似：

$$\eta_{\mathrm{TAUT}}=\frac{\langle P_{\mathrm{TAUT}}\rangle}{\langle P_{\mathrm{tref}}\rangle m_{\mathrm{TAUT}}} \tag{10.21}$$

式中：$\langle P_{\mathrm{TAUT}}\rangle$为测试发射天线向外辐射电磁波时，参考接收天线的接收功率；$\langle P_{\mathrm{tref}}\rangle$为参考发射天线向外辐射电磁波时，参考接收天线的接收功率。正如前面章节中提到的，阻抗失配因子 m_{TAUT} 与一个设计良好天线的失配因子基本一致，并且可以通过矢量网络分析仪测量得到。

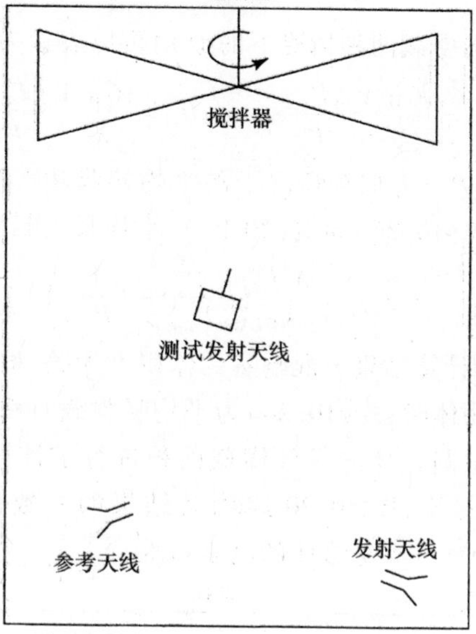

图 10.19　发射天线的效率测量配置图

对于一个互易天线，发射效率与接收效率相等。即

$$\eta_{\mathrm{RAUT}}=\eta_{\mathrm{TAUT}} \tag{10.22}$$

该结果可类比于式(7.150)中对互易设备的测试。

10.4　吸收横截面积的测量

在 7.6 节中分析了耗散（如墙体损耗、吸收损耗、泄漏、天线吸收）对混响室的品质因数 Q 的影响。如果想得到一个吸波物体的平均吸收等效截面积$\langle\sigma_{\mathrm{a}}\rangle_{\Omega}$，可以根据式(7.127)，通过其对混响室 Q 值的改变量来得到

$$\langle\sigma_{\mathrm{a}}\rangle_{\Omega}=\frac{2\pi V}{\lambda}Q_2^{-1} \tag{10.23}$$

式中：下标 Ω 代表不同入射方向和极化方向的平均值。当混响室中没有吸波材料（空载情况）时，可以用空载品质因数 Q_{u} 代替式(7.113)中的 Q_2^{-1}：

$$Q_{\mathrm{u}}^{-1}=Q_1^{-1}+Q_3^{-1}+Q_4^{-1} \tag{10.24}$$

当混响室内加载了吸波材料(加载情况)时,再次利用式(7.113)可以得到加载品质因数 Q_1:

$$Q_1^{-1} = Q_u^{-1} + Q_2^{-1} \tag{10.25}$$

根据式(10.23)~式(10.25),等效吸收横截面积可以通过测量空载与加载两种情况下的混响室 Q 值来获得,即

$$\langle \sigma_a \rangle_{\Omega} = \frac{2\pi V}{\lambda}(Q_1^{-1} - Q_u^{-1}) \tag{10.26}$$

根据式(7.111),加载与空载两种情况下的 Q 值可以表达为

$$Q_1 = \frac{16\pi^2 V}{\lambda^3}\frac{\langle P_{rl} \rangle}{P_t}, \quad Q_u = \frac{16\pi^2 V}{\lambda^3}\frac{\langle P_{ru} \rangle}{P_t} \tag{10.27}$$

式中:P_t 为辐射功率;$\langle P_{rl} \rangle$ 为加载情况下的平均接收功率;$\langle P_{ru} \rangle$ 为空载情况下的平均接收功率。根据式(10.26)和式(10.27),平均吸收截面积可以表达为

$$\langle \sigma_a \rangle_{\Omega} = \frac{\lambda^2 P_t}{8\pi}\left(\frac{1}{\langle P_{rl} \rangle} - \frac{1}{\langle P_{ru} \rangle}\right) \tag{10.28}$$

注意到式(10.28)中的计算结果与混响室的体积 V 无关,根据式(7.127)可知当混响室内存在多个吸波物体时,式(10.28)为平均吸收截面积的总和。

之前有公式对耗散圆柱体的等效横截面积进行了计算[122],并将实验结果和数值计算结果进行了对比,图 10.20 表明其结果的一致性非常好,并且证明了式(10.28)能够用来计算电大绝缘体的电学特性[123]。

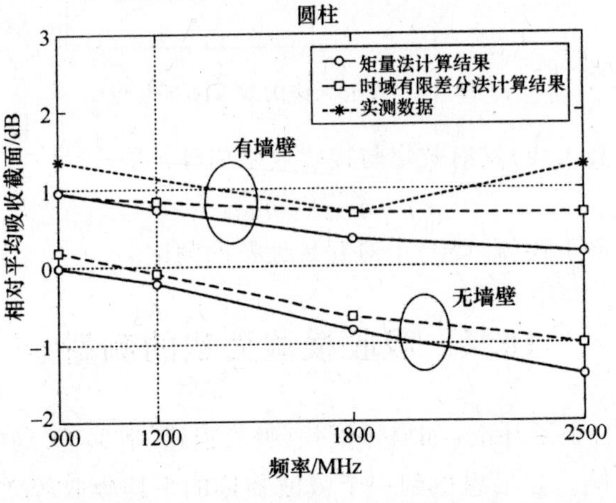

图 10.20 耗散圆柱体的平均吸收横截面积随频率的变化图。反射面为 271.13cm^2

当然式(10.26)为求解吸收横截面的基本方程,混响室空载与加载情况下的 Q 值可以通过测量电磁波在混响室内持续的时间得到,根据式(8.24)可以得到空载和加载情况下的 Q 值:

$$Q_1 = \omega\langle \tau_1 \rangle, \quad Q_u = \omega\langle \tau_u \rangle \tag{10.29}$$

式中:$\langle \tau_1 \rangle$ 为加载情况下混响室内电磁波的持续时间;$\langle \tau_u \rangle$ 为空载情况下混响室

内电磁波的持续时间。如果将式(10.29)代入式(10.26)并且取 $\omega=2\pi c/\lambda$,同样可以得到吸收截面积的另一种表达方式:

$$\langle\sigma_a\rangle_\Omega=\frac{V}{c}\left(\frac{1}{\langle\tau_l\rangle}-\frac{1}{\langle\tau_u\rangle}\right) \tag{10.30}$$

式中:c 为真空光速。

问　　题

10-1　推导式(10.8)结果。

10-2　如果两个混响室都是以墙壁损耗为主,证明式(10.12)中的 SE_3 减小到 SE_4。

10-3　比较图10.13中的单极子天线和图E.1中的偶极子天线,如果单极子天线的长度是偶极子天线长度的一半,并且阻抗匹配,证明其接收功率与偶极子天线相等式(E4)。提示:利用式(10.17)和单极子天线是偶极子天线辐射能力的一半这个事实。

10-4　如果发射天线和接收天线的失配系数相等($m_{TAUT}=m_{RAUT}$),证明发射天线和接收天线的效率相等,如式(10.22)。

10-5　证明式(10.28)和式(10.30)中的吸收横截面积相等。为什么需要式(10.30)腔室体积 V 而式(10.28)不需要?

第11章 室内无线传播

本章将会与第二部分内容有些不同。商业或者民用住宅建筑和房间各式各样,但是由于窗户、可透射的墙体、吸波材料等导致它们都具有非常低的 Q 值。然而,一些金属墙体的大型车间、飞机库等例外。不管是建筑还是金属腔体等,在其内部都存在多重路径传播的现象。因为室内通信在庞大的无线通信行业中十分重要,所以根据第二部分中的统计方法对传播模型的相同点与不同点进行总结是十分有意义的。

11.1 总体考虑

由于建筑物内复杂的墙体结构——门、窗、散射物、吸波材料等使得建筑物内部的电磁环境相当复杂,并且门窗的开闭,家具和其他物品的移动以及人的来回走动导致室内环境始终处于变化的状态,虽然近些年人们针对这种复杂的电磁环境提出了射线追踪和其他计算模型,但是这些方法需要使用大量的特定信息进行特定的计算。因此本章将继续采用第二部分描述中基于部分信息的统计思想进行分析。

文献[124,126]详细分析了室内无线传播的情况,这是十分有意义的。本节将继续对发射天线和接收天线分别处于建筑物内以及发射天线处于室外的情况进行分析。Rice 在文献[127]中根据建筑物内接收到的信号与其周边接收到的平均值对渗透损耗(建筑衰减)进行了定义,这种定义并不是十分严格,但是针对大部分建筑内外场强的变化情况,这一定义是足够并适用的。已经证明:渗透损耗主要由建筑材料、内部布局、楼层高度、窗户大小及数量、电磁波的入射方向与极化方向、电磁波频率等因素决定。例如,文献[128,130]给出了不同结构的房屋建筑损耗基本为 -2 ~ 24dB,并且随着频率的升高而增大[128]。

电磁波的室内传播情况,尤其是发射天线与接收天线均处于建筑物内的情况需要进行更加详细、细致的研究,本章的剩余部分将对该情况进行讨论。

11.2 路径损耗模型

路径损耗定义为发射信号与接收信号的比值,并用 dB 表示,因此该值始终为正。因为室内传输路径损耗模型[42,131]基于试验数据，趋向经验，因此难以为模型和各种可调参数赋予更多的物理意义。但是这些模型仍是十分有意义的，在一些特定场合可以从物理意义上来解释。这里对一些比较流行的模型进行讨论。

许多研究者已经证明，室内传播损耗服从以下距离—功率定律[131]：

$$\mathrm{PL}(\mathrm{dB}) = \mathrm{PL}(d_0) + 10n\lg\left(\frac{d}{d_0}\right) + X_\sigma \tag{11.1}$$

式中：PL(dB)为某一天线在距离 d 处的路径损耗，并用 dB 表示；$\mathrm{PL}(d_0)$为某一小段参考距离 d_0 处的路径损耗；n 值由建筑物的特性决定；X_σ 是标准偏差为 σdB 的正态随机变量（用 dB 表示）。$\mathrm{PL}(d_0)$项与式(11.1)右边项相独立，这主要是为了包含发射天线与接收天线的影响，并且在某些情况下 d_0 取值为 1m[42]。$10n\lg(d/d_0)$项代表了传播过程中的能量密度符合 d^{-n}定律（本章中对数以 10 为底，量值均用 dB 表示）。若传播过程中主要以球面视线传播为主，则 n 值取 2；若发射天线与接收天线均固定在某一反射面（如房顶）附近，此时直射线与反射线抵消，并且 n 值趋于 4[33]。n 值为 4 代表了横向电磁波沿着反射面传播。在特定情况下 $X_\sigma=0$，式(11.1)变为路径损耗均值的确定方程。在复杂建筑环境的传播过程中，n 和 σ 的幅值与实验数据一致，并没有实际的物理意义。文献[132]以表格的形式给出了在不同建筑内测得的 n 与 σ 值。发射天线与接收天线固定在不同的楼层时，另一个与式(11.1)相似的模型仍是十分适用的：

$$\mathrm{PL}(\mathrm{dB}) = \mathrm{PL}(d_0) + 10n_{\mathrm{SF}}\lg\left(\frac{d}{d_0}\right) + \mathrm{FAF} \tag{11.2}$$

式中：n_{SF}代表了天线固定在同一楼层的传播指数；FAF 为用 dB 表示的楼层衰减指数。文献[131]以表格的形式给出了电磁波从一楼传播到多达四楼的情况下的 FAF 测量值及其标准偏差值。在恰当的楼层数量下，通过消除 FAF 参数和改变传播指数可以得到模型(11.2)的另一种形式[131]：

$$\mathrm{PL}(\mathrm{dB}) = \mathrm{PL}(d_0) + 10n_{\mathrm{MF}}\lg\left(\frac{d}{d_0}\right) \tag{11.3}$$

式中：n_{MF}为多层传播下实验测得的路径耗散指数。文献[131]以表格的形式给出了不同楼层和接收位置下的 n_{MF}值。

Devasirvatham 等人发现，在某些建筑中的路径损耗可以用自由空间的路径损耗加上指数衰减的形式来表示：

$$\mathrm{PL}(\mathrm{dB}) = \mathrm{PL}(d_0) + 20\lg\left(\frac{d}{d_0}\right) + \alpha d \tag{11.4}$$

式中：α 为衰减率，单位为 dB/m。αd 从物理意义上可以解释为在耗散媒介中的损耗；$20\lg(d/d_0)$代表了球形传播的损耗（在之前的模型中 $n=2$）。大量的论文将研究集中在电磁波在非均匀随机介质中的传播问题上（见文献[53]和其他参考文献），电磁波在这种介质中的传播损耗主要是由吸收和散射引起的。对于简单的模型,α 可以通过计算得到,但是对于建筑物内的传播问题,α 必须通过测量得到。文献[46]在大城市的商业性建筑中对 α 进行了测量,在 850MHz、1.9GHz、4.0GHz 和 5.8GHz 的频率下,α 值对应分别为 0.54dB/m、0.49dB/m、0.62dB/m 和 0.55dB/m,从中可以看出 α 的值与频率关系不大。

11.3 时间特性

由于码间干扰的缘故,为了确定数据传输的最大速率,室内电磁传播信道的时间特性的相关知识就变得十分重要了。由于室内传播环境的易变性与复杂性,学者们提出了一些传播模型,并与实验结果进行了对比。这些模型一般服从均方根时延扩展——多频率通信中数据率的限制因子。本节将对几种能确定室内信道的时间特性的有意义的模型进行讨论。

11.3.1 混响模型

对于金属墙体的工厂等,内部存在许多的反射,其内部电场与能量密度服从第 7 章中介绍的混响室的统计特性。电场在空间上是统计均匀的,并且具有很高的 Q 值,测得的接收功率与腔体内的能量服从式(8.23)给出的时域延迟关系:

$$\langle P_r(t) \rangle = P_0 \exp(-t/\tau) U(t) \tag{11.5}$$

式中:P_0 为一个由辐射功率确定的常数;$\tau = Q/(2\pi f)$。因此,假设 f 为短脉冲的载波,该脉冲在 $t=0$ 时消失。

由于这种简单的时间关系,可以按以下方式计算均方根延迟扩展,首先根据文献[134]计算平均时间延迟为

$$\langle \tau \rangle = \frac{\int_0^\infty t\exp(-t/\tau)\,dt}{\int_0^\infty \exp(-t/\tau)\,dt} = \tau \tag{11.6}$$

因为计算结果与 P_0 无关,在上式中取 $P_0 = 1$,因此根据文献[134]可得均方根延时扩展 τ_{rms}:

$$\tau_{rms} = \sqrt{\frac{\int_0^\infty (t - \langle \tau \rangle)^2 \exp(-t/\tau)\,dt}{\int_0^\infty \exp(-t/\tau)\,dt}} = \tau \tag{11.7}$$

式(11.6)和式(11.7)的结果表明 $\langle \tau \rangle = \tau_{rms}$,这只是式(11.5)的指数时间关系的一个特殊情况,并不是一个常规的结果。

文献[135]试验测量了小飞机主舱室的 τ 和 Q,并与理论值做了比较。由于并

未获得足够计算飞机舱室所有损耗的信息，因而将舱室的体积估算为 $V=7.25\mathrm{m}^3$，窗户面积估算为 $A=2.61\mathrm{m}^2$。如果假设窗口为电大尺寸，那么 Q_3 的理论值可由式(7.129)化简为

$$Q_3=\frac{8\pi V}{\lambda A} \tag{11.8}$$

其中忽略了窗户玻璃的影响。因为 Q_3 只考虑了泄漏损耗，可以将其认为是 Q 的一个不太精确的上限值。该舱室的 Q 值采用功率比和信号持续时间的方法进行了测量，在信号持续时间的测量方法中使用了 TEM 喇叭天线，功率比测量方法中采用了宽带喇叭天线。图 11.1 给出了频率在 4～18GHz 下该舱室的理论 Q 值与测量 Q_3 值的比较结果，如图所示计算的 Q 值超过了测得的 Q_3 值，因为这是 Q 的上限值。测得的 Q 值的散射主要是由于舱室的空间有限导致使用的搅拌器比理想状态下的小。

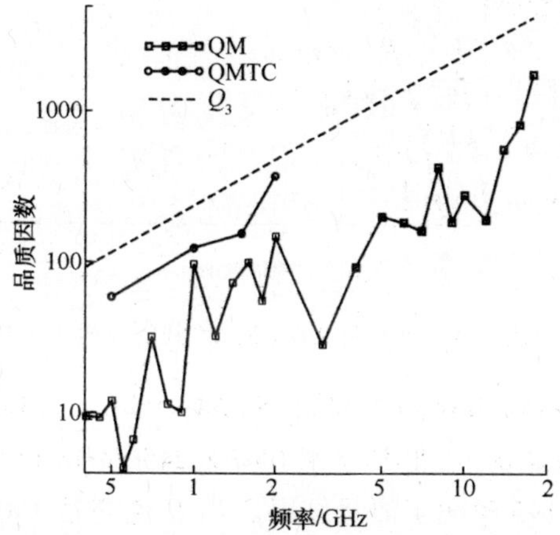

图 11.1　分别采用功率比法(QM)、时域测试法(QMTC)和泄漏计算(Q_3)得到的皇后机库飞机主舱室的品质因数 Q 曲线图[135]

当然可以根据式(11.8)计算理论上的电磁波持续时间 τ_3，品质因数与衰减时间的关系为

$$\tau_3=\frac{Q_3}{2\pi f}=\frac{4V}{cA} \tag{11.9}$$

式中：c 为真空光速。因为 Q_3 为 Q 的一个上限，衰减时间与频率无关并且为一个上限。如果将皇后机库飞机的体积 V 和窗户面积 A 代入式(11.9)，可得 $\tau_3=37.0\mathrm{ns}$。正如预测的一样，表 11.1 给出的结果表明了理论值要高于测量值。

飞机 1 为一个双人驾驶、载客 6 人的飞机，其舱室体积大约为 $9.46\mathrm{m}^3$，窗户面积大约为 $2.15\mathrm{m}^2$。图 11.2 给出了频率在 4～18GHz 下，采用功率比法测量得到的 Q 值与采用式(11.8)计算得到的 Q_3 的结果。由于 Q_3 只考虑了窗口的泄漏损耗，故其仍旧为测量值的上限。

表 11.1 在皇后机库飞机的舱室内测得的信号持续时间(τ)

频率/GHz	τ/ns
0.5	18.63
1.0	19.49
1.5	16.35
2.0	29.72

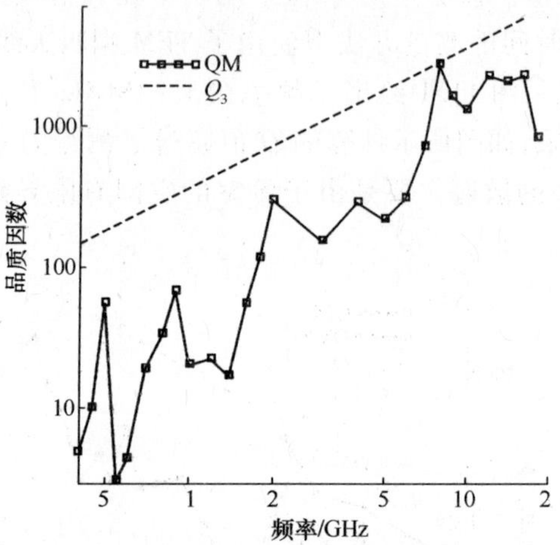

图 11.2 采用功率比法(QM)和泄漏估算(Q_3)得到的飞机 1 主舱室的品质因数[135]

在一个由非金属材料搭建的车间内(500m × 250m × 15m)进行了无线传播的测试,在 200MHz 平均带宽下,得到了 950MHz、2450MHz 和 5200MHz 三个频率下的时间延迟特性,图 11.3 给出了测量结果。当 Q 值高达 1000 时可视为一个混响室环境。当延迟时间达到 100ns,即与均方根延迟扩展大致相等时,稳定的无线通

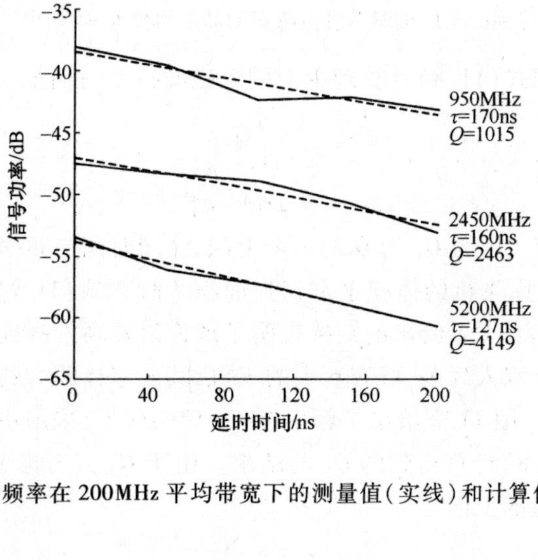

图 11.3 三种不同频率在 200MHz 平均带宽下的测量值(实线)和计算值(虚线)曲线[136]

信将变得十分困难。因为没有足够详细的数据计算其理论 Q 值，图 11.3 中没有将测试结果与理论值进行比较。

11.3.2 离散多径模型

多路径模型(即将每一次反射单独对待)由于没有像式(11.5)中一样假设为指数衰减，已得到了较快的发展，并已用于分析在工厂内测得的数据[137]，但其参数需要由实验获得。假设 $x(t)$ 为辐射的电磁波，$y(t)$ 为接收到的电磁波，对于一个离散信道模型，$y(t)$ 可表达为[138]

$$y(t) = \sum_{k} \alpha_k(t) x[t - \tau_k(t)] \tag{11.10}$$

通常，α_k 和 τ_k 与时间无关，因此信道的脉冲响应 $h(t)$ 可表达为

$$h(t) = \sum_{k=0}^{N-1} \alpha_k \delta(t - \tau_k) \tag{11.11}$$

式中：τ_0 为观测到的第一个脉冲到达的时间；N 为观测到的脉冲数量。

假设某一发射信号的形式为

$$x(t) = \mathrm{Re}[p(t)\exp(-\mathrm{i}2\pi f_c t)], p(t) = \begin{cases} 1, & 0 \leqslant t \leqslant t_p \\ 0, & \text{其他} \end{cases} \tag{11.12}$$

式中：f_c 为载波的频率。信道输出可通过卷积获得：

$$y(t) = \int_{-\infty}^{\infty} x(\zeta) h(t - \zeta) \mathrm{d}\zeta = \mathrm{Re}[r(t)\exp(-\mathrm{i}2\pi f_c t)] \tag{11.13}$$

式中

$$r(t) = \sum_{k=0}^{N-1} \alpha_k \exp(\mathrm{i}2\pi f_c \tau_k) p(t - \tau_k) \tag{11.14}$$

为了简化该模型，信道可以用基带脉冲响应 $h_b(t)$ 和输出 $r(t)$ 来描述，$r(t)$ 为 $y(t)$ 的包络，而低通特性滤除了因载波带来的高频变量，因此低通等同于信道脉冲响应 $h_b(t)$ 为[137]

$$h_b(t) = \sum_{k=0}^{N-1} \alpha_k \exp(\mathrm{i}2\pi f_c \tau_k) \delta(t - \tau_k) \tag{11.15}$$

式中：α_k 为实部衰减因子；$\exp(\mathrm{i}2\pi f_c \tau_k)$ 为传播过程中的相角变化；τ_k 为信道中第 k 条路径的延迟时间。

总之，根据载波与希望的多径分辨率可选择合适的脉冲宽度 t_p。例如，在文献[137]中，为了使低通信道的输出近似为脉冲响应 $h_b(t)$，选取的脉宽近似为 10ns。在文献[139]中为了测得输出 $r(t)$，对 $|r(t)|^2$ 的量值进行了测量。如果对于所有的 $j \neq k$ 有 $|\tau_j - \tau_k| > 10\mathrm{ns}$，那么：

$$|r(t)|^2 = \sum_{k=0}^{N-1} \alpha_k^2 p^2(t - \tau_k) \tag{11.16}$$

并且测量的功率曲线的路径分辨率为 10ns。当 $|\tau_j-\tau_k|<10\text{ns}$ 时,脉冲出现重叠,并且会存在无法解析的子路径与其他显著的路径相重合。

宽带网络多路径信道通常由平均额外延迟时间 $\langle\tau\rangle$ 与拓展延迟时间 τ_{rms} 来评定[138,139],离散的类比于式(11.6)的平均延迟时间的积分形式为

$$\langle\tau\rangle=\frac{\sum_{k=0}^{N-1}\alpha_k^2\tau_k}{\sum_{k=0}^{N-1}\alpha_k^2}\tag{11.17}$$

类比于式(11.7)中拓展均方根延迟时间的积分形式的离散,剖面的第二个中心时刻为[137]

$$\tau_{\text{rms}}=\sqrt{\langle\tau^2\rangle-(\langle\tau\rangle)^2}\tag{11.18}$$

式中

$$\langle\tau^2\rangle=\frac{\sum_{k=0}^{N-1}\alpha_k^2\tau_k^2}{\sum_{k=0}^{N-1}\alpha_k^2}$$

该模型的优点在于,不论其是否存在较强的视距路径,该模型均是适用的。因为混响室模型假设视距路径对总的接收信号的影响非常小,所以该模型比混响室模型更有普适性。它的一个缺点就是需要做大量的测量,为了区分信道需要通过实验对 α_k^2 和 τ_k 进行测量。正如式(11.17)和式(11.18)给出的一样,模型对总的信道特征、平均延迟时间和均方根时延拓展来说是正确的。

为了得到均方根延迟拓展,在五个工厂内的多个位置进行了测试,表 11.2 和表 11.3 分别给出了短路径(长度为 10 ~ 25m)和长路径(长度为 40 ~ 75m)的结果。两个表格均包含多个长时间时延扩展(大于 100ns)的情况,时延扩展的时间与路径长度或地形(如视距、杂乱等)无关。这些结论与在办公建筑中测试的结果相一致[139,140],但是与在更大的办公建筑中的结果有一定的差别。

表 11.2 均方根时延扩展数据(10 ~ 25m 路径)[137] (单位:ns)

均方根时延是工厂地形与收、发距离 10 ~ 25m 的函数					
地形	*B* 点	*C* 点	*D* 点	*E* 点	*F* 点
视距 - 轻微混乱	87.6	118.8	51.1	—	—
视距 - 重度混乱	45.6	46.9	106.7	48.7	124.3
沿墙壁视距	—	122.4	—	—	—
有障碍物 - 轻度混乱	27.7	102.6	103.2	—	—
有障碍物 - 重度混乱	70.9	101.5	52.0	79.3	49.6

表 11.3　均方根时延扩展数据(40 ~ 75m 路径)[137]　　(单位:ns)

均方根时延是工厂地形与收、发距离 40 ~ 75m 的函数					
地形	*B* 点	*C* 点	*D* 点	*E* 点	*F* 点
视距 - 轻微杂乱	33.9	43.2	118.5	—	—
视距 - 非常杂乱	39.5	201.5	33.3	93.6	44.3
沿墙壁视距	—	92.7	—	—	—
非视距 - 轻微杂乱	—	118.5	108.9	—	—
非视距 - 非常杂乱	77.2	114.7	106.8	52.5	129.6

11.3.3　低 *Q* 值腔室

正如式(11.5)所表述的,在高 Q 值混响室中接收到的电磁波以时间常数为 $\tau = Q/\omega$ 的指数形式衰减。本节将对室内墙壁的反射能力不强的情况进行分析,在这种情况下,墙体损耗为主要衰减形式,这样可以用以下公式获得 Q 的近似值:

$$Q = Q_1 = \frac{2kV}{A\langle (1 - |\Gamma|^2)\cos\theta \rangle_\Omega} \tag{11.19}$$

如果将式(11.19)除以 ω,可以得到衰减时间:

$$\tau = \frac{2V}{cA\langle (1 - |\Gamma|)\cos\theta \rangle} \tag{11.20}$$

为了用声学领域中的形式表达延迟时间,将式(11.20)写为[142]

$$\tau = \frac{4V}{cA\alpha} \tag{11.21}$$

式中:吸收系数 α 为[134]

$$\alpha = 2\int_0^{\pi/2} \left[1 - \frac{1}{2}(|\Gamma_{\mathrm{TE}}|^2 + |\Gamma_{\mathrm{TM}}|^2)\right]\cos\theta\sin\theta\mathrm{d}\theta \tag{11.22}$$

对于一个均匀半空间,式(7.117)给出了 TE(正交的)极化电磁波的反射系数 Γ_{TE},式(7.118)给出了 TM(平行的)极化电磁波的反射系数 Γ_{TM}。文献[143,144]给出了多层材料(多用于墙体)的反射系数,对于声学情况,式(11.21)中的系数 c 被声速替代。

式(11.21)的指数衰减时间对于高反射率的墙体($\alpha \ll 1$)是适用的,然而对于低反射率的墙体,式(11.21)的衰减时间在指数衰减模型中不再适用,为了说明为什么不适用,这里假设反射系数为零,在这种情况下,式(11.22)变为

$$\alpha_{\mathrm{nr}} = 2\int_0^{\pi/2} \cos\theta\sin\theta\mathrm{d}\theta = 1 \tag{11.23}$$

式中:α 的下标 nr 代表无反射的墙体。因此式(11.21)中的延迟时间可简化为

$$\tau = \frac{4V}{cA} \tag{11.24}$$

因此,非反射墙体的衰减时间 τ_{nr} 接近一个常数,而不是如期望的那样为零。这种

对于无反射墙体，其内部衰减时间不为零的矛盾情况同样在声学领域中出现[145]。在声学领域，Eyring 对该问题进行了解决，该方法中将所谓的“死亡之室”中的衰减时间特性表述为

$$\tau = \frac{l_c}{-c\ln(1-\alpha)} \tag{11.25}$$

式中：l_c 定义为墙体自由反射路径的平均长度，在矩形腔体内的值为

$$l_c = \frac{4V}{S} \tag{11.26}$$

当 $\alpha = 1$ 时，式(11.25)给出的 τ 的期望值为零；对于较小的 α 值，式(11.25)、式(11.26)与式(11.21)相一致。适用于“死亡之室”的计算式(11.25)同样适用于分析电磁微波暗室。

Dunens 和 Lambert 混响，定义为多个墙壁同时发生反射，或经过约 $10l_c/c$ 时间后的混响。对于室内无线通信情况，建筑墙体的反射并不大，大部分能量在穿透墙体的过程中耗散掉了，只有很少的一部分反射存在。因此在 $10l_c/c$ 时间消逝前，只有很小一部分能量存在于房间内，这种情况下几乎没有墙体反射，因此不能称为混响。Holloway 等人提出了一种功率延迟分布(PDF)模型用来描述非混响的情况。

这种模型通过发生的反射次数确定的时间间隔来对接收功率进行区分，某一房间内的一束电磁波在一次反射之前的特定时间 t_c 可以通过平均自由路径 l_c 并利用式(11.26)给出[134]，即

$$t_c = 2\frac{l_c}{c} = \frac{8V}{cA} \tag{11.27}$$

文献[134]通过对射线经过 n 次墙壁反射(n 为从 1 到 10 的整数)的射线追踪模型对等式(11.27)进行了修改，文献[134]的作者证明了当 $t = n_{tc}$时，大部分射线经过 n 次反射均可以到达接收设备。

通过室内的特征参数，可以对其内部不同时刻的功率值进行估计，对一束射线经过 n 次反射后的平均功率电平近似为

$$P_n = A\frac{\gamma^n}{d_n^2} \tag{11.28}$$

式中：A 为一个常数，并且是发射天线、接收天线和传输功率的函数；d_n 为射线经过 n 次反射后的特定传输距离，它由射线到达接收设备处的时间(n_{tc})决定，根据式(11.27)中对 t_c 的定义，d_n 可由平均自由路径表示为

$$d_n = nt_c c = 2nl_c \tag{11.29}$$

平均功率反射 γ 定义为

$$\gamma = 1 - \alpha \tag{11.30}$$

式中：α 由式(11.22)给出。

直接射线到达接收设备处的延迟时间由发射天线和接收天线间的距离 d_0 确

定。直接射线在接收设备处的功率电平为

$$P_0 = \frac{A}{d_0^2} \tag{11.31}$$

天线间的距离有明确的配置，但是文献[134]的目的是为了确定房间平均意义的 PDP，也就是在不知道发射天线与接收天线具体位置的情况下确定其整体特性。因此，假设直射路径等于房间特定距离 $d_0 = l_c$ 的平均距离，直接射线到达接收天线的时间为 $t = t_0 = l_c/c$。

根据确定的直射与反射场的功率电平和延迟时间可以得到 PDP 的模型。通过初始化直接射线衰减到零的延迟时间和归一化功率 P_0，可以得到不同延迟时间下的近似功率水平：

$$\begin{cases} \mathrm{PDP}_0 = 1, \quad \tau = 0, n = 0 \\ \mathrm{PDP}_0 = \dfrac{1}{4}\dfrac{\gamma^n}{n^2}, \quad \tau_n = \dfrac{t_c}{2}(2n-1), n \neq 0 \end{cases} \tag{11.32}$$

归一化的 PDP 如图 11.4 所示，将图中的箭头连接起来可以得到近似的 PDP。必须注意的是，这并不是室内某一位置下的 PDP，而是一个平均的结果。

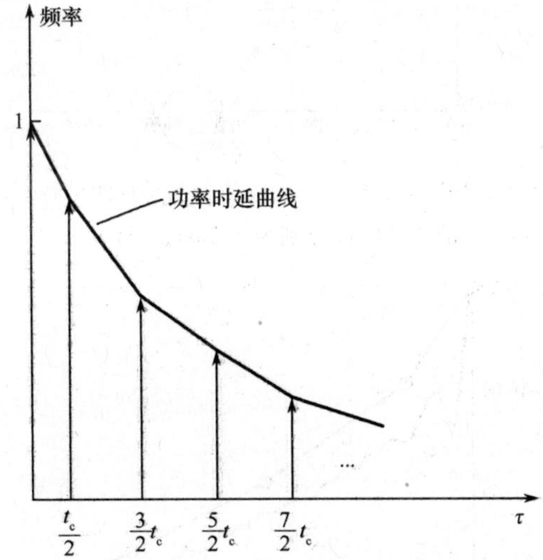

图 11.4　室内无线传播信道的归一化 PDP 模型[134]

式(11.30)给出的平均反射功率是假设所有的反射面是相同的，当室内的反射面不同时，平均发射功率系数是通过对各个反射面加权平均得到的。室内不同反射面的有效平均吸收面积与合成的平均反射功率可由下式得到：

$$\alpha_{\mathrm{eff}} = \frac{\sum_n A_n \alpha_n}{A}, \quad \gamma_{\mathrm{eff}} = 1 - \alpha_{\mathrm{eff}} \tag{11.33}$$

式中：A 为房间的总表面积；A_n 为第 n 个反射面的面积；α_n 为第 n 个面的平均吸收面积。

在两个不同的房间内测量了频率为1.5GHz、带宽为500MHz的载波信号，并与理论模型进行了对比，测试系统与文献[148,149]中的一致。第一个房间为一个长5.26m、宽2.31m、高3.20m的办公室；第二个房间为一个长9.35m、宽7.18m、高5.0m的实验室。两个房间的墙壁由厚度为14.5cm的混凝板与混凝砖构成[150]，并且 $\varepsilon_r = 6.0$，$\sigma = 1.95 \times 10^5 \mathrm{S/m}$。图11.5和图11.6给出了两个房间的理论PDP模型与测试结果的对比，测试过程中发射天线靠近房间的一个墙角，高

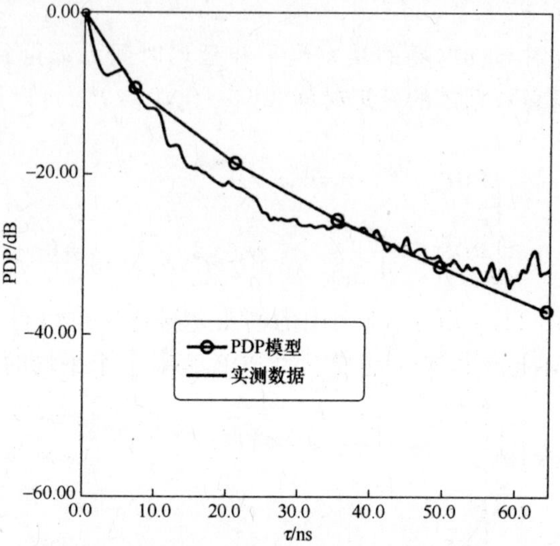

图11.5 PDP模型与办公室内多个取样点测试数据的比较，办公室的长、宽、高分别为5.26m、2.31m、3.20m[134]

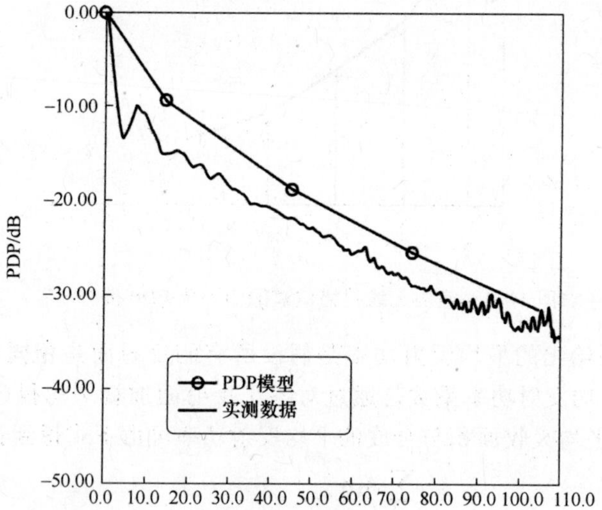

图11.6 PDP模型与实验室内多个取样位置测试数据的平均值的比较，实验室的长、宽、高分别为9.35m、7.18m、5.00m[134]

度为1.8m，接收天线安装在一个小车上，高度为1.8m。对房间内几个不同位置的脉冲响应进行了测量，对两个房间的脉冲响应均进行了平均来获得每个房间的有效平均PDP。两图的比较结果表明，PDP的模型可以很好地预测PDP的衰减特性，正如测试中见到的那样。

该PDP模型同样可以预测两个房间的均方根延迟扩展时间[134]。均方根延迟扩展时间可以类比于式(11.7)来表达：

$$\tau_{\mathrm{rms}} = \sqrt{\frac{\int_0^{\infty}(t-\langle\tau\rangle)^2 \mathrm{PDP}(t)\,\mathrm{d}t}{\int_0^{\infty}\mathrm{PDP}(t)\,\mathrm{d}t}} \tag{11.34}$$

式中

$$\langle\tau\rangle = \frac{\int_0^{\infty} t\mathrm{PDP}(t)\,\mathrm{d}t}{\int_0^{\infty}\mathrm{PDP}(t)\,\mathrm{d}t} \tag{11.35}$$

办公室内测得的RMS延迟扩展时间为6.1ns，平均PDP服从7.5ns的均方根延迟扩展。实验室内测得的均方根延迟扩展时间为13.2ns，平均PDP服从15.6ns的RMS延迟扩展。考虑到测试过程中的不确定度和PDP模型的近似度，结果的吻合度是非常好的。当然，RMS延迟扩展时间足够小，这说明房间内不是混响的(Q值很低)。

总之，PDP模型对分析非混响的房间是非常有益的，并且大部分的办公室和住宅均是非混响的，其优点就是PDP曲线与均方根延迟扩展时间可以计算得到，但是其前提是室内参数(体积和墙体性质)必须知道，或至少能获得其近似值。该模型不适用于金属房屋建筑，如工厂等，这种建筑内的Q值相当高，并且会发生混响的现象。

11.4 到达角度

如之前章节中所述，使用多重路径来描述室内传播的信道。虽然大部分有关室内传播的路径损耗和时间特性(如到达时间和均方根延迟时间)已经得到充分的研究，(这些在前两节中已经有所体现)，但是在对接收波的入射角度却少有研究。然而研究多径信号的入射角对预测自适应阵列系统的性能具有重要的意义。本节将继续研究理想混响室下的电磁环境，并利用之前的实验结果给出经验的统计模型。

11.4.1 混响模型

对于内部存在多重反射的建筑，如金属墙壁的工厂，电磁场和角谱服从第7章中描述的混响室理论，正如式(7.1)给出的，电场($\boldsymbol{E}$)可以写为

$$\boldsymbol{E}(\boldsymbol{r}) = \iint_{4\pi} \boldsymbol{F}(\Omega)\exp(\mathrm{i}\boldsymbol{k}\cdot\boldsymbol{r})\,\mathrm{d}\Omega \tag{11.36}$$

式中：角谱$\boldsymbol{F}(\Omega)$提供了接收设备处的入射角信息，角谱由仰角α和方位角β组成，正如式(7.6)中给出的，其总的均值为零。式(7.10)和式(7.14)服从角谱$\boldsymbol{F}$的统计特性：

$$\langle F_\alpha(\Omega_1)F_\alpha^*(\Omega_2)\rangle = \langle F_\beta(\Omega_1)F_\beta^*(\Omega_2)\rangle = \frac{E_0^2}{16\pi}\delta(\Omega_1-\Omega_2) \tag{11.37}$$

式中：E_0^2为电场的均方；δ为狄拉克函数。因为δ函数的论据建立在角度差$\Omega_1-\Omega_2$上，角谱分量的平方$\langle|F_\alpha|^2\rangle$和$\langle|F_\beta|^2\rangle$的期望包含δ函数，其峰值(在零参数)为$\Omega$(简略为$\alpha$和$\beta$)的任何值。

严格地说，式(11.37)给出的角谱没有任何物理意义，因为δ函数为一个分布函数或广义函数。但是如果认为δ函数为一系列有限制的普通函数(只是有很高的极值)，那么可以想象式(11.37)为各个方向仰角和方位角上的平面波的传播。因此一个高度混响的腔室能够产生在任何入射方向均匀分布的电磁波。

为了证明之前的论述，可以检测一个失配的耗散天线的接收功率的期望，正如式(7.103)给出的：

$$\langle P_r\rangle = \frac{E_0^2}{\eta}\frac{\lambda^2}{8\pi} \tag{11.38}$$

式(11.38)与天线的样式和方位无关，对于方向性比较强的天线，指向任意方向的测试情况均是适用的。因此，这里再次得出结论：一个高度混响的腔室能够在接收处设备产生电磁波方向任意并且分布均匀的场环境。

在混响腔体内的电场还有一个重要的特性就是空间统计均匀性和各向同性，如式(7.15)给出的：

$$\langle|E_x|^2\rangle = \langle|E_y|^2\rangle = \langle|E_z|^2\rangle = \frac{E_0^2}{3} \tag{11.39}$$

磁场同样具有空间统计均匀和各向同性的性质，如式(7.21)所示：

$$\langle|H_x|^2\rangle = \langle|H_y|^2\rangle = \langle|H_z|^2\rangle = \frac{E_0^2}{3\eta^2} \tag{11.40}$$

7.4节中给出了电场和磁场的空间相关函数。在高度混响的腔室内部，天线响应的空间相关函数是十分相近的，但是与式(11.38)对比，还依赖于与天线接收的方向图[152]。当多个接收天线用于多径采集时，空间相关函数是十分重要的。

这种无线传输系统通常称为“多输入－多输出系统(MIMO)[42]”。

11.4.2 实际建筑的测试结果

大部分室内传播的测试主要集中在多径反射的时间特性上，而不是波的入射方向上。然而，因为有些室内无线传输系统采用多个天线来防止多径反射，这里对室内入射电磁波的角度进行了测试。在一个混凝土墙体的小建筑物内，在20m范围内采用950MHz的信号对电磁波的入射方向进行了测试。测试过程中只使用了平面波，然而测得了很强的多径信号。在另一个办公室(6m×4.65m×3m)内，分为放置与不放置家具两种情况，采用60.5GHz的平面波进行了测试。放置家具时，尤其是家具挡住射线路径时，测得的接收设备处电磁波的入射方向与没有家具时差别很大。文献[155]中，在一个会议大厅内，采用1GHz的平面阵列在仰角与方位角上进行扫描。这种扫描方式非常有意义，因为多径信号是根据仰角检测的，而不是水平面。这些测试结果均没有与理论模型进行对比。

文献[156,157]在频率范围6.75～7.25GHz下，对理论与实验结果进行了对比，理论模型基于一个集群现象，在某一时间内多径集群到达。在一个集群内，多路返回信号随时间衰减。在文献[139]中，Saleh 和 Valenzuela 注意到了这一现象，但是他们没有研究电磁波到达时的入射方向。在两栋建筑内测得的65组数据可以得出，时间特性与入射方向的影响在统计上是相互独立的[157]。如果二者之间存在一种相关性，那么将会呈现出延迟时间越大对应的与集群均值的角度差越大的关系，但是这种关系在测试数据中并没有体现，因此这里认为二者是相互独立的。(或许有关该问题更深入的研究可能证明其是正确的。)

相互独立的结论意味着脉冲响应与时间和角度有关，可以近似写为[156]

$$h(t,\theta)\approx h(t)h(\theta) \tag{11.41}$$

这里将重点讨论$h(\theta)$，因为时间特性的影响在11.3节中已经重点讨论过。有关$h(\theta)$的推荐模型为[156]

$$h(\theta) = \sum_{l=0}^{\infty}\sum_{k=0}^{\infty}\beta_{kl}\delta(\theta-\Theta_l-\omega_{kl}) \tag{11.42}$$

式中：β_{kl}为第l次集群中第k次到达的多径振幅；Θ_l为第l次集群的平均角度，并且在$0\sim2\pi$之间是均匀分布的；集群中的射线角度ω_{kl}服从标准方差为σ的零均值拉普拉斯概率密度函数，即

$$f(\omega_{kl}) = \frac{1}{\sqrt{2}\sigma}\exp(-|\sqrt{2\omega_{kl}}/\sigma|) \tag{11.43}$$

为了使得式(11.43)为一个合理的概率分布函数，它必须满足式(6.3)的积分关系。此时$\sigma\ll\pi$。通过在给定的数据中识别每一个集群来确定集群的平均分布参数Θ_l。计算每一组集群的到达角度均值，每一束射线的角度的绝对值减去集群均值来获得射线到达时相对于集群的角度，获得所有数据的相关角度，并用直方图

表示。通过采用均方算法,可以使直方图与拉普拉斯分布十分接近,并得到估计的 σ 值。在一个混凝土加固与空心砖建造的建筑中进行了测试,图 11.7 给出了测试数据和最贴近拉普拉斯分布的结果[156]。

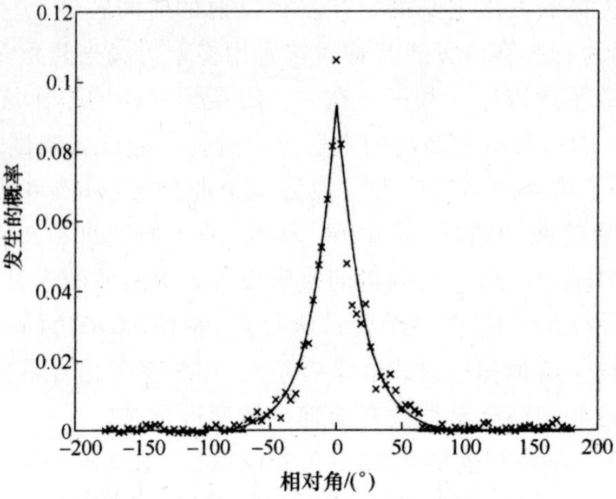

图 11.7 Clyde 建筑中相对射线到达有关集群均值的直方图,
重叠部分是拟合最好的拉普拉斯分布(σ=25.5°)[156]

电磁波的到达方向对众多应用中克服多径干扰越来越重要,本领域更多的研究证明了这一点。截至目前,该结果是实验得到的数据或者与模型拟合很好的实验数据,在这种情况下尤其如此。

11.5 混响室仿真

在 9.2 节与 9.3 节中对混响室内的直射波(未搅动的部分)受辐射抗扰度的影响进行了分析。在这种情况下,直射波使得混响室的性能降低,是不被期望出现的。然而可以利用直射信号与搅动信号的混合场来对无线通信设备处于多径环境下的情况进行仿真[158]。多径环境与室内、外的无线传播相关。

正如式(9.34)中所示,电场的 θ 分量的量值 $|E_\theta|$ 服从瑞斯分布:

$$f(|E_\theta|)=\frac{|E_\theta|}{\sigma^2}I_0\left(\frac{|E_{s\theta}||E_{d\theta}|}{2\sigma^2}\right)\exp\left(-\frac{|E_{s\theta}|^2+|E_{d\theta}|^2}{2\sigma^2}\right)U(|E_\theta|) \quad (11.44)$$

式中:$|E_{s\theta}|$ 为搅拌场的量值;$|E_{d\theta}|$ 为直射场的量值;σ^2 为搅动场的实部和虚部的方差,见式(9.33);I_0 为修正的零阶贝塞尔函数;U 为单位阶跃函数。实验配置如图 11.8 所示,其中 1 号天线(θ 方向极化)为发射天线,2 号天线需要移除。图 9.8 给出了在忽略直射信号情况下的 S_{21} 散射矩阵的散射图,以及其他三种存在直射路径时导致数据偏离原点的情况。

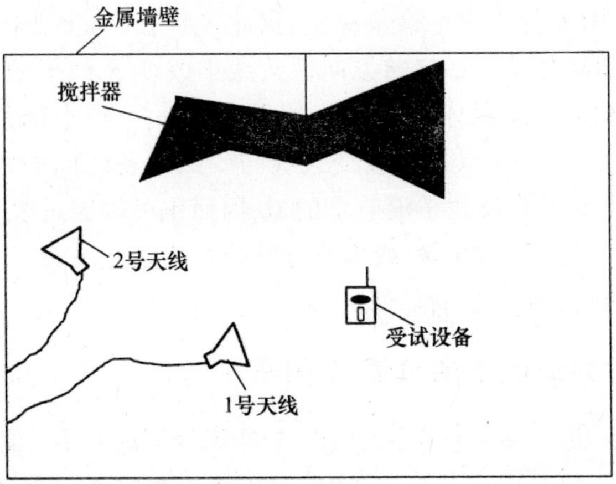

图 11.8　混响室内部同时部署两个天线示意图。1 号天线指向混响室中心[158]

通常瑞斯分布的 K 参数定义为[141,159,160]

$$K=\frac{|E_{d\theta}|^2}{2\sigma^2} \tag{11.45}$$

如果忽略直射路径电磁波，则 $K=0$，并且概率密度函数变为如式(9.36)所示的瑞利分布。当不存在多径搅拌场时，$K=\infty$，并且电场是确定的。在接下来两章中，将对仿真应用中 K 参数的获取方法进行介绍。

11.5.1　一个发射天线下的可调 K 因子

本节中将讨论图 11.8(去除掉 2 号天线)中的实验，将受试设备放置在混响室的中央，发射天线朝向受试设备，假设未搅动的场为天线辐射信号中被直接耦合的部分(并且假设所有墙壁反射的信号均与搅拌有关)，然后发射天线为 θ 方向极化，发射天线的方向图为 $D(\theta,\varphi)$，这里只写一个 D，因此直射场的平方可以写为

$$|E_{d\theta}|^2=\frac{\eta}{4\pi r^2}P_tD \tag{11.46}$$

式中：r 为发射天线与受试设备之间的距离；P_t 为辐射功率。为了计算式(11.45)还需要得到搅拌场实部和虚部的方差 σ^2，该方差与工作频率和混响室的特性有关[158]：

$$\sigma^2=\frac{\eta\lambda QP_t}{12\pi V} \tag{11.47}$$

将式(11.46)和式(11.47)代入式(11.45)可以得到 K 的表达式：

$$K=\frac{3}{2}\frac{V}{\lambda Q}\frac{D}{r^2} \tag{11.48}$$

式(11.48)表明 K 值由多个参量决定,因此 K 值在一定范围内可变,且正比于 D,因此可以通过围绕受试设备旋转方向性天线来改变 K 因子的大小。如果 D 很小,则 K 值很小(近似为瑞利分布环境);如果 r 很大,K 很小(近似为瑞利分布环境);如果 r 很小,K 很大,可以通过改变天线与受试设备之间的距离,将 K 值调整为一个理想的值。由于 K 反比于混响室的 Q,因而也可以通过改变 Q 值使 K 因子变为一个期望值,并且可以通过加载吸波材料的方法改变混响室的 Q 值,如图 9.6 所示,增加吸波材料会导致 Q 值降低。

11.5.2 两个发射天线下的可调 K 因子

本节将讨论图 11.8 所示(1 号天线与 2 号天线同时存在)的情况。1 号天线朝向混响室的中央,即受试设备放置的地方,2 号天线的朝向偏离混响室的中央。这里再次假设未搅动的场为 1 号天线辐射信号中被直接耦合的部分,如上节中的分析,假设 1 号天线为 θ 方向极化,因此直射场的平方与式(11.46)相似:

$$|E_{d\theta}|^2 = \frac{\eta}{4\pi r^2} P_{t1} D_1 \tag{11.49}$$

式中:P_{t1} 为 1 号天线的辐射功率;D_1 为 1 号天线的辐射方向。搅动场的实部和虚部变量与式(11.47)相似:

$$\sigma^2 = \frac{\eta\lambda Q(P_{t1} + P_{t2})}{12\pi V} \tag{11.50}$$

式中:P_{t2}为 2 号天线的辐射功率,将式(11.49)和式(11.50)代入式(11.45),可得 K 因子的表达式为

$$K = \frac{3}{2}\ \frac{V}{\lambda Q}\ \frac{D_1}{r^2}\ \frac{P_{t1}}{P_{t1} + P_{t2}} \tag{11.51}$$

该结果与 2 号天线的辐射方向无关,2 号天线的辐射方向是偏离受试设备的。

两个天线的优势为:只需通过改变 P_{t1}/P_{t2} 的值就可以改变 K 值。如果 $P_{t1}/P_{t2} \gg 1$,那么式(11.51)可以简化为式(11.48),即只存在一个发射天线的情况;如果 $P_{t1}/P_{t2} \ll 1$,那么式(11.51)可以简化为

$$K = \frac{3}{2}\ \frac{V}{\lambda Q}\ \frac{D_1}{r^2}\ \frac{P_{t1}}{P_{t2}} \tag{11.52}$$

如果 P_{t1}/P_{t2}的值变得很小,$K \to 0$,概率密度分布近似为瑞利分布。

11.5.3 有效的 K 因子

在不同混响室和发射天线下测量 K 因子时,可用探针或接收天线代替受试设备,图 11.9 给出了试验配置图,在测试无线设备时,图 11.9 中的一个喇叭天线可由受试设备(手机或其他无线设备)代替。图 11.9 所示的实验配置在下一节中也将用到,其包含两个天线:发射天线与接收天线。电场分量将用到前两节中给出的

K 因子表达式,受试设备具有全向特性和受试设备与发射天线的极化方向相匹配时的结果是相同的。如果受试设备(或接收天线)不具备这些特性,受试设备(或接收天线)将会给出一个有效的 K 因子。前两节中给出的 K 因子可通过引进 D_{DUT}(DUT 的极化方向),$\boldsymbol{\rho}_{\mathrm{t}}$ 和 $\boldsymbol{\rho}_{\mathrm{DUT}}$(发射天线与受试设备的单位极化矢量)进行修正。

图 11.9　室内实验测试图。在测试 K 因子时,一个喇叭天线作为辐射源,另一个作为测试端口。当测试无线装置时,用一个受试设备(如一部电话或其他无线设备)代替其中一个喇叭天线。混响室内部的吸波材料用来控制品质因数 Q[158]

在受试设备的极化方向与直射路径相匹配时($\boldsymbol{\rho}_{\mathrm{t}} \cdot \boldsymbol{\rho} = 1$)可以得到因子 $2(\boldsymbol{\rho}_{\mathrm{t}} \cdot \boldsymbol{\rho}_{\mathrm{DUT}}) = 1$,但是如式(7.103)所示,受试设备与搅拌场存在 1/2 的极化失配。因为搅动场的三个直角分量在统计意义上是均匀的,所以理论上在搅动场中对任意的受试设备存在一个 1/3 的失配因子,根据这些修正,在一个天线下式(11.48)的 K 因子变为

$$K = \frac{V}{\lambda Q} \frac{1}{r^2} D_{\mathrm{t}} D_{\mathrm{DUT}} (\boldsymbol{\rho}_{\mathrm{t}} \cdot \rho_{\mathrm{DUT}})^2 \tag{11.53}$$

两个天线下的 K 因子变为

$$K = \frac{V}{\lambda Q} \frac{1}{r^2} \frac{P_{\mathrm{t1}}}{P_{\mathrm{t1}} + P_{\mathrm{t2}}} D_{\mathrm{t}} D_{\mathrm{DUT}} (\boldsymbol{\rho}_{\mathrm{t}} \cdot \rho_{\mathrm{DUT}})^2 \tag{11.54}$$

如果受试设备(或接收天线)是全向性的,并且与发射天线的极化方向匹配,那么式(11.53)和式(11.54)可简化为式(11.48)和式(11.51)。发射天线和受试

设备的极化特性可以用来作为可调 K 因子的辅助方法。

11.5.4 实验结果

为了检验在一个发射天线下式(11.53)中的 K 因子函数关系,在 NIST 的混响室中进行了测试[158]。混响室的尺寸为 2.8m×3.1m×4.6m,图 11.9 给出了实验配置图。混响室内放置了两个与矢量网络分析仪连接的天线,并对两个天线之间的散射参数 S_{21} 进行了测量。这也是一种衡量混响室统计特性常用的方法。

为了控制直射分量,即改变 K 因子,可以通过调节两个天线间的距离,接收天线的方位角或相对极化方向等方法。两个天线间的相对距离是十分重要的,因为在充分搅拌的场环境中,搅拌场的统计特性是空间统计均匀的。在 1~6GHz 频率范围内选取 201 个频点,每个频点下测量 1601 个搅拌位置下的 S_{21}[158]。混响室内测得的 S_{21} 的实部与虚部的两倍的方差可以写为[158]

$$2\sigma_{\mathrm{R}}^2 = \langle |S_{21} - \langle S_{21} \rangle|^2 \rangle \tag{11.55}$$

测得的 S_{21} 均值可写为[158]

$$d_{\mathrm{R}} = |\langle S_{21} \rangle| \tag{11.56}$$

这实质上是直射信号的大小,类比于式(11.45),K 参数可以写为

$$K = \frac{d_{\mathrm{R}}^2}{2\sigma_{\mathrm{R}}^2} = \frac{|\langle S_{21} \rangle^2|}{\langle |S_{21} - \langle S_{21} \rangle|^2 \rangle} \tag{11.57}$$

这可以通过图 11.10 中的散射曲线可以清晰地看出:σ_{R} 为混乱数据的半径,d_{R} 为混乱数据的中心与原点间的距离。

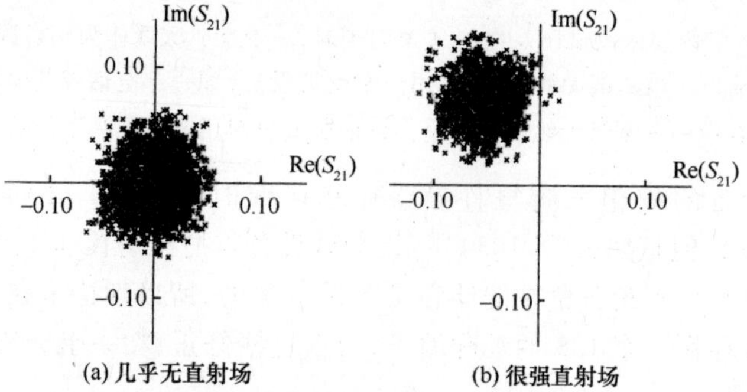

图 11.10 2GHz 双天线下的 S_{21} 散射图[158]

d_{R} 的值应该等于同一特性的天线在暗室中测得的直射分量 d_{A},其中 $d_{\mathrm{A}} = |S_{21AC}|$,$S_{21AC}$ 为暗室中测得的散射参数。理想暗室中的墙壁没有任何的反射,S_{21AC} 仅为直射分量。图 11.11 证明了这一点,其中 d_{A}^2 为在 NIST 的暗室中测得的(细曲线),d_{R}^2 为在 NIST 的混响室中在 4 种不同加载情况下测得的结果(0、1、2、4 片 60cm 的吸波材料)[158],其中一些吸波材料如图 11.9 中所示。这些曲线的趋势是

一致的，但是从混响室中获得的数据比在暗室中测得的数据中的噪声更大。数据中的噪声可以通过 NIST 混响室的设计来解释，式(11.56)是假设混响室内所有墙体的反射均与搅拌器相关，未搅拌的分量是发射天线中直接耦合的分量。

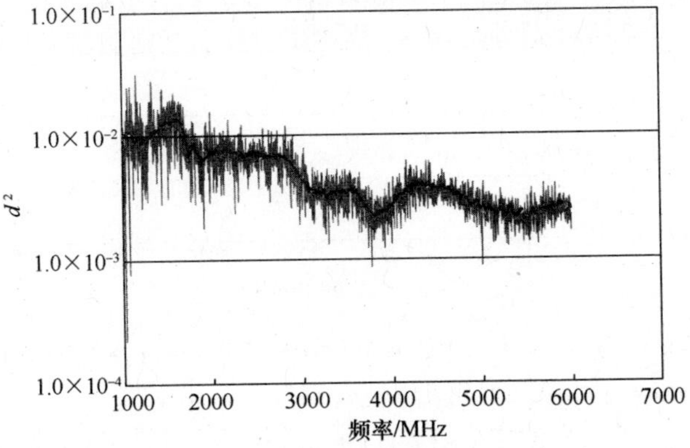

图 11.11　NIST 混响室内不同吸波材料下的 d_R^2 值。

可区分的曲线数据是在 0、1、2、4 片吸波材料时得到的。厚厚的黑色曲线代表的是暗室内的测试数据。所有数据集都是在间隔 1m 时测试得到的[158]

这些结果表明，NIST 的混响室相对于这种类型的测试并不是最合适的，并且存在与搅拌器无关的反射分量，即未搅动的直射路径分量(UMP)，UMP 分量主要由于混响室的体积较大，导致没有与搅拌器发生作用。NIST 的混响室为 20 年前第一批建造的混响室，只在其顶部安装有一个搅拌器，因此大量靠近混响室地面的反射波将不会与搅拌器发生反射。新的混响室使用两个甚至更多的搅拌器，以至于更多的墙体反射均与搅拌器有关。Harima 指出，在墙壁上安装两个搅拌器[161]，顶部安装一个搅拌器的混响室(NIST 混响室建造的初衷为电磁辐射发射和抗扰度测试中不需要额外的搅拌器)内测得的方差更小(频率在 1 ~ 18GHz 时为 ±2dB)。

图 11.12 给出了在 1 ~ 6GHz 下，由式(11.57)确定的天线间距对 K 因子的影响。由式(11.48)可知，根据天线距离的增大，K 因子如期望的一样降低。该图同样给出了暗室中在 d_A 下测得的 K 因子(粗线)，并用 d_A 代替式(11.57)中的 d_R。因为混响室中的直射路径分量使得通过 d_A 获得的结果更平滑。

图 11.13 给出了混响室加载后(Q 值降低)对 K 因子的影响。天线间的极化是匹配的，并且距离为 1m。在混响室中央放置 2 片或 6 片 60cm 的吸波材料，在 1 ~ 6GHz 范围内降低 Q 值并增大 K 因子，黑色的粗线代表了在暗室内用 d_A 代替 d_R 得到的 K 因子，这种增大 K 因子的方法是有一定限度的，因为增大混响室内的耗散，将会导致混响室的性能降低[112]。

当然还可以通过调整发射天线与接收天线间的方向来改变 K 因子，图 11.14 给出了调整一个天线方位角后得到的 K 因子，K 值的变化是由于天线辐射方向发

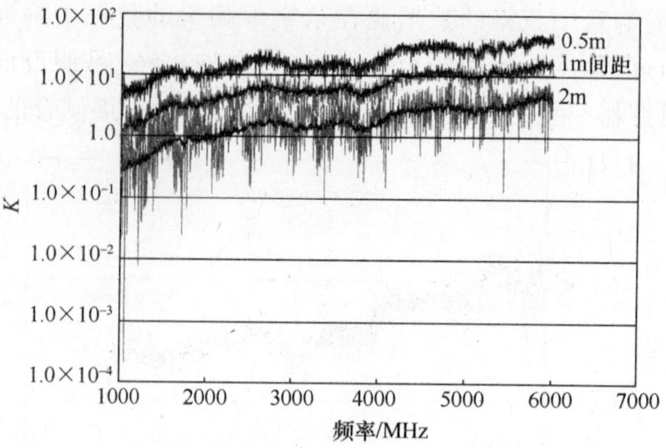

图 11.12　三种不同天线间距时的 K 因子。穿过每个数据的黑色曲线代表使用 d_A 获得的 K 因子[158]

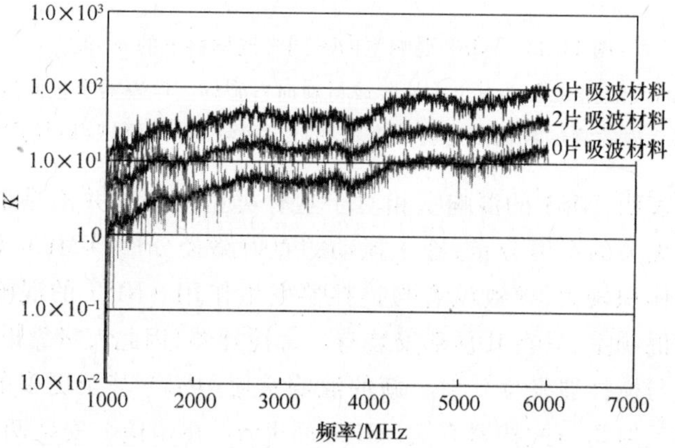

图 11.13　不同数量吸波材料下的 K 因子。穿过每个数据的黑色曲线代表使用 d_A 获得的 K 因子。所有数据都是由间隔 1m 的天线测试得到的[158]

生了改变和频率变化。虽然 K 值随方位角的增大而降低，但是由于多径的直射场很难将 K 值降低太多。

我们同样对改变天线的极化方向造成的影响进行了研究，如图 11.5 所示，如期望的一样，相对极化方向变为 45°使得在所有频率下的 K 因子降低。图 11.5 还给出了当两个天线之间为正交极化，但是仍相对时测得的 K 值，也给出了在微波暗室内相同实验配置下得到的 K 值。图 11.5 中测得的最小 K 值要远小于图 11.4 中的最小值，式(11.54)指出理想正交极化天线得到的 K 值将会为零，但是由于一些非零极化的波耦合入两个天线中，因此使得其不能完全为零。

如图 11.8 所示，另一种巧妙改变 K 因子的方法为增加一个发射天线，式(11.51)给出了理论上的结果，为了进行验证，将一个射频信号分离器的一端连接直射发射天线，另一端连接射向搅拌器的发射天线，根据式(11.51)中 $P_{t1}=P_{t2}$

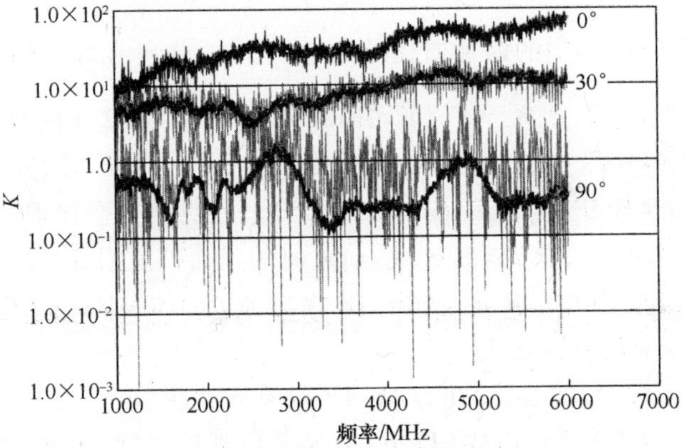

图 11.14　不同天线方位角下测得的 K 因子。穿过每个数据的黑色曲线代表使用 d_A 获得的 K 因子。所有数据均由间隔 1m 天线在有 4 片吸波材料的混响室内测试得到[158]

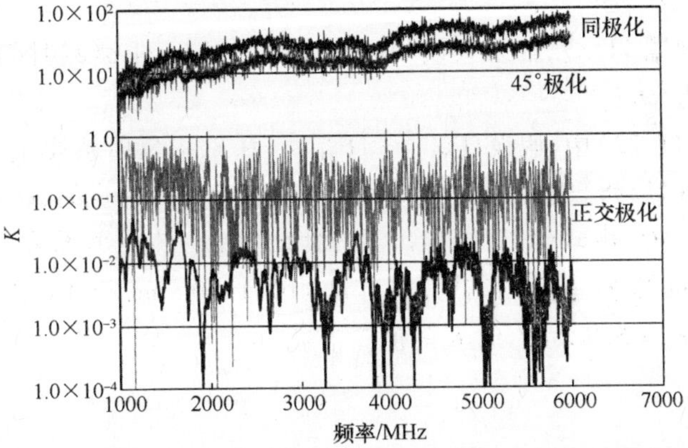

图 11.15　不同极化方向下测得的 K 因子。穿过每个数据的黑色曲线代表使用 d_A 获得的 K 因子。所有数据均由间隔 1m 天线在有 4 片吸波材料的混响室内测试得到[158]

时，改变两个参数中的一个可以减小 K 因子。试验结果表明[158]，直射的多径分量能够导致测得的减小量从 2 改变。混响室测量的不确定度在文献[115，119]中进行了测量。

问　　题

11－1　假设式(11.1)中的 $X_\sigma=0$。证明此时电场(磁场)符合 $|E|=\dfrac{\sqrt{K_p}}{d^{n/2}}$，其中 K_p 是一个与 d 无关的常数。就 $PL(d_0)$ 和 d_0 而言，求 K_p 的表达式。

11-2 证明式(11.4)中的路径损耗导致电场(磁场)衰落为：$|E| = \frac{\sqrt{K_e}}{d}10^{-ad/20}$。若 $a=0$, $n=2$，则 $K_e = K_p$，证明问题 11-1 和 11-2 中的 $|\boldsymbol{E}|$ 相同。

11-3 假设式(11.2)中的发射天线和接收天线不在同一层楼，并且 FAF = 20dB，$\mathrm{PL}(d_0) = 10\mathrm{dB}$, $n_{\mathrm{SF}} = 2$, $d_0 = 1\mathrm{m}$, $d = 50\mathrm{m}$，计算路径损耗 PL。

11-4 在式(11.4)中，求 $d = 50\mathrm{m}$、$d_0 = 1\mathrm{m}$ 时的球面扩散损耗。

11-5 在式(11.4)中，求 $d = 50\mathrm{m}$、频率分别为 850MHz、1.9GHz、4.0GHz 和 5.8GHz 时的衰减损失。

11-6 假设式(11.5)的变化，在 t_L 处的指数衰减脉冲 $\langle P_r(t)\rangle = P_0\exp(-t/\tau)\cdot[U(t) - U(t_L)]$。由式(11.6)推导平均延迟时间，由式(11.7)推导均方值延迟扩散时间。这两种情况下都涉及替换 t_L 积分的无限上限。

11-7 对于一个混响室模型，当主要损耗是电大尺寸缝隙的泄露时，衰减时间与频率无关，如式(11.9)所示。如果墙壁损耗为主，求衰减时间与频率的关系 $\tau_1 = Q_1/\omega$?

11-8 跟进问题 11-7，如果天线的吸收为主要损耗，求衰减时间与频率的关系 $\tau_4 = Q_4/\omega_4$?

11-9 在式(11.22)中，假设 $|\Gamma_{\mathrm{TE}}|^2 = |\Gamma_{\mathrm{TM}}|^2 = 0.8$，求反射系数 a。

11-10 如式(11.48)中的混响室 K 因子。当墙壁损耗为主时，$Q \approx Q_1$，求 K 的表达式。Q_1 由式(7.123)给出。为什么结果与体积 V 无关?

11-11 对于问题 11-10 的结果，求当 $D = 10$, $\lambda = 0.3\mathrm{m}$, $r = 1\mathrm{m}$, $A = 24\mathrm{m}^2$, $\mu_r = 1$, and $\sigma_W = 5.7\times10^7$ 时 K 的值。

附录A　矢量分析

矩形坐标(x,y,z)、圆柱形坐标(ρ,ϕ,z)和球形坐标(r,θ,ϕ)的坐标轴通常如图 A.1 所示。

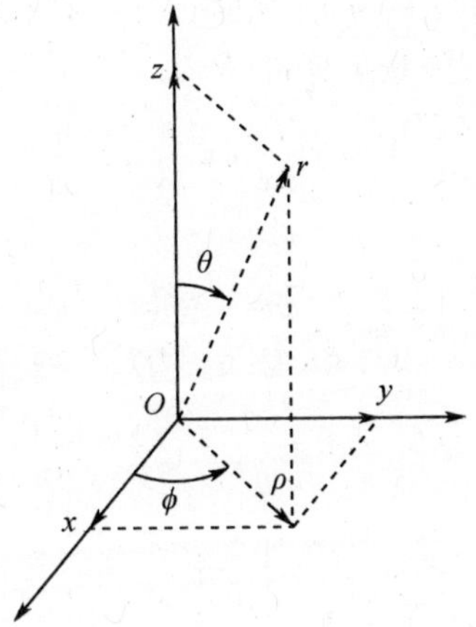

图 A.1　矩形坐标(x,y,z)、圆柱形坐标(ρ,ϕ,z)和球形坐标(r,θ,ϕ)

坐标变换方法如下：

$$\begin{cases} x = \rho\cos\phi = r\sin\theta\cos\phi \\ y = r\sin\phi = r\sin\theta\sin\phi \\ z = r\cos\theta \\ \rho = \sqrt{x^2+y^2} = r\sin\theta \\ \phi = \dfrac{y}{x} \\ r = \sqrt{x^2+y^2+z^2} = \sqrt{\rho^2+z^2} \\ \theta = \arctan\dfrac{\sqrt{x^2+y^2}}{z} = \arctan\dfrac{\rho}{z} \end{cases} \tag{A1}$$

三个坐标系的单位矢量分别为($\boldsymbol{x},\boldsymbol{y},\boldsymbol{z}$)、($\boldsymbol{\rho},\boldsymbol{\phi},\boldsymbol{z}$)和($\boldsymbol{r},\boldsymbol{\theta},\boldsymbol{\phi}$)。在笛卡儿坐标系中,可以将通用矢量 $\boldsymbol{A}$ 写作

$$\boldsymbol{A} = \boldsymbol{x}A_x + \boldsymbol{y}A_y + \boldsymbol{z}A_z \tag{A2}$$

矢量相加由下式定义：

$$\boldsymbol{A} + \boldsymbol{B} = \boldsymbol{x}(A_x + B_x) + \boldsymbol{y}(A_y + B_y) + \boldsymbol{z}(A_z + B_z) \tag{A3}$$

矢量乘法(点积)定义为

$$\boldsymbol{A}\cdot\boldsymbol{B}=A_xB_x+A_yB_y+A_zB_z \tag{A4}$$

矢量乘法(矢量积)定义为

$$\boldsymbol{A}\times\boldsymbol{B}=\begin{vmatrix}\boldsymbol{x} & \boldsymbol{y} & \boldsymbol{z}\\ A_x & A_y & A_z\\ B_x & B_y & B_z\end{vmatrix} \tag{A5}$$

式(A5)的右侧是一个扩展的标准形式。在圆柱形和球形坐标系中,相关的形式类似于式(A2)和式(A5)。

重要的微分算子是梯度(∇w)、散度($\nabla\cdot\boldsymbol{A}$)、旋度($\nabla\times\boldsymbol{A}$)和拉普拉斯($\nabla^2 w$)。在笛卡儿坐标系中,矢量运算符($\nabla$):

$$\nabla=\boldsymbol{x}\frac{\partial}{\partial x}+\boldsymbol{y}\frac{\partial}{\partial y}+\boldsymbol{z}\frac{\partial}{\partial z} \tag{A6}$$

不同的矢量运算[3]:

$$\nabla w=\boldsymbol{x}\frac{\partial w}{\partial x}+\boldsymbol{y}\frac{\partial w}{\partial y}+\boldsymbol{z}\frac{\partial w}{\partial z} \tag{A7}$$

$$\nabla\cdot\boldsymbol{A}=\frac{\partial A_x}{\partial x}+\frac{\partial A_y}{\partial y}+\frac{\partial A_z}{\partial z} \tag{A8}$$

$$\nabla\times\boldsymbol{A}=\begin{vmatrix}\boldsymbol{x} & \boldsymbol{y} & \boldsymbol{z}\\ \frac{\partial}{\partial x} & \frac{\partial}{\partial y} & \frac{\partial}{\partial z}\\ A_x & A_y & A_z\end{vmatrix} \tag{A9}$$

在圆柱形坐标系中,不同的矢量运算:

$$\nabla^2 w=\frac{\partial^2 w}{\partial x^2}+\frac{\partial^2 w}{\partial y^2}+\frac{\partial^2 w}{\partial z^2} \tag{A10}$$

$$\nabla w=\boldsymbol{\rho}\frac{\partial w}{\partial\rho}+\boldsymbol{\phi}\frac{1}{\rho}\frac{\partial w}{\partial\phi}+\frac{\partial w}{\partial z} \tag{A11}$$

$$\nabla\cdot\boldsymbol{A}=\frac{1}{\rho}\frac{\partial}{\partial\rho}(\rho A_\rho)+\frac{1}{\rho}\frac{\partial A_\phi}{\partial\phi}+\frac{\partial A_z}{\partial z} \tag{A12}$$

$$\nabla\times\boldsymbol{A}=\boldsymbol{\rho}\left(\frac{1}{\rho}\frac{\partial A_z}{\partial\phi}-\frac{\partial A_\phi}{\partial z}\right)+\boldsymbol{\phi}\left(\frac{\partial A_\rho}{\partial z}-\frac{\partial A_z}{\partial\rho}\right)+z\left[\frac{1}{\rho}\frac{\partial}{\partial\rho}(\rho A_\phi)-\frac{1}{\rho}\frac{\partial A_\rho}{\partial\phi}\right] \tag{A13}$$

$$\nabla^2 w=\frac{1}{\rho}\frac{\partial}{\partial\rho}\left(\rho\frac{\partial w}{\partial\rho}\right)+\frac{1}{\rho^2}\frac{\partial^2 w}{\partial\phi^2}+\frac{\partial^2 w}{\partial z^2} \tag{A14}$$

在球形坐标系中,不同的矢量运算:

$$\nabla w=\boldsymbol{r}\frac{\partial w}{\partial r}+\boldsymbol{\theta}\frac{1}{r}\frac{\partial w}{\partial\theta}+\boldsymbol{\phi}\frac{1}{r\sin\theta}\frac{\partial w}{\partial\phi} \tag{A15}$$

$$\nabla\cdot\boldsymbol{A}=\frac{1}{r^2}\frac{\partial}{\partial r}(r^2A_r)+\frac{1}{r\sin\theta}\frac{\partial}{\partial\theta}(A_\theta\sin\theta)+\frac{1}{r\sin\theta}\frac{\partial A_\theta}{\partial\phi} \tag{A16}$$

$$\nabla\times\boldsymbol{A}=\boldsymbol{r}\frac{1}{r\sin\theta}\left[\frac{\partial}{\partial\theta}(A_\phi\sin\theta)-\frac{\partial A_\theta}{\partial\phi}\right]+\boldsymbol{\theta}\frac{1}{r}\left[\frac{1}{\sin\theta}\frac{\partial A_r}{\partial\phi}-\frac{\partial}{\partial r}(rA_\phi)\right]+$$

$$\boldsymbol{\phi}\frac{1}{r}\left[\frac{\partial}{\partial r}(rA_\theta)-\frac{\partial A_r}{\partial\theta}\right] \tag{A17}$$

$$\nabla^2 w=\frac{1}{r^2}\frac{\partial}{\partial r}\left(r^2\frac{\partial w}{\partial r}\right)+\frac{1}{r^2\sin\theta}\frac{\partial}{\partial\theta}\left(\sin\theta\frac{\partial w}{\partial\theta}\right)+\frac{1}{r^2\sin^2\theta}\frac{\partial^2 w}{\partial\phi^2} \tag{A18}$$

独立坐标系下矢量的点积、矢量积和微分恒等式[2,3,162]：

$$\boldsymbol{A}\cdot(\boldsymbol{B}\times\boldsymbol{C})=\boldsymbol{B}\cdot(\boldsymbol{C}\times\boldsymbol{A})=\boldsymbol{C}\cdot(\boldsymbol{A}\times\boldsymbol{B}) \tag{A19}$$

$$\boldsymbol{A}\times(\boldsymbol{B}\times\boldsymbol{C})=(\boldsymbol{A}\cdot\boldsymbol{C})\boldsymbol{B}-(\boldsymbol{A}\cdot\boldsymbol{B})\boldsymbol{C} \tag{A20}$$

$$\nabla(ab)=a\nabla b+b\nabla a \tag{A21}$$

$$\nabla\cdot(a\boldsymbol{B})=a\nabla\cdot\boldsymbol{B}+\boldsymbol{B}\cdot\nabla a \tag{A22}$$

$$\nabla\times(a\boldsymbol{B})=a\nabla\times\boldsymbol{B}-\boldsymbol{B}\times\nabla a \tag{A23}$$

$$\nabla\cdot(\boldsymbol{A}\times\boldsymbol{B})=\boldsymbol{B}\cdot\nabla\times\boldsymbol{A}-\boldsymbol{A}\cdot\nabla\times\boldsymbol{B} \tag{A24}$$

$$\nabla(\boldsymbol{A}\cdot\boldsymbol{B})=(\boldsymbol{A}\cdot\nabla)\boldsymbol{B}+(\boldsymbol{B}\cdot\nabla)\boldsymbol{A}+\boldsymbol{A}\times(\nabla\times\boldsymbol{B})+\boldsymbol{B}\times(\nabla\times\boldsymbol{A}) \tag{A25}$$

$$\nabla\times(\boldsymbol{A}\times\boldsymbol{B})=\boldsymbol{A}\nabla\cdot\boldsymbol{B}-\boldsymbol{B}\nabla\cdot\boldsymbol{A}-(\boldsymbol{A}\cdot\nabla)\boldsymbol{B}+(\boldsymbol{B}\cdot\nabla)\boldsymbol{A} \tag{A26}$$

$$\nabla\cdot(\nabla a)=\nabla^2 a \tag{A27}$$

$$\nabla\cdot(\nabla\boldsymbol{A})=\nabla^2\boldsymbol{A} \tag{A28}$$

$$\nabla\times(\nabla\times\boldsymbol{A})=\nabla(\nabla\cdot\boldsymbol{A})-\nabla^2\boldsymbol{A} \tag{A29}$$

$$\nabla\times(\nabla a)=0 \tag{A30}$$

$$\nabla\cdot(\nabla\times\boldsymbol{A})=0 \tag{A31}$$

同样存在以下点积、矢量积和微分的并矢恒等式[2]：

$$\boldsymbol{A}\cdot(\boldsymbol{B}\times\overleftrightarrow{C}=-\boldsymbol{B}\cdot(\boldsymbol{A}\times\overleftrightarrow{C})=(\boldsymbol{A}\times\boldsymbol{B})\cdot\overleftrightarrow{C} \tag{A32}$$

$$\boldsymbol{A}\times(\boldsymbol{B}\times\overleftrightarrow{C})=\boldsymbol{B}\cdot(\boldsymbol{A}\times\overleftrightarrow{C})-(\boldsymbol{A}\cdot\boldsymbol{B})\overleftrightarrow{C} \tag{A33}$$

$$\nabla(a\boldsymbol{B})=a\nabla\boldsymbol{B}+(\nabla a)\boldsymbol{B} \tag{A34}$$

$$\nabla(a\overleftrightarrow{B})=a\nabla\cdot\overleftrightarrow{B}+(\nabla a)\cdot\overleftrightarrow{B} \tag{A35}$$

$$\nabla\times(a\overleftrightarrow{B})=a\nabla\times\overleftrightarrow{B}+(\nabla a)\times\overleftrightarrow{B} \tag{A36}$$

$$\nabla\times(\nabla\times\overleftrightarrow{A})=\nabla(\nabla\cdot\overleftrightarrow{A})-\nabla^2\overleftrightarrow{A} \tag{A37}$$

$$\nabla\cdot(\nabla\times\overleftrightarrow{A})=0 \tag{A38}$$

下面的积分定理同样使用到文献[2]。

散度定理：

$$\iiint\nabla\cdot\boldsymbol{A}\mathrm{d}V=\oiint(\boldsymbol{n}\cdot\boldsymbol{A})\mathrm{d}S \tag{A39}$$

旋度定理：

$$\iiint\nabla\times\boldsymbol{A}\mathrm{d}V=\oiint(\boldsymbol{n}\times\boldsymbol{A})\mathrm{d}S \tag{A40}$$

梯度定理：

$$\iiint \nabla a\mathrm{d}V = \oiint \boldsymbol{n}a\mathrm{d}S \tag{A41}$$

斯托克斯定理：

$$\iint \boldsymbol{n} \cdot \nabla \times \boldsymbol{A}\mathrm{d}S = \oint \boldsymbol{A} \cdot \mathrm{d}\boldsymbol{l} \tag{A42}$$

交叉梯度定理：

$$\iint \boldsymbol{n} \times \nabla a\mathrm{d}S = \oint a\mathrm{d}\boldsymbol{l} \tag{A43}$$

交叉定理：

$$\iint (\boldsymbol{n} \times \nabla) \times \boldsymbol{A}\mathrm{d}S = -\oint \boldsymbol{A} \times \mathrm{d}\boldsymbol{l} \tag{A44}$$

附录 B　连带勒让德函数

连带勒让德函数[3]为

$$\frac{1}{\sin\theta}\frac{\mathrm{d}}{\mathrm{d}\theta}\left(\sin\theta\frac{\mathrm{d}y}{\mathrm{d}\theta}\right)+\left[v(v+1)-\frac{m^2}{\sin^2\theta}\right]y=0 \tag{B1}$$

对于球形坐标和球形腔体，其中 v 是整数 n，$0\leqslant\theta\leqslant\pi$。在这种情况下，式(B1)的两个独立的解是连带勒让德函数，第一类连带勒让德函数是 $\mathrm{P}_n^m(\cos\theta)$，第二类连带勒让德函数是 $\mathrm{Q}_n^m(\cos\theta)$[25]。由于 Q_n^m 在 $\cos\theta=\pm1$ 奇异，它不适宜用来描述球形腔体电磁场，因此从现在开始只考虑 P_n^m。

将 $u=\cos\theta$ 代入方程(B1)，有

$$(1-u^2)\frac{\mathrm{d}^2y}{\mathrm{d}u^2}-2u\frac{\mathrm{d}y}{\mathrm{d}u}+\left[n(n+1)-\frac{m^2}{1-u^2}\right]y=0 \tag{B2}$$

首先考虑 $m=0$ 的情况，式(B2)变为普通勒让德方程，即

$$(1-u^2)\frac{\mathrm{d}^2y}{\mathrm{d}u^2}-2u\frac{\mathrm{d}y}{\mathrm{d}u}+n(n+1)y=0 \tag{B3}$$

式(B3)的解是勒让德多项式 $\mathrm{P}_n(u)$，它在 $-1\leqslant u\leqslant1$ 内是有限的，可以写为一个有限的总和[3]，即

$$\mathrm{P}_n(u)=\sum_{l=0}^{L}\frac{(-1)^l(2n-2l)!}{2^n l!(n-l)!(n-2l)!}u^{n-2l} \tag{B4}$$

式中：$L=n/2$ 或 $(n-1)/2$，取其整数。勒让德多项式的另外一种表示方法是 Rodrigues 公式：

$$\mathrm{P}_n(u)=\frac{1}{2^n n!}\frac{\mathrm{d}^n}{\mathrm{d}u^n}(u^2-1)^n \tag{B5}$$

最低的五阶勒让德多项式是

$$\begin{cases}\mathrm{P}_0(u)=1\\ \mathrm{P}_1(u)=u\\ \mathrm{P}_2(u)=\dfrac{1}{2}(3u^2-1)\\ \mathrm{P}_3(u)=\dfrac{1}{2}(5u^3-3u)\\ \mathrm{P}_4(u)=\dfrac{1}{8}(35u^4-30u^2+3)\end{cases} \tag{B6}$$

方程(B6)也可以写成如下 θ 的形式[3]：

$$\begin{cases} P_0(\cos\theta) = 1 \\ P_1(\cos\theta) = \cos\theta \\ P_2(\cos\theta) = \dfrac{1}{4}(3\cos2\theta + 1) \\ P_3(\cos\theta) = \dfrac{1}{8}(5\cos3\theta + 3\cos\theta) \\ P_4(\cos\theta) = \dfrac{1}{64}(35\cos4\theta + 20\cos2\theta + 9) \end{cases} \tag{B7}$$

连带勒让德函数(式(B2))的解可以通过对勒让德多项式微分得到

$$P_n^m(u) = (-1)^m (1-u^2)^{m/2} \frac{d^m P_n(u)}{du^m} \tag{B8}$$

对于 $m > n, P_n^m(u) = 0$。同样，$P_n^0(u) = P_n(u)$，低阶连带勒让德函数 $n = 3$，有

$$\begin{cases} P_1^1(u) = -(1-u^2)^{1/2} \\ P_2^1(u) = -3(1-u^2)^{1/2}u \\ P_2^2(u) = 3(1-u^2) \\ P_3^1(u) = \dfrac{3}{2}(1-u^2)^{1/2}(1-5u^2) \\ P_3^2(u) = 15(1-u^2)u \\ P_3^3(u) = -15(1-u^2)^{3/2} \end{cases} \tag{B9}$$

一个计算连带勒让德函数的有用方法是“递归方法”。n 的递归公式为[3]

$$(m-n-1)P_{n+1}^m(u) + (2n+1)uP_n^m(u) - (m+n)P_{n-1}^m(u) = 0 \tag{B10}$$

m 的递推公式为

$$P_n^{m+1}(u) + \frac{2mu}{(1-u^2)^{1/2}}P_n^m(u) + (m+n)(n-m+1)P_n^{m-1}(u) = 0 \tag{B11}$$

部分公式同样存在着参数的微分形式，即

$$\begin{aligned} P_n^{m\prime}(u) &= \frac{1}{1-u^2}[-nuP_n^m(u) + (n+m)P_{n-1}^m(u)] \\ &= \frac{1}{1-u^2}[(n+1)uP_n^m(u) - (n-m+1)P_{n+1}^m(u)] \\ &= \frac{mu}{1-u^2}P_n^m(u) + \frac{(n+m)(n-m+1)}{(1-u^2)^{1/2}}P_n^{m-1}(u) \\ &= -\frac{mu}{1-u^2}P_n^m(u) - \frac{1}{(1-u^2)^{1/2}}P_n^{m+1} \end{aligned} \tag{B12}$$

递归公式(B10)和公式(B11)以及微分公式(B12)也可以用来求解第二类连带勒让德函数。

附录 C　球贝塞尔函数

正如 4.1 节指出的，球面径向函数 R 需要满足以下微分方程：

$$\frac{\mathrm{d}}{\mathrm{d}r}\left(r^2\frac{\mathrm{d}R}{\mathrm{d}r}\right)+[(kr)^2-n(n+1)]R=0 \tag{C1}$$

对于球形腔体，只需要第一类贝塞尔函数 $\mathrm{j}_n(kr)$[25,163]，其中 n 是整数，因为它在原点是有限的。球汉开尔函数在处理辐射问题时是有用的[163]，但是在原点是奇异的。第一类球贝塞尔函数涉及 $n+1/2$ 阶的柱贝塞尔函数[25]：

$$\mathrm{j}_n(kr)=\sqrt{\frac{\pi}{2kr}\mathrm{J}_{n+1/2}(kr)} \tag{C2}$$

然而，一种方式下球贝塞尔函数比柱贝塞尔函数简单，因为它们数量有限。第一类的前五个球贝塞尔函数是(使用 x 代替 kr)：

$$\begin{cases}\mathrm{j}_0(x)=x^{-1}\sin x\\ \mathrm{j}_1(x)=x^{-1}[-\cos x+x^{-1}\sin x]\\ \mathrm{j}_2(x)=x^{-1}[-3x^{-1}\cos x+(-1+3x^{-2})\sin x]\\ \mathrm{j}_3(x)=x^{-1}[(1-15x^{-2})\cos x+(-6+15x^{-3})\sin x]\\ \mathrm{j}_4(x)=x^{-1}[(10x^{-1}-105x^{-3})\cos x+(1-45x^{-2}+105x^{-4})\sin x]\end{cases} \tag{C3}$$

x 作为 $\mathrm{j}_n(x)$ 的限值接近零，与式(C3)一致[25]：

$$\mathrm{j}_n(x)\xrightarrow[x\to 0]{}\frac{x^n}{1\times 3\times 5\times\cdots\times(2n+1)} \tag{C4}$$

式(C3)结果可以通过瑞利公式获得

$$\mathrm{j}_n(x)=x^n\left(-\frac{1}{x}\frac{\mathrm{d}}{\mathrm{d}x}\right)^n\frac{\sin x}{x} \tag{C5}$$

对于任意非负整数值 n 都是有效的。

为了计算 $\mathrm{j}_n(x)$ 的大量有效值，可以使用下面的递推关系：

$$\mathrm{j}_{n-1}(x)+\mathrm{j}_{n+1}(x)=(2n+1)x^{-1}\mathrm{j}_n(x) \tag{C6}$$

也可使用下面提供的微分公式：

$$
\begin{aligned}
\mathrm{j}_n'(x) &= \frac{1}{(2n+1)}[n\mathrm{j}_{n-1}(x) - (n+1)\mathrm{j}_{n+1}(x)] \\
&= \mathrm{j}_{n-1}(x) - \frac{n+1}{x}\mathrm{j}_n(x) \\
&= \frac{n}{x}\mathrm{j}_n(x) - \mathrm{j}_{n+1}(x)
\end{aligned} \tag{C7}
$$

式(C6)和式(C7)也适用于球汉开尔函数和诺伊曼函数[25]。

附录 D 腔体场的混沌效应

混沌的定性描述:一个混沌系统是一个确定性的系统,该系统具有随机行为[164]。关于混沌的论著非常多(如文献[165-168]及文献的参考书),但是具体到电磁方面的文献则比较少[169]。原因是麦克斯韦方程组在线性介质中是线性的,一般认为不会产生混沌行为。人们发现并分析了具有非线性负载[170,171]和在非线性材料传播[172]的偶极子天线的混沌效应,这是一个电磁非线性的例子。

然而,射线混沌[173-175],其特征在于射线初期附近轨迹的指数发散,由于决定射线轨迹的非线性程函方程可以在非线性环境中出现。该(非线性)程函方程可以通过在波数 k 的反转功率上扩大 Helmholtz 方程的渐近解导出(或麦克斯韦方程组的矢量电磁情况)[176-178]:

$$(\nabla\varphi)^2 = n^2 \tag{D1}$$

式中:φ 为射线的相位;n 为折射率(可能是不均匀的)。文献[175]使用方程(D1)跟踪一个不均匀介质的周期性网络包覆的射线反射,证明了射线混沌——紧密间隔的入射射线指数发散。这就给出了一个适合的指数散射,并且还可以用来确定正的李雅普诺夫指数[174],这也是混沌的主要指标之一。按照式(D1),迁移方程[176-178]可用于确定射线传播因子的系数,但是这里不研究这部分内容。

即使 n 是均匀的,反射边界也能造成射线混沌。外部散射可以导致射线混沌的例子是飞机的管道[173,179]和多个汽缸[180]。

对于我们而言,更感兴趣的是腔体内部的几何形状可以产生射线混沌[174]。假设 n 是均匀的(如空腔),那么射线特性由腔体墙壁的几何形状决定(假定是完全反射)。对于射线混沌,射线轨迹到达腔体的每一点是任意紧密的,且到达角是均匀分布的[174]。可积的几何形状,与射线路径演变的解析可积性紧密相关,意味着规律(非混沌)的射线路径。有几种可积系统的定义(见文献[165-167]了解详细信息)。几何可分离的坐标总是可积的。例如,第 2 章的矩形腔体,第 3 章的圆柱形腔体和第 4 章的球形腔体都是坐标分离的,并且都可以通过分离变量进行分析。因此,它们的分析适用于确定性的理论,这也是本书的第一部分。非可分离并不一定意味着不可积。一些多边形腔体都是不可分离的,但仍然可积[174]。

严格来说,射线混沌只适用于零波长(频率无限大)的情况。但是,对于小的但非零的波长,在复杂腔体中出现了混沌的性质(如对初始条件或腔体几何扰动敏感)[181]。这属于"波混沌"领域[182-184]。在这种情况下,射线混沌系统的全波特性自然采用统计术语描述[169]。最常用的统计模型是大量入射方向、极化和相位均匀分布的平面波的叠加[185]。这个随机平面波模型很好地描述了射线混沌腔体波函数的性能[186]。早期的随机平面波用于处理二维腔体的单模问题,获得了标量亥姆霍兹方程的无源解。然而,自然出现了基于三维矢量麦克斯韦方程组的扩展随机平面波模型,见第7章。通过功率守恒包含了任意源,见第7章。

由于机械搅拌混响室的想法是墙壁运动而不是已经提出的搅拌器,因此提出了墙壁正弦运动的二维分析[187]。墙壁运动引入了一个非线性的边界问题,混沌开始作为墙壁位移的函数是由李雅普诺夫指数的增加决定的。

附录 E　短电偶极子响应

假设短的电偶极子沿着 z 方向，长度为 L，如图 E.1 所示。偶极子的 $S_{r\alpha}$ 和 $S_{r\beta}$ 分量接收能力为[69]

$$\begin{cases} S_{r\alpha} = \dfrac{L\sin\alpha}{2R_r} \\ S_{r\beta} = 0 \end{cases} \tag{E1}$$

式中：R_r 为辐射电阻；$S_{r\alpha}$ 为通过两次分割匹配负载上的感应电压得到的；由于 β 分量与偶极子 z 方向的电场正交，因而 $S_{r\beta}=0$。

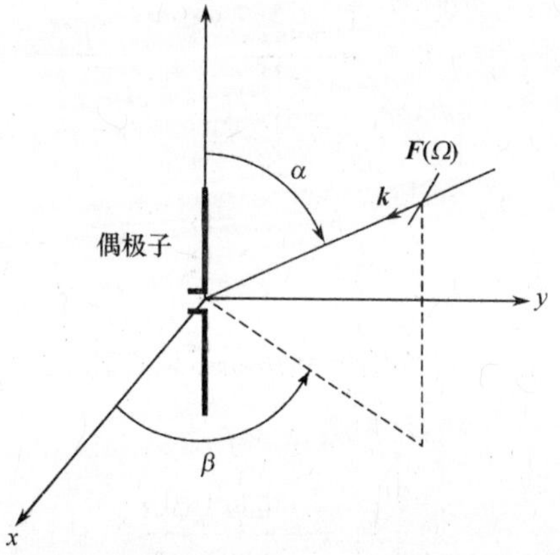

图 E.1　平面波的电场分量辐照下的短偶极子天线

将式(E1)代入式(7.100)的角积分：

$$\langle P_r \rangle = \frac{E_0^2 L^2}{12R_r} \tag{E2}$$

一个短电偶极子的辐射电阻[3]为

$$R_r = \frac{2\pi\eta L^2}{3\lambda^2} \tag{E3}$$

将式(E3)代入式(E2)，得到最终结果：

$$\langle P_r \rangle = \frac{1}{2}\,\frac{E_0^2}{\eta}\,\frac{\lambda^2}{4\pi} \tag{E4}$$

方程(E4)与普通天线的式(7.103)是相同的。由于 $S_{r\beta}=0$，因而电偶极子天线的极化失配系数为 1/2。

附录 F　小环天线响应

另外一个电小天线是环天线,如图 F.1 所示。对于一个在 xy 平面、围绕 z 轴、面积为 A 的小环天线,各分量接收能力为[69]

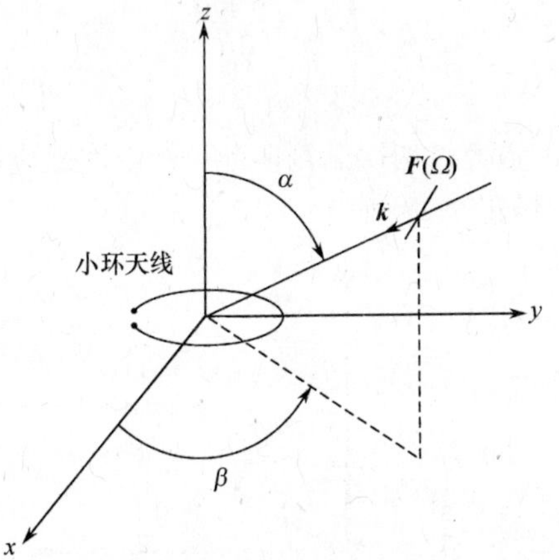

图 F.1　一列平面波的电场分量辐照下的小环天线

$$\begin{cases} S_{r\alpha} = 0 \\ S_{r\beta} = \dfrac{-\mathrm{i}\omega\mu A\sin\alpha}{2\eta R_r} \end{cases} \tag{F1}$$

式中的 $S_{r\beta}$ 通过以下方式获得:①确定穿透环的磁通量;②乘以 $-\mathrm{i}\omega$,以确定感应电压;③除以 $2R_r$,以确定匹配负载上的感应电流。由于磁场 β 的分量与环的 z 轴正交,因而 $S_{r\alpha}=0$。得到这种结果的另外一种方式是电场 α 的分量与 xy 平面的环形导体正交。

将式(F1)代入式(7.101)中,得到角积分:

$$\langle P_r \rangle = \frac{E_0^2\omega^2\mu^2A^2}{12\eta^2R_r} \tag{F2}$$

小环的辐射阻抗为[3]

$$R_r = \frac{2\pi\eta}{3}\left(\frac{kA}{\lambda}\right)^2 \tag{F3}$$

将式(F3)代入式(F2)中,得到最终结果:

$$\langle P_r \rangle = \frac{1}{2}\frac{E_0^2}{\eta}\frac{\lambda^2}{4\pi} \tag{F4}$$

式(7.103)的普通天线和式(E4)的小偶极子天线是一样的。由于 $S_{r\alpha}=0$,因而小环天线的极化失配系数为1/2。

附录 G 室内射线理论分析

对于理想导体,矩形腔模理论和射线理论之间的数学联系是三维泊松求和公式[188,189]。这个公式可以让并矢格林函数从三重模式之和转化为三重射线之和。这涉及数学细节,不再详述。然而,物理解释可以清晰地呈现在多个镜像上,如图 G.1所示。为简单起见,源是 z 方向的电偶极子,多个镜像代表多个射线在 $y=y'$平面的反射。其他源和位置可以产生类似的图。

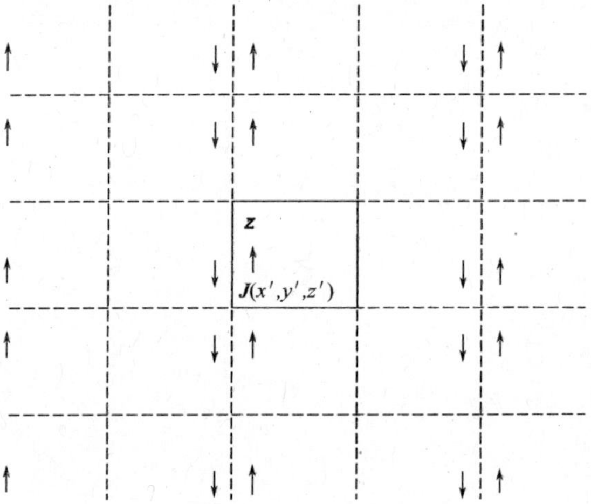

图 G.1 矩形腔体内 z 方向偶极子源的多个镜像

腔体中某一点的场的计算是烦琐的,因为三重镜像的贡献。事实上,对于一些频率和位置处的场,总和是不收敛的。这种情况是不可避免的,因为等效模式的总和在每个腔体模式的谐振频率是无限的。对于非理想导体墙壁,通过引入有限的 Q(因此谐振频率变得复杂),使得模式表征是有限的。对于非理想导体墙壁,通过引入反射系数(其量级小于 1),使得在每个墙壁的反射射线总和有限。这样做是为了研究源是导通的正弦曲线时矩形腔体内部场的建立情况[99]。

多镜像理论可以扩展到包括机械搅拌器的作用。每个镜像单元包含一个具有机械搅拌器位置和方向的镜像,如图 G.2 所示。即使使用了“射线追踪法”,大边界值问题的解决将是极其困难的。然而,图 G.2 中的多镜像图形可以为设计搅拌器提供灵感。搅拌器的目标是使场变得随机,消除所有确定性成分,陈述这些目标的另一种方式是尽量减小未搅拌与搅拌能量的比值。未搅拌能量不与搅拌器相互作用就能到达观测点。一个例子是图 G.2 中射线 U(单反射)。根据一种改进的搅拌方案设计搅拌器,使消除尽可能多的射线直接照射成为可能。一个结论是:搅拌器的尺寸必须与混响室的尺寸相当,而不是一个波长。这个结论与最近混响室的测量结果一致[66]。

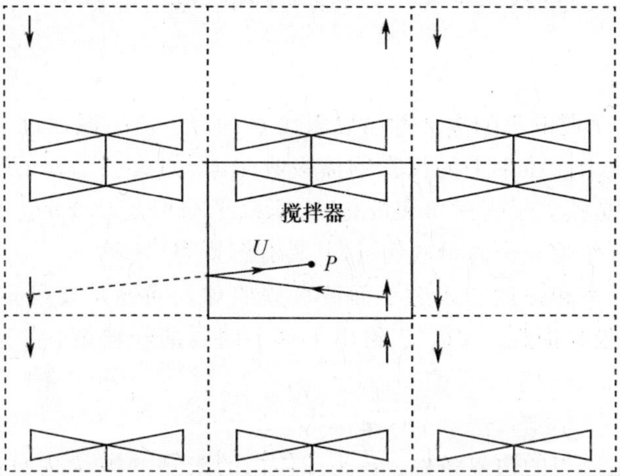

图 G.2　混响室内源和搅拌器的镜像。搅拌器没有影响到射线 U(单反射)(产生了未搅拌能量)[18]

附录 H　均匀球的吸收

7.6 节讨论了混响室的损耗和品质因数 Q 的产生。一般通过平均入射方向和极化方向给出位于该腔室中的损耗物体吸收截面,如式(7.125)所示。对于均匀球形,吸收截面是独立于入射角和极化的,所以平均不是必要的。因此,这里选择一个球形吸收剂作为一个简单的例子,其具有解析解[41]。

一列已知频率和强度的入射平面波场辐照球。问题是要确定渗入球的电磁场,以便于确定吸收损耗。Mie[190] 给出了这个问题的经典解,基于矢量波动方程公式:

$$\nabla^2 \boldsymbol{E} + k^2 m^2 \boldsymbol{E} = 0 \tag{H1}$$

在无源区域满足适当的边界条件。$\boldsymbol{E}$ 为球体内的未知电场,k 为自由空间的波数,m 为折射率,定义为

$$m^2 = \varepsilon_{\mathrm{r}} + \mathrm{i}\sigma/(\omega\varepsilon_0) \tag{H2}$$

式中:ε_{r} 为相对介电常数(自由空间的介电常数值为 ε_0);σ 为该材料的导电性。在自由空间,$\varepsilon_{\mathrm{r}} = 1$,$\sigma = 0$,$m = 1$。我们使用 m 为折射率,以便与普通的符号一致[88],但是这不应该与式(7.106)的阻抗不匹配因数混淆。

为了解决上述矢量波动方程,我们必须在球形坐标相应的标量波动方程找到解决方法:

$$\nabla^2 u + k^2 m^2 u + 0 \tag{H3}$$

由于式(H3)是一个二阶偏微分方程,有两个独立的解 u_1 和 u_2。代入球外的入射波,其中 $m = 1$,可得到

$$\begin{cases} u_1 = \cos\phi \sum\limits_{n=1}^{\infty} \mathrm{i}^n \dfrac{2n+1}{n(n+1)} \mathrm{P}_n^1(\cos\theta)\mathrm{j}_n(kr) \\ u_2 = \sin\phi \sum\limits_{n=1}^{\infty} \mathrm{i}^n \dfrac{2n+1}{n(n+1)} \mathrm{P}_n^1(\cos\theta)\mathrm{j}_n(kr) \end{cases} \tag{H4}$$

式中:(ϕ, θ, r) 为当 $r = 0$ 时球中心处的球坐标;P_n^1 为连带勒让德函数;j_n 为球贝塞尔函数。

球外的散射波可以表示为

$$\begin{cases} u'_1 = \cos\phi \sum\limits_{n=1}^{\infty} (-a_n)\mathrm{i}^n \dfrac{2n+1}{n(n+1)} \mathrm{P}_n^1(\cos\theta)\mathrm{h}_n^{(2)}(kr) \\ u'_2 = \sin\phi \sum\limits_{n=1}^{\infty} (-b_n)\mathrm{i}^n \dfrac{2n+1}{n(n+1)} \mathrm{P}_n^1(\cos\theta)\mathrm{h}_n^{(2)}(kr) \end{cases} \tag{H5}$$

式中：$h_n^{(2)}$ 为球汉开尔函数[25]；a_n 和 b_n 为未知待定系数。穿透进入球体的电磁波可以写为

$$\begin{cases} u''_1 = \cos\phi \sum_{n=1}^{\infty} (mc_n) i^n \frac{2n+1}{n(n+1)} P_n^1(\cos\theta) j_n(mkr) \\ u''_2 = \sin\phi \sum_{n=1}^{\infty} (md_n) i^n \frac{2n+1}{n(n+1)} P_n^1(\cos\theta) j_n(mkr) \end{cases} \tag{H6}$$

式中：m 为复数；c_n 和 d_n 为未知待定系数。边界条件要求球表面 $r=a$。

$$\begin{cases} u_1 + u'_1 = u''_1 \\ u_2 + u'_2 = u''_2 \end{cases} \tag{H7}$$

经过代数简化，由式(H4)~式(H7)得到

$$a_n = A/B, b_n = C/D, c_n = -i/B, d_n = -i/D \tag{H8}$$

式中

$$\begin{cases} A = \Psi'_n(y)\Psi_n(x) - m\Psi_n(y)\Psi'_n(x) \\ B = \Psi'_n(y)\xi_n(x) - m\Psi_n(y)\xi'_n(x) \\ C = m\Psi'_n(y)\Psi_n(x) - \Psi_n(y)\Psi'_n(x) \\ D = m\Psi'_n(y)\xi_n(x) - \Psi_n(y)\xi'_n(x) \end{cases} \tag{H9}$$

同时：$x = ka, y = mka = mx$。Ψ_n 和 $\xi_n = \Psi_n - i\chi_n$ 是黎卡提－贝塞尔函数[88]，Ψ'_n和ξ'_n是对参数的导数。

在附录 C 中讨论了球贝塞尔函数。低阶整数黎卡提－贝塞尔函数可以写成

$$\begin{cases} \Psi_0(z) = \sin z \\ \Psi_1(z) = z^{-1}\sin z - \cos z \\ \Psi_2(z) = (3z^{-2} - 1)\sin z - 3z^{-1}\cos z \\ \Psi_3(z) = (15z^{-3} - 6z^{-1})\sin z - (15z^{-2} - 1) \\ \Psi_4(z) = (105z^{-4} - 45z^{-2} + 1)\sin z - (105z^{-3} - 10z^{-1})\cos z \end{cases} \tag{H10}$$

$$\begin{cases} \chi_0(z) = \cos z \\ \chi_1(z) = \sin z + z^{-1}\cos z \\ \chi_2(z) = 3z^{-1}\sin z + (3z^{-2} - 1)\cos z \\ \chi_3(z) = (15z^{-2} - 1)\sin z + (15z^{-3} - 6z^{-1})\cos z \\ \chi_4(z) = (105z^{-3} - 10z^{-1})\sin z + (105z^{-4} - 45z^{-2} + 1)\cos z \end{cases} \tag{H11}$$

对式(H9)所需的黎卡提－贝塞尔函数求导,得到

$$\begin{cases}\Psi_0'(z)=\cos z\\ \Psi_1'(z)=(-z^{-2}+1)\sin z+z^{-1}\cos z\\ \Psi_2'(z)=(-6z^{-3}+3z^{-1})\sin z+(6z^{-2}-1)\cos z\\ \Psi_3'(z)=(-45z^{-4}+21z^{-2}-1)\sin z+(45z^{-3}-6z)\cos z\\ \Psi_4'(z)=(-420z^{-5}+195z^{-3}-10z^{-1})\sin z+(420z^{-4}-55z^{-2}+1)\cos z\end{cases} \tag{H12}$$

$$\begin{cases}\chi_0'(z)=-\sin z\\ \chi_1'(z)=-z^{-1}\sin z+(-z^{-2}+1)\cos z\\ \chi_2'(z)=(-6z^{-2}+1)\sin z+(-6z^{-3}+3z^{-1})\cos z\\ \chi_3'(z)=(-45z^{-3}+6z^{-1})\sin z+(-45z^{-4}+21z^{-2}-1)\cos z\\ \chi_4'(z)=(420z^{-4}+55z^{-2}-1)\sin z+(-420z^{-5}+195z^{-3}-10z^{-1})\cos z\end{cases} \tag{H13}$$

在式(H10)～式(H13)中,$z=x$(实部)或 $z=y$(复数)。一旦频率 f(或 ω)、球半径 a、球材料常数 ε_r 和 σ 是已知的,则可以通过计算式(H8)和式(H9)得到系数 a_n、b_n、c_n 和 d_n,也可以通过式(H4)～式(H6)计算球内部和外部的场分布。式(H4)～式(H6)所需的项数取决于 ka。

总的系数 η_t 和散射系数 η_s 在确定吸收时是有用的,计算公式为

$$\eta_t=2(ka)^{-2}\sum_{n=1}^{\infty}(2n+1)\mathrm{Re}(a_n+b_n) \tag{H14}$$

$$\eta_s=2(ka)^{-2}\sum_{n=1}^{\infty}(2n+1)(|a_n|^2+|b_n|^2) \tag{H15}$$

吸收效率系数为

$$\eta_a=\eta_t-\eta_s \tag{H16}$$

球的吸收截面为

$$\sigma_a=(\pi a^2)\eta_a \tag{H17}$$

这又是用来计算由吸收导致的功率损耗。由于球的对称性,无须考虑平均入射角和极化:$\langle\sigma_a\rangle=\sigma_a$。

当 ka 变得非常大时,这个理论并不是太实用,因为求和收敛很慢。这种情况下,可以使用几何光学近似方法计算 $\langle\sigma_a\rangle$[88, Sec. 14.23]。文献[41]的计算机程序就是使用该近似方法计算 $\langle\sigma_a\rangle$ 和 Q_2 的。

附录 I　小圆孔的传输横截面

假设一个平面板上有一个半径为 a 的小圆孔($ka \ll 1$),如图 8.3 所示。辐射场可以写成一个切向磁偶极子 p_m 和一个法向电偶极子 p_e 的场,或可以写成孔极化和相应入射场的乘积[85,104]:

$$\begin{cases} p_m = \alpha_m H_{tan}^{sc} \\ p_e = \varepsilon_0 \alpha_e E_n^{sc} \end{cases} \tag{I1}$$

式中:H_{tan}^{sc}为小环形孔缝中心处的切向磁场;E_n^{sc}为小环形孔缝中心处的法向电场。文献[85,104]给出了磁场极化 α_m 和电场极化 α_e:

$$\begin{cases} \alpha_m = 4a^3/3 \\ \alpha_e = 2a^3/3 \end{cases} \tag{I2}$$

偶极距在地平面辐射(因此包含了镜像),总的发射功率(辐射到一个半空间)为[3]

$$P_t = \frac{4\pi\eta_0}{3\lambda^2}(k^2 |p_m|^2 + |p_e|^2 \tag{I3}$$

这里分别考虑水平极化和垂直极化两种情况,对于水平极化,小环场为

$$\begin{cases} H_{tan}^{sc} = 2H_i \\ E_n^{sc} = 2E_i \sin\theta^i \end{cases} \tag{I4}$$

入射场可以由入射功率 S_i 得到,即

$$\begin{cases} S_i = \eta_0 H_i^2 \\ S_i = E_i^2/\eta_0 \end{cases} \tag{I5}$$

由式(I1)~式(I5),可以得到水平极化的传输横截面:

$$\sigma_{tpar} = P_t/S_i = \frac{64}{27\pi}k^4 a^6 \left(1 + \frac{1}{4}\sin^2\theta^i\right) \tag{I6}$$

这是 8.1 节所需要的结果。

对于垂直极化,小环场为

$$\begin{cases} H_{tan}^{sc} = 2H_i \cos\theta^i \\ E_n^{sc} = 0 \end{cases} \tag{I7}$$

由式(I1)~式(I3)、式(I5)和式(I7),可以得到垂直极化的传输横截面:

$$\sigma_{tperp} = \frac{64}{27\pi}k^4 a^6 \cos^2\theta^i \tag{I8}$$

这是 8.1 节所需要的另外一个结果。

附录J 缩　放

对于涉及大尺寸物体的应用,如飞机,实验室在测量小尺寸模型时是非常便利的。对于麦克斯韦方程组的时谐形式,在非色散、无损介质中频率和尺寸的缩放是众所周知的。对于与频率无关的天线的例子[191],如果所有长度尺寸按比例与频率成反比,那么整个电气性能与频率无关。

考虑有损介质的更一般的情况[41],这里从麦克斯韦方程组时谐、无源形式开始:

$$\begin{cases} \nabla \times \boldsymbol{H}(\boldsymbol{r},\omega) = [-\mathrm{i}\omega\varepsilon(\boldsymbol{r}) + \sigma(\boldsymbol{r})]\boldsymbol{E}(\boldsymbol{r},\omega) \\ \nabla \times \boldsymbol{E}(\boldsymbol{r},\omega) = \mathrm{i}\omega\mu\boldsymbol{H}(\boldsymbol{r},\omega) \end{cases} \tag{J1}$$

式中:磁导率 μ、介电常数 ε 和电导率 σ 假定为与频率无关,但是可以为位置 $\boldsymbol{r}$ 的函数。假设我们希望通过乘上一个实际的因子 $1/s$(可以大于或小于 1)来缩放长度:

$$\boldsymbol{r}' = \boldsymbol{r}/s \quad 或 \quad \boldsymbol{r} = s\boldsymbol{r}' \tag{J2}$$

如果 $s>1$,那么新生成的长度小于原来的长度。

为了检查缩放的可能性(式(J1)),重新写出德尔塔(∇)运算:

$$\nabla = \boldsymbol{x}\frac{\partial}{\partial x} + \boldsymbol{y}\frac{\partial}{\partial y} + \boldsymbol{z}\frac{\partial}{\partial z} = \frac{1}{s}\left(\boldsymbol{x}\frac{\partial}{\partial x'} + \boldsymbol{y}\frac{\partial}{\partial y'} + \boldsymbol{z}\frac{\partial}{\partial z'}\right) = \frac{1}{s}\nabla' \tag{J3}$$

保持坐标系不变,其中 $\boldsymbol{x}$、$\boldsymbol{y}$ 和 $\boldsymbol{z}$ 是单位矢量。将式(J3)代入式(J1),然后乘以 s:

$$\begin{cases} \nabla' \times \boldsymbol{H}(s\boldsymbol{r}') = [-\mathrm{i}\omega s\varepsilon(s\boldsymbol{r}') + \sigma(s\boldsymbol{r}')]\boldsymbol{E}(s\boldsymbol{r}') \\ \nabla \times \boldsymbol{E}(s\boldsymbol{r}') = \mathrm{i}\omega s\mu(s\boldsymbol{r}')\boldsymbol{H}(s\boldsymbol{r}') \end{cases} \tag{J4}$$

现在的目标是将式(J4)的右侧按比例缩放成同式(J1)给出的形式。有两种方法:①由 s 缩放 ε 和 μ;②由 s 缩放 ω 和 σ。第一种方法一般是没有缩放实验价值的。第二种方法是无损介质的标准长度/频率缩放,其中 σ 既不是 0 也不是∞。对于这些情况,缩放 σ 对结果没有影响。

这里选择第二种方法，遵循以下具体的缩放比例：

$$\begin{cases} \boldsymbol{H}'(\boldsymbol{r}') = \boldsymbol{H}(s\boldsymbol{r}') \\ \boldsymbol{E}'(\boldsymbol{r}') = \boldsymbol{E}(s\boldsymbol{r}') \\ \boldsymbol{r}' = \dfrac{1}{s}\boldsymbol{r} \\ \omega' = s\omega \\ \sigma'(\boldsymbol{r}') = s\sigma(s\boldsymbol{r}') \\ \varepsilon'(\boldsymbol{r}') = \varepsilon(s\boldsymbol{r}') \\ \mu'(\boldsymbol{r}') = \mu(s\boldsymbol{r}') \end{cases} \tag{J5}$$

将式(J5)代入式(J1)，得到

$$\begin{cases} \nabla' \times \boldsymbol{H}'(\boldsymbol{r}',\omega') = [-\mathrm{i}\omega'\varepsilon'(\boldsymbol{r}') + \sigma'(r')]\boldsymbol{E}'(\boldsymbol{r}',\omega') \\ \nabla' \times \boldsymbol{E}'(\boldsymbol{r}',\omega') = \mathrm{i}\omega'\mu'(\boldsymbol{r}')\boldsymbol{H}(\boldsymbol{r}',\omega') \end{cases} \tag{J6}$$

除了所有的量经过缩放，方程组(J6)等于麦克斯韦方程组(J1)。所以式(J3)和方程组(J5)在缩放变换后是相等的。

小结：将所有的距离缩放 $1/s$，频率缩放 s，电导率缩放 s。如果想对一个减小尺寸($s>1$)的缩比模型开展实验，需要将频率增大 s 倍，同样电导率也要增大 s 倍。显然这提出了一个材料问题，本附录的剩余部分将会讨论这个问题的解决方法。

所需电导率的缩放可以以等效的方式进行说明。方程(J1)也可写成

$$\nabla \times \boldsymbol{H}(\boldsymbol{r},\omega) = -\mathrm{i}\omega\varepsilon_c(\boldsymbol{r})\boldsymbol{E}(\boldsymbol{r},\omega) \tag{J7}$$

式中

$$\varepsilon_c(\boldsymbol{r}) = \varepsilon_r(\boldsymbol{r}) + \mathrm{i}\sigma(\boldsymbol{r})/\omega \tag{J8}$$

其中：ε_r 为复介电常数 ε_c 的实部。因为频率缩放需要 ω 乘以 s，所以这里也必须由 σ 乘以 s，以确保复介电常数 ε_c 的虚部不发生改变。

对于一般的腔体应用，如果电导率不根据式(J5)缩放，场分布将发生变化，谐振频率和 Q_s 也将发生不可预料的变化。然而，如果墙壁的电导率很高，谐振频率将不依赖于墙壁的电导率，而是原始腔体谐振频率的 s 倍。

现在考虑高电导率墙壁的腔体的复合 Q。如 7.6 节那样分别检查单个 Q_s。式(7.123)给出了 Q_1 的表达式。对于式(J5)的缩放，缩放后的量为

$$Q_1' = \frac{3V'}{2\mu_r S'\delta'} = Q_1 \tag{J9}$$

式中

$$\begin{cases} V' = \dfrac{V}{s^3} \\ S' = \dfrac{S}{s^2} \\ \delta' = \dfrac{\delta}{s} \end{cases} \tag{J10}$$

假设磁导率不变,如果不能按比例缩放墙壁的电导率,那么

$$\begin{cases}\sigma' = \sigma \\ \delta' = \delta s^{-1/2} \\ Q_1' = Q_1 s^{-1/2}\end{cases} \tag{J11}$$

如果频率变大($s>1$),长度下降,墙壁的电导率不缩放,那么缩放后的腔体 Q_1'将会上升。

现在考虑 Q_2。如果加载物具有高电导率(如金属),因为加载物与墙壁一样其损耗依赖于频率和电导率,则 Q_2'将会像式(J11)那样改变为原来的 $s^{-1/2}$ 倍。当腔体损耗主要是由于低电导率和低磁导率(非金属物体)时,情况出现了变化。在这种情况下,Born 近似[192]表示场分布并不主要受装载物体的影响。因此,谐振频率不显著改变,并且腔体损耗正比于加载物的电导率,Q_2 与电导率或加载物成反比,即

$$Q_2 \propto \omega/\sigma \tag{J12}$$

如果频率、长度、电导率经过缩放,那么 Q_2':

$$Q_2' = Q_2 \propto \omega'/\sigma' \quad (\omega' = s\omega, \sigma' = s\sigma) \tag{J13}$$

如果电导率不缩放,则

$$Q_2' = sQ_2 \quad (\omega' = s\omega, \sigma' = \sigma) \tag{J14}$$

这里 Q_2'与式(J11)做相反的变化,式(J11)电导率未缩放。对于低电导率的物体(如人与非金属家具)实际情况是,未缩放的电导率等于频率乘以介电常数的虚部,即

$$\sigma = \omega \mathrm{Im}(\varepsilon_c) \tag{J15}$$

如果 $\mathrm{Im}(\varepsilon_c)$没有随着频率变化,在装载材料没有变化时,那么电导率则适当的自动缩放。

现在考虑 Q_3 和 Q_4。对于孔径泄漏损耗和天线接收在一个固定的负载阻抗,长度和频率的缩放足以维持 Q_3 和 Q_4 与缩放前一样。

因此,腔体缩放有三种情况:频率放大($s>1$),长度缩小,电导率不变。对于以墙壁损耗为主的情况,Q'如式(J11)所示降低了 $s^{-1/2}$。对于以低电导率加载损耗为主的情况,Q'如式(J14)所示增加了 s 倍。(对于有近似恒定损耗角正切的电介质来说这种变化很小甚至为 0。)对于孔缝泄漏和天线接收占主导地位的损耗来说,Q'不变。

总之,如果场分布变化很小,谐振频率将以 s 缩放。当电导率不变时,腔体 Q'可以比原腔体 Q 大或小。如果主要损耗机制已知,那么可以预测变化的幅度和方向。

参 考 文 献

1. 引用的参考文献

[1] D. Kajfez, *Q Factor*. Oxford, MS: Vector Fields, 1994.

[2] C.-T. Tai, *Dyadic Green Functions in Electromagnetic Theory*. New York: IEEE Press, 1997.

[3] R.F. Harrington, *Time-Harmonic Electromagnetic Fields,* Second Edition. New York: Wiley-IEEE Press, 2001.

[4] G.S. Smith, *An Introduction to Classical Electromagnetic Radiation*. Cambridge, UK: Cambridge University Press, 1997.

[5] I.V. Lindell, A.H. Sihvola, S.A. Tretyakov, and A.J. Viitanen, *Electromagnetic Waves in Chiral and Bi-Isotropic Media*. Boston: Artech House, 1994.

[6] F.E. Borgnis and C.H.Pappas, "Electromagnetic waveguides and resonators," *Encyclopedia of Physics, Volume XVI, Electromagnetic Fields and Waves* (ed., S. Flugge). Berlin: Springer-Verlag, 1958.

[7] E. Argence and T. Kahan, *Theory of Waveguides and Cavity Resonators*. New York: Hart Publishing Co., 1968.

[8] H. Weyl, "Über die randwertaufgabe der randwertaufgabe der Strahlungstheorie und asymptotische Spektralgesetze," *J. Reine U. Angew. Math.*, vol. 143, pp. 177–202, 1913.

[9] B.H. Liu, D.C. Chang, and M.T. Ma,"Eigenmodes and the composite quality factor of a reverberating chamber," U.S. Nat. Bur. Stand. Tech. Note 1066, 1983.

[10] T.B.A. Senior and J.L. Volakis, *Approximate Boundary Conditions in Electromagnetics*. London: IEE Press, 1995.

[11] D.A. Hill, "A reflection coefficient derivation for the *Q* of a reverberation chamber," *IEEE Trans. Electromagn. Compat.*, vol. 38, pp. 591–592, 1996.

[12] K. Kurokawa, "The expansions of electromagnetic fields in cavities," *IRE Trans. Microwave Theory Tech.*, vol. 6, pp. 178–187, 1958.

[13] R.E. Collin, *Field Theory of Guided Waves*, Second Edition. Piscataway, NJ: IEEE Press, 1991.

[14] R.A. Waldron, "Perturbation theory of resonant cavities," *Proc. IEE*, vol. 107C, pp. 272–274, 1960.

[15] J. Van Bladel, *Electromagnetics Fields*, Second Edition. New York: Wiley-IEEE Press, 2007.

[16] H.C. Van de Hulst, *Light Scattering by Small Particles*. New York: Dover, 1981.

[17] "Standard test methods for complex permittivity (dielectric constant) of solid electrical insulating materials at microwave frequencies and temperatures to 1650 °C," *American Society for Testing and Materials*, D 2520, 1995.

[18] D.A. Hill,"Electromagnetic theory of reverberation chambers," U.S. Nat. Inst. Stand. Technol. Tech. Note 1506, 1998.

[19] M.L. Crawford and G.H. Koepke,"Design, evaluation, and use of a reverberation

chamber for performing electromagnetic susceptibility/vulnerability measurements," U.S. Nat. Bur. Stand. Tech. Note 1092, 1986.

[20] A.D. Yaghjian, "Electric dyadic Green's functions in the source region," *Proc. IEEE*, vol. 68, pp. 248–263, 1980.

[21] J. van Bladel, *Singular Electromagnetic Fields and Sources*. Oxford: Clarendon, 1991.

[22] C.-T. Tai,"Singular terms in the eigen-function expansion of dyadic Green's function of the electric type," EMP Interaction Note 65, 1980.

[23] J.J. Green and T. Kohane, "Testing of ferrite materials for microwave applications," *Semiconductor Products and Solid State Technology*, vol. 7, pp. 46–54, 1964.

[24] C.E.Patton and T. Kohane, "Ultrasensitive technique for microwave susceptibility determination down to 10^{-5}," *Review of Scientific Instruments*, vol. 43, pp. 76–79, 1972.

[25] M. Abramowitz and I.A. Stegun, *Handbook of Mathematical Functions*. U.S. National Bureau of Standards, Applied Mathematics Series 55, 1964.

[26] I.S Gradshteyn I.M. Ryzhik, *Tables of Integrals, Series, and Products*. New York: Academic Press, 1965.

[27] R.F. Soohoo and P. Christensen, "Theory and method for magnetic resonance measurements," *J. Appl. Phys.*, vol. 40, pp. 1565–1566, 1969.

[28] R.A. Waldron, *Theory of Guided Electromagnetic Waves*. London: Van Nostrand Reinhold, 1970.

[29] E. Jahnke and F. Emde, *Tables of Functions*. New York: Dover Publications, 1945.

[30] J.R. Wait, *Geo-Electromagnetism*. New York: Academic Press, 1982.

[31] M.L. Burrows, *ELF Communication Antennas*. Stevenage, UK: Peter Peregrinus Ltd., 1978.

[32] P.V. Bliokh, A.P. Nicholaenko, and Iu.R. Fillipov, *Schumann Resonances in the Earth-Ionosphere Cavity*. Stevanage, UK: Peter Perigrinus Ltd., 1980.

[33] J.R. Wait, *Electromagnetic Waves in Stratified Media*. New York: IEEE Press, Third Edition, 1995.

[34] J.D. Jackson, *Classical Electrodynamics*. New York: John Wiley & Sons, 1999.

[35] J. Galejs, *Terrestrial Propagation of Long Electromagnetic Waves*. Oxford: Pergamon Press, 1972.

[36] R.H. Price, H.T. Davis, and E.P. Wenaas, "Determination of the statistical distribution of electromagnetic-field amplitudes in complex cavities," *Phys. Rev. E*, vol. 48, pp. 4716–4729, 1993.

[37] T.H. Lehman,"A statistical theory of electromagnetic fields in complex cavities," EMP Interaction Note 494," 1993.

[38] D.A. Hill, M.T. Ma, A.R. Ondrejka, B.F. Riddle, M.L. Crawford, and R.T. Johnk, "Aperture excitation of electrically large, lossy cavities," *IEEE Trans. Electromagn. Compat.*, vol. 36, pp. 169–178, 1994.

[39] R. Holland and R. St. John, *Statistical Electromagnetics*. Philadelphia: Taylor & Francis, 1999.

[40] K.S.H. Lee, editor, *EMP Interaction: Principles, Techniques, and Reference Data*. Washington: Hemisphere Pub. Corp., 1986.

[41] D.A. Hill, J.W. Adams, M.T. Ma, A.R. Ondrejka, B.F. Riddle, M.L. Crawford, and R.T. Johnk,"Aperture excitation of electrically large, lossy cavities," U.S. Nat. Inst. Stand. Technol. Tech. Note 1361, 1993.

[42] R. Vaughn and J. Bach Anderson, *Channels, Propagation and Antennas for Mobile Communications*. London: IEE Press, 2003.

[43] S. Loredo, L. Valle,R.P. Torres, "Accuracy analysis of GO/UTD radio-channel modeling in indoor scenarios at 1.8 and 2.5 GHz," *IEEE Ant. Propagat. Mag.*, vol. 43, pp. 37–51, 2001.

[44] J.M Keenan and A.J. Motley, "Radio coverage in buildings," *British Telecom Technology Journal*, vol. 8, pp. 19–24, 1990.

[45] COST231: "Digital mobile radio towards future generations," Final Report, European Commission, 1991.

[46] D.M.J. Devasirvatham, C. Banerjee, R.R. Murray, and D.A. Rappaport, "Four-frequency radiowave propagation measurements of the indoor environment in a large metropolitan commercial building," *Globecom'91*, pp. 1281–1286, 1991.

[47] W. Spencer, M. Rice, B. Jeffs, and M. Jensen, "A statistical model for angle of arrival in indoor multipath propagation," *Proc. VTC'97*, pp. 1415–1419, 1997.

[48] D.A. Hill, "Electronic mode stirring," *IEEE Trans. Electromagn. Compat.*, vol. 36, pp. 294–299, 1994.

[49] M.L. Crawford, T.A. Loughry, M.O. Hatfield, and G.J. Freyer,"Band-limited, white Gaussian noise excitation for reverberation chambers and applications to radiated susceptibility testing," U.S. Nat. Inst. Stand. Technol. Tech. Note 1375, 1996.

[50] A. Taflove and S.C. Hagness, *Computational Electrodynamics: The Finite-Difference Time-Domain Method, 3rd ed.* Norwood, MA: Artech House, 2005.

[51] P.M. Morse and K.U. Ingard, *Theoretical Acoustics*. New York: McGraw-Hill Book Co., 1968.

[52] R.K. Cook, R.V. Waterhouse, R.D. Berendt, S. Edelman, and M.C. Thompson, "Measurement of correlation coefficients in reverberant sound fields," *J. Acoust. Soc. Amer.*, vol. 27, pp. 1072–1077, 1955.

[53] A. Ishimaru, *Wave Propagation and Scattering in Random Media*. New York: Academic Press, 1978.

[54] S. Chandrasekar, *Radiative Transfer*. New York: Dover, 1960.

[55] L. Mandel and E. Wolf, *Optical Coherence and Quantum Optics*. Cambridge, UK: Cambridge University Press, 1995.

[56] A.J. Mackay, "Application of the generalized radiance function for prediction of the mean RCS of bent chaotic ducts with apertures not normal to the duct axis," *IEE Proc.-Radar Sonar Navig.*, vol. 149, pp. 9–15, 2002.

[57] A. Papoulis, *Probability, Random Variables, and Stochastic Processes*. New York: McGraw-Hill Book Co., 1965.

[58] P. Beckmann, *Probability in Communication Engineering*. New York: Harcourt, Brace & World, Inc., 1967.

[59] S.M. Ross, *Introduction to Probability and Statistics for Engineers and Scientists, Second Edition*. San Diego, CA: Academic Press, 2000.

[60] P. Olofsson, *Probability, Statistics, and Stochastic Processes*. Hoboken, NJ: Wiley-Interscience, 2005.

[61] S.M. Rytov, Yu.A. Kravtsov, and V.I. Tatarskii, *Principles of Statistical Radiophysics*, Vols. 1–4. Berlin: Springer-Verlag, 1989.

[62] S. Gasiorowicz, *Quantum Physics, 3rd ed.* Hoboken, NJ: John Wiley & Sons, 2003.

[63] B.V. Gnedenko, *The Theory of Probability*. New York: Chelsea Publ. Co., 1962.

[64] J. Baker-Jarvis and M. Racine, "Solving differential equations by a maximum entropy-

minimum norm method with applications to Fokker-Planck equations," *J. Math. Phys.*, vol. 30, pp. 1459–1463, 1989.

[65] J.N. Kapur and H.K. Kesavan, *Entropy Optimization Principles with Applications.* Boston: Academic Press, 1992.

[66] J. Ladbury, G. Koepke, and D. Camell,"Evaluation of the NASA Langley Research Center Mode-Stirred Chamber Facility," U.S. Nat. Inst. Stand. Technol. Tech. Note 1508, 1999.

[67] H.A. Mendes, "A new approach to electromagnetic field-strength measurements in shielded enclosures," *Wescon*, Los Angeles, CA, 1968.

[68] P. Corona, G. Latmiral, and E. Paolini, "Performance and analysis of a reverberating enclosure with variable geometry," *IEEE Trans. Electromagn. Compat.*, vol. 22, pp. 2–5, 1980.

[69] D.A. Hill, "Plane wave integral representation for fields in reverberation chambers," *IEEE Trans. Electromagn. Compat.*, vol. 40, pp. 209–217, 1998.

[70] J.A. Stratton, *Electromagnetic Theory.* New York: McGraw-Hill, 1941.

[71] R.C. Wittmann and D.N. Black, "Quiet-zone evaluation using a spherical synthetic-aperture radar," *IEEE Antennas Propagat. Soc. Int. Symp.*, Montreal, Canada, July 1997, pp. 148–151.

[72] J.G. Kostas and B. Boverie, "Statistical model for a mode-stirred chamber," *IEEE Trans. Electromagn. Compat.*, vol. 33, pp. 366–370, 1991.

[73] D.A. Hill and J.M. Ladbury, "Spatial-correlation functions of fields and energy density in a reverberation chamber," *IEEE Trans. Electromagn. Compat.*, vol. 44, pp. 95–101, 2002.

[74] D.A. Hill, "Linear dipole response in a reverberation chamber," *IEEE Trans. Electromagn. Compat.*, vol. 41, pp. 365–368, 1999.

[75] D.A. Hill, "Spatial correlation function for fields in reverberation chambers," *IEEE Trans. Electromagn. Compat.*, vol. 37, p. 138, 1995.

[76] E. Wolf, "New theory of radiative energy transfer in free electromagnetic fields," *Phys. Rev. D*, vol. 13, pp. 869–886, 1976.

[77] R.K. Cook, R.V. Waterhouse, R.D. Berendt, S. Edelman, and M.C. Thompson, "Measurement of correlation coefficients in reverberant sound fields," *J. Acoust. Soc. Amer.*, vol. 27, pp. 1072–1077, 1955.

[78] B. Eckhardt, U. Dörr, U. Kuhl, and H.-J. Stöckmann, "Correlations of electromagnetic fields in chaotic cavities," *Europhys. Lett.*, vol. 46, pp. 134–140, 1999.

[79] A.K. Mittra and T.R. Trost, "Statistical simulations and measurements inside a microwave reverberation chamber," *Proc. Int. Symp. Electromagn. Compat.*, Austin, TX. Aug. 1997, pp. 48–53.

[80] A. Mittra,"Some critical parameters for the statistical characterization of power density within a microwave reverberation chamber," Ph.D. dissertation, Dept. Elect. Engr., Texas Tech. Univ., Lubbock, TX, 1996.

[81] D.M. Kerns,*Plane-Wave Scattering Theory of Antennas and Antenna-Antenna Interactions.* U.S. Nat. Bur. Stand. Monograph 162; 1981.

[82] P.K. Park and C.T. Tai, "Receiving antennas," Ch. 6 in *Antenna Handbook* (ed. Y.T. Lo and S.W. Lee). New York: Van Nostrand Reinhold Co., 1988.

[83] C.T. Tai, "On the definition of effective aperture of antennas," *IEEE Trans. Antennas Propagat.*, vol. 9, pp. 224–225, 1961.

[84] D.A. Hill, D.G. Camell, K.H. Cavcey, and G.H. Koepke, "Radiated emissions and

immunity of microstrip transmission line: theory and reverberation chamber measurements," *IEEE Trans. Electromagn. Compat.*, vol. 38, pp. 165–172, 1996.

[85] D.A. Hill, M.L. Crawford, M. Kanda,D.I. Wu, "Aperture coupling to a coaxial air line: theory and experiment," *IEEE Trans. Electromagn. Compat.*, vol. 35, pp. 69–74, 1993.

[86] D.A. Hill, D.G. Camell, K.H. Cavcey, and G.H. Koepke,"Radiated emissions and immunity of microstrip transmission lines: theory and measurements," U.S. Nat. Inst. Stand. Technol. Tech. Note 1377, 1995.

[87] J.M. Dunn, "Local, high-frequency analysis of the fields in a mode-stirred chamber," *IEEE Trans. Electromagn. Compat.*, vol. 32, pp. 53–58, 1990.

[88] H.C. Van de Hulst, *Light Scattering by Small Particles*. New York: Dover, 1981.

[89] C.M. Butler, Y. Rahmat-Samii, and R. Mittra, "Electromagnetic penetration through apertures in conducting surfaces," *IEEE Trans. Antennas Propagat.*, vol. 26, pp. 82–93, 1978.

[90] T.A. Loughry,"Frequency stirring: an alternate approach to mechanical mode-stirring for the conduct of electromagnetic susceptibility testing," Phillips Laboratory, Kirtland Air Force Base, NM Technical Report 91-1036, 1991.

[91] R.E. Richardson, "Mode-stirred calibration factor, relaxation time, and scaling laws," *IEEE Trans. Instrum. Meas.*, vol. 34, pp. 573–580, 1985.

[92] A.T. De Hoop and D. Quak,"Maxwell fields and Kirchhoff circuits in electromagnetic interference," Technical University of Delft, Netherlands, Report Et/EM 1995-34, 1995.

[93] D.A. Hill, "Reciprocity in reverberation chamber measurements," *IEEE Trans. Electromagn. Compat.*, vol. 45, pp. 117–119, 2003.

[94] G.D. Monteath, *Applications of the Electromagnetic Reciprocity Principle*. Oxford, UK: Pergamon, 1973.

[95] G.L. James, *Geometrical Theory of Diffraction for Electromagnetic Waves*. Stevenage, UK: Peter Perigrinus, 1976.

[96] J.D. Kraus, *Antennas*. New York: McGraw-Hill, 1950.

[97] D.A. Hill, "Boundary fields in reverberation chambers," *IEEE Trans. Electromagn. Compat.*, vol. 47, pp. 281–290, 2005.

[98] J.M. Ladbury and D.A. Hill, "Enhanced backscatter in a reverberation chamber," *IEEE Int. Symp. Electromagn. Compat.*, Honolulu, Hawaii, July 2007.

[99] D.H. Kwon, R.J. Burkholder, and P.H. Pathak, "Ray analysis of electromagnetic field buildup and quality factor of electrically large shielded enclosures," *IEEE Trans. Electromagn. Compat.*, vol. 40, pp. 19–26, 1998.

[100] P.-E. Wolf and G. Maret, "Weak localization and coherent backscattering of photons in disordered media," *Phys. Rev. Letters*, vol. 55, pp. 2696–2699, 1985.

[101] A. Ishimaru, J.S. Chen, P. Phu, and K. Yoshitomi, "Numerical, analytical, and experimental studies of scattering from very rough surfaces and backscattering enhancement," *Waves in Random Media*, vol. 1, pp. S91–S107, 1991.

[102] P. Phu, A. Ishimaru, and Y. Kuga, "Controlled millimeter-wave experiments and numerical simulations on the enhanced backscattering from one-dimensional very rough surfaces," *Rad. Sci.*, vol. 28, pp. 533–548, 1993.

[103] H.A. Bethe, "Theory of diffraction by small holes," *Phys. Rev.*, vol. 66, pp. 163–182, 1944.

[104] J. Meixner and W. Andrejewski, "Strenge Theorie der beugung ebener elektromagnetischer Wellen an der vollkommen leitenden eben Schirm," *Annalen der Physik.*, vol. 7,

pp. 157–168, 1950.

[105] H. Levine and J. Schwinger, "On the theory of electromagnetic wave diffraction by an aperture in an infinite plane conducting screen," *Comm. Pure Appl. Math.*, vol. 3, pp. 355–391, 1950.

[106] K.S.H. Lee and F.-C. Yang, "Trends and bounds in RF coupling to a wire inside a slotted cavity," *IEEE Trans. Electromagn. Compat.*, vol. 34, pp. 154–160, 1992.

[107] J.A. Saxton and J.A. Lane, "Electrical properties of sea water," *Wireless Engineer*, vol. 29, pp. 269–275, 1952.

[108] J.M. Ladbury, T. Lehman, and G.H. Koepke, "Coupling to devices in electrically large cavities, or why classical EMC evaluation techniques are becoming obsolete," *IEEE Int. Symp. Electromagn. Compat.*, pp. 648–655, Aug. 2002.

[109] D.I. Wu and D.C. Chang, "The effect of an electrically large stirrer in a mode-stirred chamber," *IEEE Trans. Electromagn. Compat.*, vol. 31, pp. 164–169, 1989.

[110] P.M. Morse and H. Feshbach, *Methods of Theoretical Physics*. New York, McGraw-Hill, 1953.

[111] P. Corona, G. Ferrara, and M. Migliaccio, "Reverberating chamber electromagnetic field in presence of an unstirred component," *IEEE Trans. Electromagn. Compat.*, vol. 42, pp. 111–115, 2000.

[112] C.L. Holloway, D.A. Hill, J.M. Ladbury, and G. Koepke, "Requirements for an effective reverberation chamber: unloaded or loaded," *IEEE Trans. Electromagn. Compat.*, vol. 48, pp. 187–194, 2006.

[113] *ASTM-ES7 and ASTM-D4935 Standard for Measuring the Shielding Effectiveness in the Far Field*, vol. 10.02, ASTM, Philadelphis, PA, 1995.

[114] P.F. Wilson and M.T. Ma,"A study of techniques for measuring the electromagnetic shielding effectiveness of materials," U.S. Nat. Bur. Stand. Tech. Note 1095, 1986.

[115] C.L. Holloway, D.A. Hill, J. Ladbury, G. Koepke, and R. Garzia, "Shielding effectiveness measurements of materials using nested reverberation chambers," *IEEE Trans. Electromagn. Compat.*, vol. 45, pp. 350–356, 2003.

[116] M.O. Hatfield, "Shielding effectiveness measurements using mode-stirred chambers: a comparison of two approaches," *IEEE Trans. Electromagn. Compat.*, vol. 30, pp. 229–238, 1988.

[117] T.A. Loughry and S.H. Burbazani, "The effects of intrinsic test fixture isolation on material shielding effectiveness measurements using nested mode-stirred chambers," *IEEE Trans. Electromagn. Compat.*, vol. 37, pp. 449–452, 1995.

[118] *IEEE Standard Dictionary of Electrical and Electronics Terms*. ANSI/IEEE Std 100-1984, New York: IEEE, 1984.

[119] D.A. Hill and M. Kanda,"Measurement uncertainty of radiated emissions," U.S. Nat. Inst. Stand. Technol. Tech. Note 1508, 1997.

[120] C.L. Holloway, J. Ladbury, J. Coder, G. Koepke, and D.A. Hill, "Measuring the shielding effectiveness of small enclosures/cavities with a reverberation chamber," *IEEE Internat. Symp. Electromagn. Compat., Honolulu, Hawaii, July* 2007.

[121] K. Rosengren and P. S. Kildal, "Radiation efficiency, correlation, diversity gain, and capacity of a six monopole antenna array for a MIMO system: Theory, simulation and measurement in reverberation chamber," *Proc. Inst. Elect. Eng. Microwave, Antennas, Propag.*, vol. 152, pp. 7–16, 2005.

[122] U. Carlberg, P.-S. Kildal, A. Wolfgang, O. Sotoudeh, and C. Orienius, "Calculated and measured absorption cross sections of lossy objects in reverberation chambers," *IEEE*

Trans. Electromagn. Compat., vol. 46, pp. 146–154, 2004.

[123] P. Hallbjorner, U. Carlberg, K. Madsen, and J. Andersson, "Extracting electrical material parameters of electrically large dielectric objects from reverberation chamber measurements of absorption cross section," *IEEE Trans. Electromagn. Compat.*, vol. 47, pp. 291–303, 2005.

[124] H. Hashemi, "The indoor radio propagation channel," *Proc. IEEE*, vol. 81, pp. 943–968, 1993.

[125] R.A. Valenzuela, "A ray tracing approach to predicting indoor wireless transmission," *IEEE Vehicular Technology Conference*, pp. 214–218, 1993.

[126] D. Molkdar, "Review on radio propagation into and within buildings," *IEE Proc.-H*, vol. 38, pp. 197–210, 1959.

[127] L.P. Rice, "Radio transmission into buildings at 35 and 150 mc," *Bell Syst. Tech. J.*, vol. 38, pp. 197–210, 1959.

[128] P.I. Wells, "The attenuation of UHF radio signals by houses," *IEEE Trans. Vehicular Techn.*, vol. 26, pp. 358–362, 1977.

[129] D.C. Cox, R.R. Murray, and A.W. Norris, "Measurements of 800 MHz radio transmission into buildings with metallic walls," *Bell Syst. Tech. J.*, vol. 32, pp. 230–238, 1983.

[130] D.C. Cox, R.R. Murray, and A.W. Norris, "800-MHz attenuation measured in and around suburban houses," *AT&T Bell Lab. Tech. J.*, vol. 63, pp. 921–954,1984.

[131] T.S. Rappaport, *Wireless Communications: Principles and Practice*. Upper Saddle River, NJ: Prentice-Hall, 1996.

[132] J.B. Anderson, T.S. Rappaport, and S. Yoshida,"Propagation measurements and models for wireless communications channels," *IEEE Communications Magazine*, November 1994.

[133] S.Y. Seidel and T.S. Rappaport, "914 MHz path loss prediction models for wireless communications in multifloored buildings," *IEEE Trans. Antennas Propagat.*, vol. 40, pp. 207–217, 1992.

[134] C.L. Holloway, M.G. Cotton, and P. McKenna, "A model for predicting the power delay profile characteristics inside a room," *IEEE Trans. Vehicular Techn.*, vol. 48, pp. 1110–1120, 1999.

[135] D.A. Hill, M.L. Crawford, R.T. Johnk, A.R. Ondrejkea, and D.G. Camell,"Measurement of shielding effectiveness and cavity characteristics of airplanes," U.S. Nat. Inst. Stand. Technol. Interagency Report 5023, 1994.

[136] K.A. Remley, G. Koepke, C. Grosvenor, R.T. Johnk, J. Ladbury, D. Camell, and J. Coder,"NIST tests of the wireless environment on a production floor," Natl. Inst. of Stand. Technol. Tech. Note 1550, 2008.

[137] T.S. Rappaport, "Characterization of UHF multipath radio channels in factory buildings," *IEEE Trans. Antennas Propagat.*, vol. 37, pp. 1058–1069, 1989.

[138] J. Proakis, *Digital Communications*. New York: McGraw-Hill, 1983, Ch. 7.

[139] A.A.M. Saleh and R.A. Valenzuela, "A statistical model for indoor multipath propagation," *IEEE J. Selected Areas Commun.*, vol. 5, pp. 138–146, 1987.

[140] D.M.J. Devasirvatham, "Time delay spread and signal level measurements of 850 MHz radio waves in building environments," *IEEE Trans. Antennas Propagat.*, vol. 34, pp. 1300–1308, 1986.

[141] W. Jakes, Jr., *Microwave Mobile Communications*. New York: Wiley-Interscience, 1974.

[142] R.W. Young, "Sabine reverberation equation and power calculations," *J. Acoustic. Soc. Amer.*, vol. 31, pp. 912–921, 1959.

[143] L.M. Brekhovskikh, *Waves in Layered Media*. New York: Academic Press, 1960, Ch. 1.

[144] C.A. Balanis, *Advanced Engineering Electromagnetics*. New York: Wiley, 1989, Ch. 5.

[145] C.F. Eyring, "Reverberation time in dead rooms," *J. Acoustic. Soc. Amer.*, vol. 1, pp. 217–241, 1930.

[146] R.R. DeLyser, C.L. Holloway, R.J. Johnk, A.R. Ondrejka, and M. Kanda, "Figure of merit for low frequency anechoic chambers based on absorber reflection coefficients," *IEEE Trans. Electromag. Compat.*, vol. 38, pp. 576–584, 1996.

[147] E.K. Dunens and R.F. Lambert, "Impulsive sound-level response statistics in a reverberant enclosure," *J. Acoust. Soc. Amer.*, vol. 61, pp. 1524–1532, 1977.

[148] R.H. Espeland, E.J. Violette, and K.C. Allen,"Millimeter wave wideband diagnostic probe measurements at 30.3 GHz on an 11.8 km link," NTIA Tech. Memo. TM-83-95, U.S. Dept. Commerce, Boulder, CO, 1983.

[149] P.B. Papazian, Y. Lo, E.E. Pol, M.P. Roadifer, T.G. Hoople, and R.J. Achatz,"Wideband propagation measurements for wireless indoor communication," NTIA Rep. 93-292, U.S. Dept. Commerce, Boulder, CO, 1993.

[150] W.B. Westphal and A. Sils,"Dielectric constant and loss data," Tech. Rep. AFML-TR-72-39, MIT, Cambridge, 1972.

[151] A. Papoulis, *The Fourier Integral and Its Applications*. New York, McGraw-Hill, 1962.

[152] Ph. De Doncker and R. Meys, "Statistical response of antennas under uncorrelated plane wave spectrum illumination," *Electromagnetics*, vol. 24, 409–423, 2004.

[153] T. Lo and J. Litva, "Angles of arrival of indoor multipath," *Electronics Let.*, vol. 28, pp. 1687–1689, 1992.

[154] S. Guerin, "Indoor wideband and narrowband propagation measurements around 60.5 GHz in an empty and furnished room," *IEEE Vehicular Technol. Conf.*, pp. 160–164, 1996.

[155] J.-G. Wang, A.S. Mohan, and T.A. Aubrey, "Angles-of-arrival of multipath signals in indoor environments," *IEEE Vehicular Technol. Conf.*, pp. 155–159, 1996.

[156] Q. Spencer, M. Rice, B. Jeffs, and M. Jensen, "A statistical model for angle of arrival in indoor multipath propagation," *IEEE Vehicular Technol. Conf.*, pp. 1415–1419, 1997.

[157] Q. Spencer, M. Rice, B. Jeffs, and M. Jensen, "Indoor wideband time/angle of arrival multipath propagation results," *IEEE Vehicular Technol.Conf.*, pp. 1410–1414, 1997.

[158] C.L. Holloway, D.A. Hill, J.M. Ladbury, P.F. Wilson, G. Koepke, and J. Coder, "On the use of reverberation chambers to simulate a Rician radio environment for the testing of wireless devices," *IEEE Trans. Antennas Propagat.*, vol. 54, pp. 3167–3177, 2006.

[159] R. Steele, *Mobile Radio Communications*. New York: IEEE Press, 1974.

[160] G.D. Durgin, *Space-Time Wireless Channels*. Upper Saddle River, N.J.: Prentice Hall, 2003.

[161] K. Harima, "Determination of EMI antenna factor using reverberation chamber," *Proc. 2005 IEEE Int. Symp. Electromagn. Compat.*, Chicago, IL, pp. 93–96, 2005.

[162] D.L. Sengupta and V.V. Liepa, *Applied Electromagnetics and Electromagnetic Compatibility*. Hoboken, NJ: Wiley, 2006.

[163] J.E. Hansen, editor, *Spherical Near-Field Antenna Measurements*. London: Peter Perigrinus Ltd., 1988.

[164] S. Parker and L.O. Chua, "Chaos: A tutorial for engineers," *Proc. IEEE*, vol. 75, pp. 982–1008, 1987.

[165] A.J. Lichtenberg and M.A. Lieberman, *Regular and Stochastic Motion*. New York: Springer-Verlag, 1983.

[166] M.C. Gutzwiller, *Chaos in Classical and Quantum Mechanics*. New York: Springer-Verlag, 1990.

[167] E. Ott, *Chaos in Dynamical Systems*. Cambridge: Cambridge University Press, 1993.

[168] L.E. Reichl, *The Transition to Chaos*. New York: Springer-Verlag, 2004.

[169] I.M. Pinto, "Electromagnetic chaos: A tutorial," *Proc. 8th Int. Conf. Electromagnetics in Advanced Applications (ICEAA '03)*, Torino, Italy, pp. 511–514, 2003.

[170] T. Matsumoto, L.O. Chua,S. Tanaka, "Simplest chaotic nonautonomous circuit," *Phys. Rev. A*, vol. 30, pp. 1155–1157, 1984.

[171] T. Matsumoto, L.O. Chus, and M. Komuro, "The double scroll," *IEEE Trans. Circuits Syst.*, vol. 32, pp. 797–818, 1985.

[172] K. Ikeda, H. Daido, and O. Akimoto, "Optical turbulence: Chaotic behaviour of transmitted light from a ring cavity," *Phys. Rev. Let.*, vol. 45, pp. 709–712, 1980.

[173] A.J. Mackay, "Application of chaos theory to ray tracing in ducts," *Proc. IEE Radar, Sonar, Nav.*, vol. 164, pp. 298–304, 1999.

[174] V. Galdi, I.M. Pinto, and L.B. Felsen, "Wave propagation in ray-chaotic enclosures: Paradigns, oddities and examples," *IEEE Antennas Propagat. Mag.*, vol. 47, pp. 62–81, 2005.

[175] G. Castaldi, V. Fiumara, V. Galdi, V. Pierro, I.M. Pinto, and L.B. Felsen, "Ray-chaotic footprints in deterministic wave dynamics: A test model with coupled Floquet-type and ducted-type mode characteristics," *IEEE Trans. Antennas Propagat.*, vol. 53, pp. 753–765, 2005.

[176] R.G. Kouyoumjian, "Asymptotic high-frequency methods," *Proc. IEEE*, vol. 53, pp. 864–876, 1965.

[177] V.M. Babič and V.S. Buldyrev, *Short-Wavelength Diffraction Theory*. Berlin: Springer-Verlag, 1991.

[178] V.A. Borovikov and B.Ye. Kinber, *Geometrical Theory of Diffraction*. London: IEE, 1994.

[179] A.J. Mackay, "An application of chaos theory to the high frequency RCS prediction of engine ducts," in *Ultra-Wideband Short-Pulse Electromagnetics 5*, P.D. Smith and S.R. Cloude, Eds. New York: Kluwer/Academic, 2002, pp. 723–730.

[180] T. Kottos, U. Smilansky, J. Fortuny, and G. Nesti, "Chaotic scattering of microwaves," *Radio Sci.*, vol. 34, pp. 747–758, 1999.

[181] G. Orjubin, E. Richalot, O. Picon, and O. Legrand, "Chaoticity of a reverberation chamber assessed from the analysis of modal distributions obtained by FEM," *IEEE Trans. Electromagn. Compat.*, vol. 49, pp. 762–771, 2007.

[182] P. Šeba, "Wave chaos in singular quantum billiard," *Phys. Rev. Let.*, vol. 64, pp. 1855–1858, 1990.

[183] S. Hemmady, X. Zheng, E. Ott, T.M. Antonsen, and S.M. Anlage, "Universal impedance fluctuations in wave chaotic systems," *Phys. Rev. Let.*, vol. 94, pp. 014102-1–014102-4, 2005.

[184] S. Hemmady, X. Zheng, T.M. Antonsen, Jr., E. Ott, and S.M. Anlage, "Universal statistics of the scattering coefficient of chaotic microwave cavities," *Phys. Rev. E*, vol. 71, pp. 056215-1–056215-9, 2005.

[185] M.V. Berry, "Regular and irregular semiclassical wavefunctions," *J. Phys. A: Math. Gen.*, vol. 10, pp. 2083–2091, 1977.

[186] S.W. McDonald and A.N. Kaufman, "Wave chaos in the stadium: Statistical properties of the short-wave solution of the Helmholtz equation," *Phys. Rev. A*, vol. 37, pp. 3067–3086, 1988.

[187] L. Cappatta, M. Feo, V. Fiumara, V. Pierro, and I.M. Pinto, "Electromagnetic chaos in mode-stirred reverberation enclosures," *IEEE Trans. Electromagn. Compat.*, vol. 40, pp. 185–192, 1998.

[188] D.I. Wu and D.C. Chang,"An investigation of a ray-mode representation of the Green's function in a rectangular cavity," U.S. Nat. Bur. Stand. Tech. Note 1312, 1987.

[189] M.A.K. Hamid and W.A. Johnson, "Ray-optical solution for the dyadic Green's function in a rectangular cavity," *Electron. Let.*, vol. 6, pp. 317–319, 1970.

[190] G. Mie, "Beiträge zur optic trüber medien, speziell kolloidaler metallösungen," *Ann. Physik*, vol. 25, p. 377–445, 1908.

[191] V.H. Rumsey, *Frequency-Independent Antennas*. New York: Academic Press, 1966.

[192] D.A. Hill, "Electromagnetic scattering by buried objects of low contrast," *IEEE Trans. Geosci. Rem. Sens.*, vol. 6, pp. 195–203, 1988.

2. 相关参考文献

1）普通腔体及应用

G. Goubau, *Electromagnetic Waveguides and Cavities*. New York: Pergamon Press, 1961.

D.S. Jones, *The Theory of Electromagnetism*. New York: MacMillan, 1964, Ch. 4.

C.G. Montgomery, R.H. Dicke, and E.M. Purcell (eds.), *Principles of Microwave Circuits*. London: Peter Perigrinus, 1987, Ch.7 by R. Beringer.

D.M. Pozar, *Microwave Engineering*. Reading, MA: Addison Wesley, 1990, Ch. 7.

S. Ramo and J.R. Whinnery, *Fields and Waves in Modern Radio*. New York: Wiley, 1953, Ch. 10.

S.A. Schelkunoff, *Electromagnetic Waves*. Princeton: Van Nostrand, 1960, Chs. VIII and X.

J.C. Slater, *Microwave Electronics*. New York: Van Nostrand, 1954, Chs. IV–VII.

W.R. Smythe, *Static and Dynamic Electricity*. New York: McGraw-Hill, 1968, pp. 526–545.

2）并矢格林函数

K.M. Chen, "A simple physical picture of tensor Green's function in source region," *Proc. IEEE*, vol. 65, pp. 1202–1204, 1977.

R.E. Collin, "On the incompleteness of E and H modes in waveguides," *Can. J. Phys.*, vol. 51, pp. 1135–1140, 1973.

R.E. Collin, "Dyadic Green's function expansions in spherical coordinates," *Electromagnetics*, vol. 6, pp. 183–207, 1986.

J.G. Fikioris, "Electromagnetic field inside a current-carrying region," *J. Math. Phys.*, vol. 6, pp. 1617–1620, 1965.

W.A. Johnson, A.Q. Howard, and D.G. Dudley, "On the irrotational component of electric Green's dyadic," *Rad. Sci.*, vol. 14, pp. 961–967, 1979.

M. Kisliuk, "The dyadic Green's functions for cylindrical waveguides and cavities," *IEEE Trans. Microwave Theory Tech.*, vol. 28, pp. 894–898, 1980.

D.E. Livesay and K.M.Chen, "Electromagnetic fields induced inside arbitrarily shaped biological bodies," *IEEE Trans. Microwave Theory Tech.*, vol. 22, pp. 1273–1280, 1974.

P.H. Pathak, "On the eigenfunction expansion of electromagnetic dyadic Green's functions," *IEEE Trans. Antenn. Propagat.*, vol. 31, pp. 837–846, 1983.

L.W. Pearson, "On the spectral expansion of the electric and magnetic dyadic Green's functions in cylindrical coordinates," *Rad. Sci.*, vol. 18, pp. 166–174, 1983.

Y. Rahmat-Samii, "On the question of computation of the dyadic Green's function at the source region in waveguides and cavities," *IEEE Trans. Microwave Theory Tech.*, vol. 23, pp. 762–765, 1975.

C.T. Tai, "On the eigenfunction expansion of dyadic Green's functions," *Proc. IEEE*, vol. 61, pp. 480–481, 1973.

C.T. Tai and P. Rozenfeld, "Different representations of dyadic Green's functions for a rectangular cavity," *IEEE Trans. Microwave Theory Tech.*, vol. 24, pp. 597–601, 1976.

C.T. Tai, "Equivalent layers of surface charge, current sheet, and polarization in the eigenfunction expansion of Green's Functions in electromagnetic theory," *IEEE Trans. Antenn. Propagat.*, vol. 29, pp. 733–739, 1981.

J.J.H. Wang, "Analysis of a three-dimensional arbitrarily shaped dielectric or biological body inside a rectangular waveguide," *IEEE Trans. Microwave Theory Tech.*, vol. 26, pp. 457–462, 1978.

J.J.H. Wang, "A unified and consistent view on the singularities of the electric dyadic Green's function in the source region," *IEEE Trans. Antenn. Propagat.*, vol. 30, pp. 463–468, 1982.

D.I. Wu and D.C. Chang, "A hybrid representation of the Green's function in an overmoded rectangular cavity," *IEEE Trans. Microwave Theory Tech.*, pp. 1334–1342, 1988.

A.D. Yaghjian, "A delta-distribution derivation of the electric field in the source region," *Electromagnetics*, vol. 2, pp. 161–167, 1982.

3）混响室

Electromagnetic Compatibility (EMC): Part 4: Testing and Measurement Techniques: Section 21: Reverberation Chambers, International Electrotechnical Commission Standard JWG REV SC77B-CISPR/A, IEC 61000-4-21, Geneva, Switzerland, 2003.

L.R. Arnaut, "Effect of local stir and spatial averaging on the measurement and testing in mode-tuned and mode-stirred reverberation chambers," *IEEE Trans. Electromagn. Compat.*, vol. 43, pp. 305–325, 2001.

L.R. Arnaut, "Compound exponential distributions for undermoded reverberation chambers," *IEEE Trans. Electromagn. Compat.*, vol. 44, pp. 442–457, 2002.

L.R. Arnaut, "Limit distributions for imperfect electromagnetic reverberation," *IEEE Trans. Electromagn. Compat.*, vol. 45, pp. 357–377, 2003.

L.R. Arnaut, "On the maximum rate of fluctuation in mode-stirred reverberation," *IEEE Trans. Electromagn. Compat.*, vol. 47, pp. 781–804, 2005.

L.R. Arnaut, "Effect of size, orientation, and eccentricity of mode stirrers on their performance in reverberation chambers," *IEEE Trans. Electromagn. Compat.*, vol. 48, pp. 600–602, 2006.

L.R. Arnaut, "Time-domain measurement and analysis of mechanical step transitions in mode-tuned reverberation: characterization of instantaneous field," *IEEE Trans. Electromagn. Compat.*, vol. 49, pp. 772–784, 2007.

L.R. Arnaut and D.A. Knight, "Observation of coherent precursors in pulsed mode-stirred reverberation fields," *Phys. Rev. Lett.*, vol. 98, 053903, 2007.

L.R. Arnaut and P.D. West, "Electromagnetic reverberation near a perfectly conducting boundary," *IEEE Trans. Electromagn. Compat.*, vol. 48, pp. 359–371, 2006.

C.F. Bunting, "Statistical characterization and the simulation of a reverberation chamber using finite-element techniques," *IEEE Trans. Electromagn. Compat.*, vol. 44, pp. 214–221, 2002.

G. Ferrara, M. Migliaccio, and A. Sorrentino, "Characterization of GSM non-line-of-sight propagation channels generated in a reverberating chamber by using bit error rates," *IEEE Trans. Electromagn. Compat.*, vol. 49, pp. 467–473, 2007.

G. Gradoni, F. Moglie, A.P. Pastore, and V.M. Primiani, "Numerical and experimental analysis of the field to enclosure coupling in reverberation chamber and comparison with anechoic chamber," *IEEE Trans. Electromagn. Compat.*, vol. 48, pp. 203–211, 2006.

P. Hallbjörner, "Estimating the number of independent samples in reverberation chamber measurements from sample differences," *IEEE Trans. Electromagn. Compat.*, vol. 48, pp. 354–358, 2006.

M. Höijer, "Maximum power available to stress onto the critical component in the equipment under test when performing a radiated susceptibility test in the reverberation chamber," *IEEE Trans. Electromagn. Compat.*, vol. 48, pp. 372–384, 2006.

P.-S. Kildal and K. Rosengren, "Electromagnetic analysis of effective and apparent diversity gain of two parallel dipoles," *IEEE Antennas and Wireless Propagation Letters*, vol. 2, pp. 9–13, 2003.

P.-S. Kildal, K. Rosengren, J. Byun, and J. Lee, "Definition of effective diversity gain and how to measure it in a reverberation chamber," *Microwave and Optical Technology Letters*, vol. 34, pp. 56–59, 2002.

H.G. Krauthäuser, "On the measurement of total radiated power in uncalibrated reverberation chambers," *IEEE Trans. Electromagn. Compat.*, vol. 49, pp. 270–279.

C. Lemoine, P. Besnier, and M. Drissi, "Investigation of reverberation chamber measurements through high-power goodness-of-fit tests," *IEEE Trans. Electromagn. Compat.*, vol. 49, pp. 745–755, 2007.

G. Lerosey and J. de Rosny, "Scattering cross section measurement in reverberation chamber," *IEEE Trans. Electromagn. Compat.*, vol. 49, pp. 280–284, 2007.

M. Lienard and P. Degauque, "Simulation of dual array multipath cannels using mode-stirred reverberation chambers," *Electronics Letters*, vol. 40 pp. 578–579, 2004.

F. Moglie and A.P. Pastore, "FDTD analysis of plane wave superposition to simulate susceptibility tests in reverberation chambers," *IEEE Trans. Electromagn. Compat.*, vol. 48, pp. 195–202, 2006.

G. Orjubin, "Maximum field inside a reverberation chamber modeled by the generalized extreme value distribution," *IEEE Trans. Electromagn. Compat.*, vol. 49, pp. 104–113, 2007.

G. Orjubin, "On the FEM modal approach for a reverberation chamber analysis," *IEEE Trans. Electromagn. Compat.*, vol. 49, pp. 76–85, 2007.

M. Otterskog and K. Madsen, "On creating a nonisotropic propagation environment inside a scattered field chamber," *Microwave and Optical Technology Letters*, vol. 43, pp. 192–195, 2004.

V.M. Primiani, F. Moglie, and A.P. Pastore, "A metrology application of reverberation chambers: the current probe calibration," *IEEE Trans. Electromagn. Compat.*, vol. 49, pp. 114–122, 2007.

K. Rosengren and P.-S. Kildal, "Study of distributions of modes and plane waves in reverberation chambers for characterization of antennas in multipath environment," *Microwave and Optical Technology Letters*, vol. 30, pp. 386–391, 2001.

K. Rosengren, P.-S. Kildal, C. Carlsson, and J. Carlsson, "Characterization of antennas for mobile and wireless terminals in reverberation chambers: improved accuracy by platform stirring," *Microwave and Optical Technology Letters*, vol. 30, pp. 391–397, 2001.

E. Voges and T. Eisenburger, "Electrical mode stirring in reverberating chambers by reactively loaded antenna," *IEEE Trans. Electromagn. Compat.*, vol. 49, pp. 756–761, 2007.

N. Wellander, O. Lundén, and M. Bäckstrom, "Experimental investigation and mathematical modeling of design parameters for efficient stirrers and mode-stirred reverberation chambers," *IEEE Trans. Electromagn. Compat.*, vol. 49, pp. 94–103, 2007.

Z. Yuan, J. He, S. Chen, R. Zeng, and T. Li, "Evaluation of transmit antenna position in reverberation chamber," *IEEE Trans. Electromagn. Compat.*, vol. 49, pp. 86–93, 2007.

4）孔缝泄漏

C.L. Andrews, "Diffraction pattern in a circular aperture measured in the microwave region," *J. Appl. Phys.*, vol. 22, pp. 761–767, 1950.

F. Bekefi, "Diffraction of electromagnetic waves by a aperture in a large screen," *J. Appl. Phys.*, vol. 24, pp. 1123–1130, 1953.

C.F. Bunting and S.-H. Yu, "Field penetration in a rectangular box using numerical techniques: an effort to obtain statistical shielding effectiveness," *IEEE Trans. Electromagn. Compat.*, vol. 46, pp. 160–168, 2004.

C.M. Butler and K.R. Umashandar, "Electromagnetic excitation of a wire through an aperture-perforated, conducting screen," *IEEE Trans. Antennas propagat.*, vol. 25, pp. 456–462, 1976.

W.P. Jr., Carpes L. Pichon, and A. Razek, "Analysis of the coupling of an incident wave with a wire inside a cavity using an FEM in frequency and time domains," *IEEE Trans. Electromagn. Compat.*, vol. 44, pp. 470–475, 2002.

C.C. Chen, "Transmission of microwave through perforated flat plates of finite thickness," *IEEE Trans. Microwave Theory Tech.*, vol. 21, pp. 1–6, 1973.

S.B. Cohn, "The electric polarizability of apertures of arbitrary shape," *Proc. IRE*, vol. 40, 1069–1071, 1952.

F. De Meulenaere and J. Van Bladel, "Polarizability of some small apertures," *IEEE Trans. Anennas Propagat., IEEE Trans. Anntennas Propagat.*, vol. 25, 198–205, 1977.

R.A. Hurd and B.K. Sachdeva, "Scattering by a dielectric loaded slit in a conducting plane," *Radio Sci.*, vol. 10, pp. 565–572, 1975.

S.N. Karp and A. Russek, "Diffraction by a wide slit," *J. Appl. Phys.*, vol. 27, pp. 886–894, 1956.

S.C. Kashyap, M.A. Hamid, and N.J. Mostowy, "Diffraction pattern of a slit in a thick conducting screen," *J. App. Phys.*, pp. 894–895, 1971.

S.C. Kashyap and M.A.K. Hamik, "Diffraction characteristics of a slit in a thick conducting screen," *IEEE Trans. Antennas Propagat.*, vol. 19, pp. 499–507, 1971.

G.F. Koch and K.S. Kolbig, "The transmission coefficient of elliptical and rectangular apertures for electromagnetic waves," *IEEE Trans. Antennas Propagat.*, vol. 16, 1968.

K.C. Lang, "Babinet's principle for a perfectly conducting screen with aperture covered by resistive sheet," *IEEE Trans. Antennas Propagat.*, vol. 21, pp. 738–740, 1973.

C. Lertsirmit, D.R. Jackson, and D.R. Wilton, "An efficient hybrid method for calculating the EMC coupling to a device on a printed circuit board inside a cavity," *Electromagnetics*, vol. 25, pp. 637–654, 2005.

C. Lertsirmit, D.R. Jackson, and D.R. Wilton, "Time domain coupling to a device on a printed circuit board inside a cavity," *Rad. Sci.*, vol. 40, RS6S14, 2005.

J.L. Lin, W.L. Curtis, and M.C. Vincent, "On the field distribution of an aperture," *IEEE Trans. Antennas Propagat.*, vol. 22, pp. 467–471, 1974.

N.A. McDonald, "Electric and magnetic coupling through small apertures in shield walls of any thickness," *IEEE Trans. Microwave Theory Tech.*, vol. 20, pp. 689–695, 1972.

R.F. Millar, "Radiation and reception properties of a wide slot in a parallel-plate transmission

F.L. Neerhoff and G. Mur, "Diffraction of a plane electromagnetic wave by a slit in a thick screen placed between two different media," *Appl. Sci. Res.*, vol. 28, pp. 73–88, 1973.

V. Rajamani, C.F. Bunting, M.D. Deshpande, and Z.A. Khan, "Validation of modal/MoM in shielding effectiveness studies of rectangular enclosures with apertures," *IEEE Trans. Electromagn. Compat.*, vol. 48, pp. 348–353, 2006.

Y. Rahmat-Samii and R. Mittra, "Electromagnetic coupling through small apertures in a conducting screen," *IEEE Trans. Antennas Propagat.*, vol. 25, pp. 180–187, 1977.

H.H. Snyder, "On certain wave transmission coefficients for elliptical and rectangular apertures," *IEEE Trans. Antennas Propagat.*, vol. 17, pp. 107–109, 1969.

T. Teichmann and E.P. Wigner, "Electromagnetic field expansions in loss-free cavities excited through holes," *J. Appl. Phys.*, vol. 24, pp. 262–267, 1953.

J. Van Bladel, "Small holes in a waveguide wall," *Proc. Inst. Elec. Eng.*, vol. 118, pp. 43–50, 1971.

5）室内无线传输

S.E. Alexander, "Radio propagation within buildings at 900 MHz," *Electronics Let.*, vol. 18, pp. 913–914, 1982.

R.J.C. Bultitude, "Measurement, characterization and modeling of indoor 800/900 MHz radio channels for digital communications," *IEEE Commun. Mag.*, vol. 25, pp. 5–12, 1987.

R.J.C. Bultitude, S.A. Mahmoud, and W.A. Sullivan, "A comparison of indoor radio propagation characteristics at 910 MHz and 1.75 GHz," *IEEE J. Select. Areas in Comm.*, vol. 7, pp. 20–30, 1989.

COST231: "Digital mobile radio towards future generation systems," Final Report, European Commission, 1999.

D.C. Cox, R.R. Murray, and W.W. Norris, "Antenna height dependence of 800 MHz attenuation measured in houses," *IEEE Trans. Vehicular Tech.*, vol 34, pp. 108–115, 1985.

D.C. Cox, R.R. Murray, H.W. Arnold, A.W. Norris, and M.F. Wazowics, "Cross-polarization coupling measured for 800 MHz radio transmission in and around houses and large buildings, *IEEE Trans. Antennas Propagat.*, vol 34, pp. 83–87, 1986.

D.M.J. Devasirvatham, "Time delay spread measurements of wideband radio signals within a building," *Electronics Let.*, vol. 20, pp. 950–951, 1984.

D.M.J. Devasirvatham, "A comparison of time delay spreadand signal level measurements within two dissimilar office buildings," *IEEE Trans. Antennas Propagat.*, vol. 35, 319–324, 1987.

D.M.J. Desasirvatham, R.R. Murray, and C. Banerjee, "Time delay spread measurements at 850 MHz and 1.7 GHz inside a metropolitan office building," *Electronics Let.*, vol. 25, pp. 194–196, 1989.

R. Ganesh and K. Pahlavan, "On the arrival of paths in fading multipath indoor radio channels," *Electronics Let.*, vol. 25, pp. 763–765, 1989.

D.A. Hawbaker and T.S. Rappaport, "Indoor wideband radiowave propagation measurements at 1.3 GHz and 4.0 GHz," *Electronics Let.*, vol. 26, pp., 1990.

H.H. Hoffman and D.C. Cox, "Attenuation of 900 MHz radio waves propagating into a metal building," *IEEE Trans. Antennas Propagat.*, vol. 30, pp. 808–811, 1982.

J. Horikoshi, K. Tanaka, and T. Morinaga, "1.2 GHz band wave propagation measurements in concrete buildings for indoor radio communications," *IEEE Trans. Vehicular Tech.*, vol. 35, pp. 146–152, 1986.

S.J. Howard and K. Pahlavan, "Doppler spread measurements of the indoor radio channel," *Electronics Let.*, vol. 26, pp. 107–109, 1990.

S.J. Howard and K. Pahlavan, "Measurement and analysis of the indoor radio channel in the frequency domain," *IEEE Trans. Instrumentation Meas.*, vol. 39, pp. 751–755, 1990.

S.J. Howard and K. Pahlavan, "Autoregressive modeling of wide-band indoor radio propagation," *IEEE Trans. Commun.*, vol. 40, pp. 1540–1552, 1992.

K. Pahlavan, R. Ganesh, and T. Hotaling, "Multipath propagation measurements on manufacturing floors at 910 MHz," *Electronics Let.*, vol. 25, pp. 225–227, 1989.

K. Pahlavan and S.J. Howard, "Statistical AR models for the frequency selective indoor radio channel," *Electronics Let.*, vol. 26, pp. 1133–1135, 1990.

D.A. Palmer and A.J. Motley, "Controlled radio coverage within buildings," *British Telecomm. Technol. J.*, vol. 4, pp. 55–57, 1986.

T.S. Rappaport and C.D. McGillem, "Characterizing the UHF factory radio channel," *Electronics Let.*, vol. 23, pp. 1015–1016, 1987.

T.S. Rappaport, and C.D. McGillem, "UHF fading in factories," *IEEE J. Selected Areas Communications*, vol. 7, pp. 40–48, 1989.

T.S. Rappaport, S.Y. Siedel, and K. Takamizawa, "Statistical channel impulse response models for factory and open plan building radio communication system design," *IEEE Trans. Communications*, vol. 39, pp. 794–807, 1991.

T.A. Russel, C.W. Bostian, and T.S. Rappaport, "A deterministic approach to predicting microwave diffraction by buildings for microcellular systems," *IEEE Trans. Antennas Propagat.*, vol. 41, pp. 1640–1649, 1993.

A.M. Saleh and R. Valenzuela, "A statistical model for indoor multipath propagation," *IEEE J. Selected Areas Communications*, vol. 5, pp. 128–137, 1987.

S.Y. Seidel and T.S. Rappaport, "Site-specific propagation prediction for wireless in-building personal communication system design," *IEEE Trans. Vehicular Tech.*, vol. 43, 1994.

T.A. Sexton and K. Pahlavan, "Channel modeling and adaptive equalization of indoor radio channels," *IEEE J. Selected Areas Commun.*, vol. 7, pp. 114–120, 1989.

P.F.M. Smulders and A.G. Wagemans, "Wideband indoor radio propagation measurement at 58 GHz," *Electron. Letters*, vol. 28, pp. 1270–1272, 1992.

S.R. Todd, M.S. El-Tanany, and S.A. Mahmoud, "Space and frequency division measurements of 1.7 GHz indoor radio channel using a four-branch receiver," *IEEE Trans. Vehic. Techn.*, vol. 41, pp. 312–320, 1992.

A.M.D. Turkmani and A.F. Toledo, "Radio transmission at 1800 MHz into and within multistory buildings," *IEE Proc.-Part I*, vol. 138, pp. 577–584, 1991.

内容简介

本书的主要内容分为两大部分,合计 11 章:第一部分包括第 1 ~4 章,主要介绍确定性理论,包括麦克斯韦方程组及其在矩形、圆柱形、球形腔体中的应用;第二部分包括第 5 ~11 章,主要介绍电大尺寸腔体的统计理论,包括概率的概念、统计理论在混响室中的应用、电大尺寸腔体的孔缝激励、频率搅拌混响室、室内无线传播模型等。

本书适合研究腔体电磁环境、电磁兼容、混响室、室内无线通信等方面的科研人员、工程师和研究生使用。